中央财经大学中央高校基本科研业务费专项资金资助
Supported by the Fundamental Research Fund for the Central University, CUFE

国家教育科学"十五"规划项目"中国和西方青少年价值观教育内容、途径和方法的比较研究"（EEA030421）和教育部人文社会科学研究项目"大学生价值观与其压力应对方式及心理健康的关系研究"（03JD880006）核心成果

中国特色社会主义理论体系研究

心理学取向的青少年价值观研究

辛志勇 著

Research on Adolescent Values from a Psychological Perspective

中国财经出版传媒集团
经济科学出版社
Economic Science Press
·北京·

图书在版编目（CIP）数据

心理学取向的青少年价值观研究／辛志勇著.
北京：经济科学出版社，2025.5. --（中国特色社会主义理论体系研究）. -- ISBN 978 - 7 - 5218 - 6480 - 9

Ⅰ. G641

中国国家版本馆 CIP 数据核字第 2024DV4294 号

责任编辑：王　娟　李艳红　徐汇宽
责任校对：郑淑艳
责任印制：张佳裕

心理学取向的青少年价值观研究
XINLIXUE QUXIANG DE QINGSHAONIAN JIAZHIGUAN YANJIU
辛志勇　著
经济科学出版社出版、发行　新华书店经销
社址：北京市海淀区阜成路甲 28 号　邮编：100142
总编部电话：010 - 88191217　发行部电话：010 - 88191522
网址：www. esp. com. cn
电子邮箱：esp@ esp. com. cn
天猫网店：经济科学出版社旗舰店
网址：http：//jjkxcbs. tmall. com
北京季蜂印刷有限公司印装
710 × 1000　16 开　18.5 印张　290000 字
2025 年 5 月第 1 版　2025 年 5 月第 1 次印刷
ISBN 978 - 7 - 5218 - 6480 - 9　定价：76.00 元
（图书出现印装问题，本社负责调换。电话：010 - 88191545）
（版权所有　侵权必究　打击盗版　举报热线：010 - 88191661
QQ：2242791300　营销中心电话：010 - 88191537
电子邮箱：dbts@ esp. com. cn）

自　　序

一

　　党的十八大正式提出了社会主义核心价值观体系，倡导积极培育和践行"富强、民主、文明、和谐、自由、平等、公正、法治、爱国、敬业、诚信、友善"的社会主义核心价值观，从国家、社会和个人三个层面强调了价值观的重要性。价值观的重要性有着较为深厚的学理基础和实践依据。相关研究和实践表明，从个体层面看，价值观属于个体的意义解释系统，是一个关乎"是否值得"的命题，是个体人格和态度体系的核心要素，对个体行为兼具启动、维持的动力作用和规范、指引的导向作用；从社会层面看，价值观反映了特定社会多数人"信仰什么？为什么目标而奋斗？珍视什么以及如何去珍视？"，其犹如"将砖瓦（社会成员）凝聚在一起的灰浆"，具有减少不同社会主体之间价值矛盾和冲突、凝聚社会成员向心力、提升成员社会认同感的重要作用；从国家层面看，价值观不仅牵涉国家认同问题，也会直接影响国家治理的成本和效用；从文化层面看，价值观是文化的核心和深层要素，是一种文化区别于另一种文化的本质特征，是提升文化认同和文化自信的根本性落脚点；从更大的人类命运共同体层面看，价值观的多元和包容也是消除冲突对立，促进和谐共生的重要路径。

二

从事价值观研究并非一个由内生性动机推动的结果。在21世纪即将来临的最后一年（1999年），我考取了北京师范大学心理学系（现已改名为北京师范大学心理学部）社会心理学方向的博士研究生，有幸师从社会心理学家金盛华教授，是导师将我一步步带入了价值观研究的大门，从此开始了与价值观相关的研究工作，自那时算起到现在陆陆续续也已有近25年的时间。

应该是在读博的第二年，金盛华教授受聘承担教育部人文社会科学重点研究基地天津师范大学心理与行为研究中心（现已改为天津师范大学心理与行为研究院）第一批重大项目"当代中国国民价值取向和精神信仰问题研究"的研究工作，至今仍然能清晰地记起陪同金老师一起前往天津师范大学讨论课题研究，有幸当面聆听时任中心主任、德高望重的著名心理学家沈德立先生的谆谆教诲和在生活上给予自己无微不至关怀的情境。沈先生已于2013年仙逝，非常感念沈先生的教诲！也非常感谢中心其他老师给予的关心和帮助！

作为课题组最早的成员之一，尽管金老师已经高屋建瓴地制订出了研究原则和初步的框架方案，但我仍然体会到了巨大的压力。这是因为虽然自己也算是社会心理学科班出身，硕士阶段师从山西大学韩向明教授，而韩老师是我国改革开放恢复社会心理学学科后最早在南开大学接受社会心理学培训的学者之一，但之前我从未严肃思考过价值观研究的相关问题，价值观是什么？心理学取向的价值观研究要做什么？要怎么做？能否顺利完成课题研究的一些基础性工作以及能否按时完成一篇合格的博士毕业论文？面对这样的压力，我记得当时常会和课题组另一名重要成员——我的同门师弟宋兴川博士（现为浙江丽水学院教师教育学院教授，当时主要承担精神信仰部分的研究）进行彻夜长谈，争辩讨论，一方面是为了借此推进课题研究进展，另一方面也是为了缓解我们共同的焦虑。那时研究的平台和技术与现在不可同日而语，每一个访谈每一份调查问卷几乎都需要自己亲力亲为，现场收集，工作量极大。现在回想起来，那时虽然压力重重，但读博三年总体上紧张充实，挑战与快乐并存。是这三年奠定了我的研究兴趣和主要研究方向，每念及此，都非常感恩导师金盛华教授的学术引领和悉心培养！

庆幸的是，经过三年的努力，自己不仅参与完成了总课题的一些基础性研究任务，还较好地完成了自己博士论文"当代中国大学生价值观及其与行为关系的研究"的研究工作，并顺利地通过了毕业论文答辩。记得当时受邀参与我毕业论文答辩的著名学者有首都师范大学的郭德俊教授和清华大学的樊富珉教授，她们不仅给予了我很多完善论文的宝贵建议，郭老师还专门邀请我到首都师范大学给她的研究生们做了一场如何撰写好论文文献综述的报告，先生们对后辈的鼓励、提携令人终生难忘！

2002年，我博士毕业回到山西大学教育科学学院心理学系任职，也开始独立申请科研项目，几年时间内，先后申请到了国家社科基金、全国教育科学规划、教育部人文社科等国家级和省部级项目，项目无一例外都紧扣价值观主题，在这段时间内带领自己初建的研究生团队进行了较为集中的价值观研究工作。需要说明的是，在此期间我还在中国社会科学院社会学所有幸师从李银河老师和杨宜音老师从事了博士后研究工作，研究的主题也是价值观问题（农民价值观和生活满意度问题），衷心感谢两位著名学者的精心指导和栽培！愧疚的是有负两位老师的教导和期望，没有能作出高质量的研究成果。2009年，我来到中央财经大学社会发展学院（现已改为社会与心理学院）心理学系工作，其后又参与了辛自强教授主持的国家社科基金重大项目"我国公民财经素养指数建构和数据库建设"的研究工作，承担的子课题是"中国公民财经价值观研究"，也是价值观主题，只是将价值观研究拓展到了更具中央财经大学学科特色的财经领域。

总结这些年来自己的研究工作，多数与价值观相关，虽然在这一领域谈不上作出了什么重要成就，但也算踏踏实实地做了一些基础性且自认为还比较重要的工作，总的来看可以包括以下几个方面：一是文献整理研究。梳理了心理学取向的价值观研究、中国人价值观研究、财经价值观研究等主题的历史发展脉络和成就贡献。二是价值观理论或结构研究。尝试提出了大学生价值观、中国公民财经价值观以及其他一些具体领域价值观的因素结构框架。三是形成了一些价值观调查研究的问卷或量表工具。四是通过较大范围调查揭示了一些特定群体的一般价值观以及具体领域价值观的现状特点。五是较为深入地探讨了价值观教育、价值观教育效果评价等价值观教育研究的一些基础性问题。

三

本书内容主要是研究和探讨青少年（初中生、高中生和大学生）的价值观及其教育问题，其框架构成主要基于以下思路和逻辑：一是价值观研究基础。价值观是一个多学科研究的范畴，无论是从学习角度还是从研究角度出发，价值观的概念、价值观的因素结构、价值观的形成机制、价值观的功能和作用、价值观的研究历程、价值观的学科研究现状及未来趋势等基础性知识都需要去辨析和厘清，尤其是从心理学学科视角去加以整理，这也构成了本书的第一部分即第一章内容"价值观研究基础"。二是大学生一般价值观的实证研究。心理学是一门崇尚实证范式的学科，重视实证数据对研究构念和理论的支持和支撑，本书第二章呈现了"大学生一般价值观研究"的实证研究结果。"一般价值观"是针对"具体领域价值观或特殊价值观"而言，是指个体的一般或基础性价值取向，这类价值观具有跨领域性特点。本章包括了大学生价值观概念认知、大学生价值观结构构建与验证、大学生群体的价值观特点等研究内容。三是大学生具体领域价值观的实证研究。第三章和第四章内容探讨了大学生一些具体领域价值观的结构、现状和特点。这些具体领域价值观研究包括了大学生职业价值观、环境价值观、休闲价值观、性价值观、保护性价值观和可交易价值观（理性决策和非理性决策视角）的研究结果。四是青少年价值观教育研究。在探讨青少年一般价值观和具体领域价值观结构和特点基础之上，第五章至第七章则专门探讨了青少年的价值观教育问题。其中，第五章探讨了价值观教育及青少年价值观教育的一些基本问题；第六章从实证视角探讨了我国青少年价值观教育的相关问题，具体包括大学及初高中阶段不同教育主体（包括教师、学生等）对价值观教育内容、教育方法和途径的认知及认知契合性问题，大学专业课程教学中的价值观教育研究，流行歌曲与青少年价值观教育，大学生价值观与其压力应对和心理健康的关系；第七章则专门探讨了西方价值观教育内容、方法途径、发展演进历程、价值观教育效果评估等价值观教育理论和实践问题，以作为我国大学生或青少年价值观教育的启示和借鉴。

四

本书的部分研究结果是在我所承担的多项课题研究基础之上完成的。项目研究和书稿的完成要特别感谢我指导过的研究生同学们，他们在课题研究过程中付出了巨大努力，作出了重要的贡献，尤其是在具体领域价值观的研究和我国大学生价值观教育研究部分。如今他们都已在各自的工作岗位上取得了重要的成绩，祝福他们家庭美满、事业有成！具体而言，姜琨进行了第六章第一节有关大学生价值观教育契合性问题的研究；高培晋进行了第三章第一节大学生职业价值观的研究；沈立军进行了第三章第二节大学生环境价值观的研究；郑宁进行了第三章第三节大学生休闲价值观的研究；李颖进行了第三章第四节大学生性价值观的研究；薛坤和王佳欣进行了第四章第一节大学生保护性价值观的研究；刘佳进行了第四章第二节大学生可交易价值观的研究；温星进行了第六章第二节大学专业课程教学中的价值观教育研究；申玉进行了第六章第三节流行歌曲与青少年价值观教育的研究；王伟和王春芳进行了第六章第四节大学生价值观与其压力应对和心理健康的关系研究。我中央财经大学的同事杜晓鹏博士协助我完成了第七章第三节澳大利亚价值观教育实效性评价的理论和实践研究。除此之外，我们原来课题组的其他同学如刘毅、张晋芳、王晓光、侯彩霞、韩静、赵杰、赵肖芳、李霞、熊满婷、银卓珍、赵林萍、宋林、赵强、麻晓磊、刘瑞等也都参与了有关价值观课题的相关研究和讨论，只是由于本书主题和篇幅所限没有能够收入相关研究结果，在此也表达真诚的谢意！

感谢中央财经大学设立的学术专著出版资助项目，使本书的出版成为可能！感谢经济科学出版社王娟、李艳红、徐汇宽责任编辑对本书出版付出的所有辛劳！感谢我们现在课题组的杜晓鹏老师以及王琦、骆秋雨、黎雪、钟泽如、吴琼、薛潇虹、马芮晴、伍英爵、姚欣、王俪璇、杨蕊瑄、卓俊廷、毛璇、严冬玉、陈婧文、李桂鑫、王永康等各位同学，他们的分担和责任心使我有充分的时间和精力来整理相关研究成果！感谢学院和心理学系同仁的支持和帮助！也感谢我爱人许晓晖一如既往对我研究工作的积极支持！

价值观和价值观教育研究是一项十分重要但充满挑战的工作，对研究者学识素养的要求非常高。多年来虽然在本领域进行了一些研究工作，但时常会感觉诚惶诚恐、力有不逮。我们可能只是立足心理学学科视角做了一些初步的、探索性的研究，主要聚焦了价值观的因素结构构建、工具开发、现状特点揭示、价值观教育基本问题探讨等有限内容，对诸如价值观的形成机制和作用机制、价值观教育的具体实践等重要领域还缺乏持续关注和深入的研究。另外，由于一些研究开展相对较早，加之水平有限，在研究方法选择上也可能还存在值得改进和提高之处。总之，希望读者在阅读过程中能够指出这些问题和不足，不吝批评，为我们的后续研究提供更多建议和帮助，谢谢！

中央财经大学社会与心理学院心理学系

辛志勇

2025 年 1 月

目　　录

第一章

价值观研究基础

任何问题的深入研究都需要具备一定的基础性知识，这些知识为进一步研究确立了起点并指明了方向，当然也为这一问题或知识领域的有效对话提供了可能。所谓基础性知识又往往包含如下一些方面：核心概念的界定、研究意义的阐释、研究历程的梳理、研究现状的揭示等。核心概念规定了你要研究的对象和问题是什么；研究意义回答了该问题研究的必要性和重要性；研究历程则相当于学术史的梳理，呈现了该问题领域研究的知识累积过程；研究现状则交代了截至目前该问题研究的水平和程度。价值观的研究也不例外，青少年价值取向与价值观教育问题的深入研究，同样需要先了解这些方面：心理学视角如何理解价值观？心理学视野的价值观研究具有怎样的理论和实践意义？心理学视野的价值观研究经过了一个怎样的发展历程？截至目前这一视野的价值观研究获得了哪些重要的成果？这些构成了本章的四节内容。

第一节 价值观研究的历史进程

价值观研究的历史进程是一个难以精确界定的概念范畴，一方面，由于价值观的产生几乎和人类的产生一样古老，从人类诞生的那一刻开始价值观的问题也就相伴而生，人们就在思考价值的有关问题，心理学对价值观念的研究可追溯到 20 世纪 30 年代；另一方面，从学科的角度来讲，价值观研究涉及众多学科，几乎包含了所有的人文科学和自然科学的一些门类，比如哲学、社会学、人类学、政治学、经济学、教育学、历史学、美学、管理科学、心理学等都有各自研究价值观的视角和概念、理论体系。因此，我们这里所探讨的价值观研究历史进程更多是从心理学，尤其是从社会心理学的视野来关注价值观的研究，其他相关学科的研究只是少有涉及。

一、国外价值观研究的历史进程

即便从心理学的视角来关注价值观的研究历程也仍然是困难的，这首先是由于价值观概念、价值观问题本身的复杂性，其次是研究者的兴趣、偏好、研究素养、文化背景的差异性。这些因素都导致了价值观研究长期以来并没有形成一个绝对统一的研究取向，而是新的理论、构念、方法与旧的理论、构念、方法始终处于一个交织并行的发展过程。换言之，一些所谓"旧的观念和方法"仍然是当今一些研究者关注的热点和兴趣所在，而且这种研究趋势在可预见的将来也仍然会是价值观研究状况的主要写照。从哲学角度看，人类社会面对两类主要问题，一类是事实问题，另一类则是价值问题。事实问题所研究的是"因为什么"（探讨必然性），而价值问题研究的是"为了什么"（探讨合理性）。前者的解决可能只有一个真理，一个标准答案，而后者的解决可能存在多种解释，也就是说，无论是个体、群体，还是一种文化，都有自己对"合理性"的解释。价值观问题的多元化也势必导致研究取向的多元化。尽管如此，我们仍可以从国外价值观研究的文献中整理出一个粗略的轮廓。

（一）20世纪60年代以前——价值观研究的多元并存时期，最显著的标志是没有统领性的代表人物和代表性的理论构建

史密斯（Smith，1969）曾认为，在这个阶段，虽然人们普遍认同价值观与人类活动的密切关联，但关于价值观的实证研究并没有一个统一的概念模式、理论模式和手段模式。而是开始时已各自从不同的观点出发，而后完全不能整合连接起来，形成一个累积性的知识领域。直到20世纪60年代末，

人们关于价值观的构念才有了一个普遍的共识，即认为价值观应该是"以人为中心的"，与"值得的"（the desirable）有关的东西。但就具体的研究来看，人们并没有完全依从这个构念来指导自己的研究，所使用的研究工具也不是按照这个操作定义来进行的，像著名的奥尔波特、弗农和林奇（Allport，Vernon，Lindzey，1960）的价值观研究量表（study of value）测量的是个人的兴趣和偏好。莫里斯（Morris，1956）的量表测量的则是人们的生活方式。

问题的关键在于，虽然人们对价值观应该测量"值得的"东西形成了共识，但对究竟什么是"值得的"的内涵却没有一致的见解，研究者的解释从人们通常过什么样的生活或采用什么样的生活哲学与他人交往，到人们认为世界应该是什么样子，采取了包罗万象的观点。这样，由于不能具体确认价值观所包含的成分，因此很难设计出相应的操作化程序来进行系统的测题取样，结果导致大家都采用松散零乱的方法来测量价值观的几个维度，却很少说明为什么这些维度是价值观中最重要的。另外一个主要的混乱或操作上的困难则在于测题取样应该用哪一个层次的抽象水平才算恰当的问题。因为价值观被公认为是概括化的而非具体的，是"概括化的结果"（Fallding，1965），是"几乎独立于具体情境的"（Williams，1968），是"对普遍事物类别的抽象想法"（Katz & Stotland，1959）或者是一种"一般性的态度"（Bem，1970；Dukes，1955；Newcomb，Turner & Converse，1965；Smith，1963）。然而，价值观到底应该是从对具体的态度陈述句的反映中来推断而得，还是更直接地从对一般性事物的反映上获得，这个问题也一直没有得到有效解决。

所以总结这个时期价值观研究的特点，我们可以得出以下几点结论：首先，在20世纪60年代以前相当长的时间内，人们对价值观的概念并没有达成共识；其次，在20世纪50年代和60年代期间虽然逐渐有了概念的共识，但价值观的实证研究工作并没有完全按照这个共识来进行；再次，即便大家希望按照这个概念共识来进行研究，但由于对概念中的核心要素没有形成统一的认识，使研究工作在取向上仍然无法获得一致；最后，即便对价值观的概念和概念中的核心要素都取得了共识，但在哪种工具更适宜测量价值观的问题上仍然存在较大的分歧。所以纵观20世纪60年代之前的价值观研究，总的来讲，是比较混乱的。这种混乱表现在除概念界定之外的几乎所有方面。

（二）20 世纪 70 年代至 80 年代初期——以罗克奇为主要代表

罗克奇（Milton Rokeach，1918～1988）是美国心理学家，1947 年从加州大学伯克利分校获得博士学位，曾长期担任密歇根州立大学的社会心理学教授，其代表性著作《信仰、态度和价值观：组织与变革理论》（1968）和《人类价值观的本质》（1973）以及他开发的价值观调查工具在价值观理论和实证研究领域具有重要、持续且广泛性的影响。他曾于 1984 年获得美国心理学会颁发的社会心理学研究领域最高奖项"勒温纪念奖"。

罗克奇（Rokeach，1973）对价值观研究的主要贡献在于以下几个方面：第一，罗克奇试图对以往的价值观研究进行整合，打破以往价值观研究的纷乱局面。他认为价值观的核心或本质是一种信念，这种观点被认为对以往价值观概念的认知具有整合功能。第二，罗克奇对价值观研究中最难以辨别的两个概念即价值观和态度进行了深入探讨，他认为价值观是比态度更为核心的构念，它影响态度并更加难以改变；价值观是指超越具体对象或情境的单个的、禁止性的或规定性的信念，而态度则是指针对具体对象或情境的许多信念的一个组织结构。第三，罗克奇在综合他人的研究基础上还认为，价值观与自尊之间有着密切的关系，即自尊是个体价值观得以发挥作用的重要中介。具体来讲，价值观是个体超我和理想自我的成分，如果自己所坚信的价值观念被违背，可能会引起个体产生内疚、羞愧、自我贬低、内向惩罚等心理变化，进而对行为产生影响或导致价值观念发生变化。第四，罗克奇认为价值观是有层次地组织起来的，不仅只有一种层次的价值观念。第五，罗克奇关于价值观终极性和工具性的分类改变了以往把价值观仅仅看作是"终极性"观念的看法，认为像方式、手段、行为结果等本身就是一种价值观，并不是依据所谓"终极性"价值观念而选择的行为及结果。这种分类的好处在于可以使人们更加清晰地划定价值观的研究领域。第六，依据"终极性（目的性）"和"工具性（手段性）"的分类框架编制形成了价值观的调查研究工具。总之，罗克奇的研究使价值观研究的许多基本或基础性问题得以清晰化，在实证和理论研究方面都有很重要的奠基性意义。

（三）20 世纪 80 年代至 20 世纪末——以施瓦茨为主要代表

施瓦茨（Shalom H. Schwartz）是 20 世纪 80 年代以来最著名的价值观研究者，成长于美国，1967 年从密歇根大学获得社会心理学博士学位，随后在威斯康星大学麦迪逊分校的社会学系从事教学工作，1979 年返回其祖国以色列希伯来大学心理学系任教，其价值观研究聚焦于人类价值观的基本结构，并在超过 70 个国家检验了他所提出的价值观结构模型；在个体价值观的优先次序及形成和作用机制、价值观的文化维度及其与社会特征和公共政策之间的关系等方面都进行过深入的探讨并取得重要研究成果；曾担任国际跨文化心理学会的主席，2007 年被授予以色列心理学奖。

施瓦茨的目标是要建立一个对人类具有普遍意义的"共性"的价值观的心理结构（Schwartz，1987）。他认为价值观和动机之间有着紧密的联系，在人的动机领域中，包含着人类的共同需要，通过价值的跨文化研究，就可以找到人类价值观的普遍性心理结构（岑国桢等，1999）。施瓦茨最显著的观点之一就是反对用单一的、不变的价值观来预测或解释行为，他认为个体的价值观是一个有联系的整体，是一个互相冲突、互相协调的动态运行的结构形态，用整体的价值观形态或优势价值观系统来预测和解释行为才具有真正的科学意义和现实意义。随后的一些研究者对价值观的整体性和价值观的动力性特点都展开了较为深入的研究。这种研究取向已被许多研究者所接受和效仿。

（四）21 世纪以来——价值观的研究主要表现为对一些已有理论框架的进一步完善和创新，在研究方法上也展现出了一些新的变化

在已有框架的完善和创新方面，施瓦茨的价值观理论最具有代表性。施瓦茨等（2012）用原有的价值观研究样本，再次对原有价值观理论进行更精细的检验，抽取出了新的、潜在的、更有利于解释数据的概念，使原来理论中的 10 种价值观分解和扩展为新理论的 19 种价值观。在此基础上维度结构也进行了进一步的扩展，除了原有的对价值观进行分类的两大维度"开放—

保守""自我超越—自我增强"外，重构后的价值观理论还增加了两个新的价值观分类维度："成长—自我保护"和"关注社会—关注个人"。

在研究方法上，传统的价值观研究主要采用问卷法、测量（量表）法、投射法、文献分析等方法。但近年来，随着社会认知神经科学的兴起，有研究者开始尝试以认知和神经生物学视角对价值观这一社会化过程的核心构念进行审视和探究，内容包括"价值观从何而来""价值观如何存在""价值观怎样加工"等诸多基本问题。具体而言，社会认知神经科学试图从领域价值观、价值取向、价值观结构等方面寻找价值观的神经实体证据，并对价值评价、价值决策等相关过程进行神经活动分析。研究结果已初步发现了个体价值观与部分脑区活动的相关关系（李林和黄希庭，2013）。这种在方法上的改进和创新，不仅是跟随迎合潮流的问题，有可能会对心理学取向的价值观研究产生实质性的推进。

二、我国价值观研究的历史进程

我国心理学工作者在价值观领域的研究取向与整个心理学的发展方向或思路基本上是一致的，我们认为可以分为20世纪80年代之前、20世纪80年代至20世纪末、21世纪以来三个大的阶段。

（一）20世纪80年代之前

正像整个心理学学科的发展脉络一样，这个阶段最典型的特征是对西方价值观研究概念、理论、方法的全面介绍、移植和验证阶段。

较早和有代表性意义的研究是我国台湾地区心理学研究者李美枝和杨国枢（1964）利用奥尔波特等（Allport et al.，1960）的价值观研究量表对台湾大学生价值观的研究，以及杨国枢（1972）利用莫里斯（1956）的"十三种生活方式"问卷对台湾大学生价值观的测量（被试包含一部分1949年以前的大陆大学生）。20世纪70年代之后，开始有人陆续运用罗克奇（1973）的价值观问卷进行研究。当然，这个阶段也有一些研究者运用自己编制的问卷工具进行的价值观研究（Bond，1986），但多数只流行于我国港台地区，工

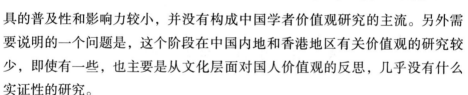

具的普及性和影响力较小，并没有构成中国学者价值观研究的主流。另外需要说明的一个问题是，这个阶段在中国内地和香港地区有关价值观的研究较少，即使有一些，也主要是从文化层面对国人价值观的反思，几乎没有什么实证性的研究。

（二）20 世纪 80 年代至 20 世纪末

在我国港台地区首先树起了"心理学研究的中国化"或"本土化"大旗（杨国枢，1982），从此在港台地区的价值观研究被深深地打上了"本土化"的烙印，在概念的提出、理论的构建和方法的选择上都试图开辟一条有中国人特色的途径（杨国枢，1994；黄光国，1994，1995；杨中芳，1995）。

就中国内地而言，关于价值观的实证研究起步较晚，最早的研究被认为是一项关于中学生价值观现状的研究（王新玲，1987）。随后的研究被认为是按照两条路线来发展，一条是明确按照"本土化"的方向来发展（翟学伟，2017），另一条是一种所谓的"自在"路线，即研究者并没有明确的研究取向，在概念的提出、理论的构建以及方法的使用方面都还是一种自由自在的状态（移植与本土化并存）。我国在两条路线的研究方面都取得了较为重要的成果。

（三）21 世纪以来

国内心理学取向价值观研究的重要进展除了一些文化取向的价值观研究外，最主要的表现就是具体领域的价值观研究获得了实质性的推进，尤其是在职业（工作）价值观（凌文辁和方俐洛，1999；金盛华和李雪，2005）、环境（生态）价值观（刘贤伟和吴建平，2013）、生育价值观（张进辅、童琦和毕重增，2005）、消费价值观（石绍华等，2002）、物质主义和后物质主义价值观（李静和郭永玉，2009）、财经价值观（辛志勇、于泳红和辛自强，2018；辛志勇、于泳红和辛自强，2020）等领域。但这些研究无论是在理论建构方面还是在研究工具的开发方面仍然需要进一步的完善和成熟。

第二节 价值观研究的意义

价值观是一个多学科的研究对象,尤其是人文社会科学领域都会注重价值及价值观问题的研究。袁贵仁(1991)认为,由于人文学科是以人和人的世界为研究对象的一类科学,是人对人的研究。这一特点决定了在一定范围内,人文学科中的理论和学说总是价值论的。单就心理学学科来讲,苏联心理学家安德列耶娃(1984)就曾说过:"可以说,价值问题直接'进入'了现代社会心理学中。"

价值问题进入心理学的历史实际上并不等于心理学界研究价值和价值观的历史。吴江霖和戴建林(2000)研究认为,价值和价值体系问题,在有90余年历史的西方社会心理学教材中,并没有受到应有的重视。在西方社会心理学自1908年独立以来出版的众多教科书中,涉及价值和价值体系的题材似不多见,只有在拉文和鲁宾(1983)合著的《社会心理学》教材中,其第四章"信仰、态度和行为"第一节论及态度、信仰及价值的本质。

从心理学的角度看,最早对价值观进行研究的是德国人格心理学家斯普兰格(Spranger,1928),其20世纪20年代早期的作品《人的类型》(Type of Men),从人的兴趣和价值取向角度把人分为理论型、经济型、审美型、社会型、政治型、宗教型6类。此前,在1925年,英国心理学家麦考莱(Macauly)和瓦金斯(Watins)曾利用问卷对3000余名中小学生进行了一项关于社会环境与儿童价值观关系的研究,只是这项研究还不能称为严格意义上的心理学研究,其问卷只是问了一些开放性问题,比如"挑选一位自己最向往、最敬慕的人,并说明理由"。严格意义上的一项心理学对价值观的研究(实证取向)是1931年奥尔波特和弗农等根据斯普兰格对人类型的划分所编制的《价值观研究》问卷,这套问卷影响深远,即使目前仍然是心理学界从事价值观研究常用的主要测量工具之一。

总的来看,心理学领域对价值观的研究并没有形成自己高度共识性的完整的理论体系和概念体系。这并不是说价值观不重要或者说心理学研究者没有认识到价值观的重要性，更主要的原因是价值观维度本身的复杂性。这种复杂性不仅表现在价值观的概念上，也表现在价值观的形成上（价值观的形成不仅受到个体自身因素的影响，还要受到文化的影响，在某种程度上，文化对个体价值观的影响更大），更表现在价值观的作用机制上（价值观的作用过程也非常复杂，它与行为之间的关系要受到许多复杂因素的影响）。

由价值观的性质决定，价值观研究的意义可以从文化、社会、个体三个层面来论述。

一、文化层面的意义

（一）了解价值观是探究一种文化的最直接手段

信息化、经济全球化思潮是我们所处时代最显著的特点之一，没有任何时代比现在更迫切地需要我们对自己的民族文化和世界其他文化进行更深入的了解。了解一种文化是进行经济交往、人际交往的必要手段。但文化是复杂的，是多维的，如何才能深入有效地把握一种文化呢？许多专家学者对此进行了深入的探讨。霍夫斯泰德（Hofstede，1980）将文化比喻成一颗洋葱，认为从外往里剥，第一层为象征物（symbols），是文化的表层，如服装、语言、建筑物，等等，人的肉眼能够很容易看见；第二层是英雄人物性格（heroes），认为在一种文化里，人们所崇拜英雄的性格多多少少代表了此文化里大多数人的性格，因此，了解英雄人物的性格，很大程度上也就了解了英雄所在文化的民族性格；第三层是礼仪（rituals），认为礼仪是每种文化里对待人和自然的独特表示方式，如婚丧嫁娶、岁时节日中的仪轨等；最核心的一层则是价值观（values），它是指人们相信什么是真、善、美的抽象观念，也是文化中最深邃、最难理解的部分。袁贵仁（2001）也认为价值观是文化的核心要素，文化的认同在本质上是对价值观的认同，文化的冲突本质上也是价值观之间的冲突。从这个角度讲，理解国家、民族、群体之间的冲突与融合，价值观理应是一个最适宜的维度。李德顺（1996）则认为，价值观是社会精神文化系统中深层的、相对稳定而起主导作用的成分。西方著名政治观察家亨廷顿（Huntington，1993）根据冷战结束后的国际形势得出结论：国家民族间的冲突形式最早是武力战争，但随着社会的发展，这种冲突形式逐渐演变为经济的冲突，即对市场的占有，但随着经济全球化、信息时代的到来，这种冲突形式将最终演变为文化之间的冲突，具体说是不同价值观之间的冲突。文化人类学家本尼迪克特（Benedict）在第二次世界大战后期受美国政府委托，根据文化类型理论，运用文化人类学的方法对日本人的国民性和价值取向进行了探讨（认为日本人具有一种矛盾的性格，日本文化具有双重性：如爱美而又黩武，尚礼而又好斗，喜新而又顽固，服从而又不驯等），其结论被认为非常恰当、准确地反映了日本文化。日本青年学学者千石保（1991）在对日本青年一代——即所谓的新日本人的价值取向研究后提出了"'认真'的崩溃"的观点，这项研究也被认为是最好地把握了当代日本文化，尤其是日本青年人文化的重要成果。我国学者李炳全（2007）因此认为，价值观是文化的重要组成部分和文化最突出、最鲜明的体现。在某种程度上，价值观可用来界定文化本身，价值观方面的差异，尤其是少数的积聚起来的"核心"价值的差异，可为我们思考、理解和解读文化差异提供一定的结构和框架。

事实上，在心理学领域，从文化水平（也包括一定的个体水平）对价值观的研究，其最终结果不仅是在寻求一种文化状态下人们的价值取向和行为方式，在某种程度上更是对一种文化模式本质的揭示。无论是霍夫斯泰德（Hofstede，1980）的权力距离、避免不确定性、男性女性气质、个体主义和集体主义的跨文化研究，还是特里安迪斯等（Triandis et al.，1995）的集体主义——个人主义取向的研究，还是20世纪80年代以来中国心理学领域所倡导的本土化运动及其社会取向、关系取向、面子人情等理论的提出，都对深刻揭示和探究一种文化的本质作出了应有的贡献。所以说，了解一种价值观在一定程度上等于是抓住了一种文化的本质或核心。

（二）了解价值观也为解决文化冲突和人际冲突提供了有效的帮助

对一种文化或一个亚文化群体价值观的了解，不仅可以增加对该文化或该群体人们生活方式、行为方式的理解，明确文化的多样性以及树立自己对各种文化尊重的态度，更能使自己的行为方式变得适宜和恰当，从而减少文化间的冲突增加人际间的和谐。

二、社会层面的意义

（一）了解价值观是探究社会现状及社会变迁的有效手段

价值观能够深刻反映一种文化的本质，其前提假设是一种文化是相对稳定的，其价值观也是相对稳定的（李德顺，1996；袁贵仁，1991）。但是随着社会的发展和变迁，文化也在发生变化，作为社会现象的反映，价值观也必然随着社会的变化而变化，反映时代的变迁（袁贵仁，1991）。北京泛亚太经济研究所所长倪键中（1996）在评述"中国人"概念时曾说："中国人是历史的，又是现实的；既是相对稳定的，又是不断流动的；既是整体的，又是分散和个体的"。因为"中国人"的概念不仅是地理概念，更是一个文化概念。事实上，用这些属性来形容价值观也是非常恰当的。基于价值观相对稳定又不断发生变化的特点，要了解某一横断面某一种文化或某一群体的价值观（共时），甚至是定期例行追踪的价值观研究（历时）都是非常有意义的。因为这种研究不仅可以考察某一特定时间某一文化或某一群体的价值观现状，更能通过纵向比较了解到价值观的变化以及所反映出的社会变迁，当然也能考察到那些稳定较少变化的价值观成分。

在心理学领域这样的研究众多，比如英格尔哈特（Inglehart，1996）的物质主义价值观（现代价值观）和后物质主义价值观（后现代价值观）研究，该研究涉及43个国家，代表着世界人口的70%。其研究假设是：经济发展会导致公众的价值观和信仰体系出现某些变化，而这种变迁又会反过来促进社会的政治和经济体系的变化。其研究结果显示，不同社会所重视的价值观正在发生变化，其变化趋势表现为：由传统权威转变为法理权威；由短缺价值（如金钱、欲求、工作等）转化为后现代价值（如生态、自由选择权、情感、休闲、生活质量等）。我国台湾地区心理学研究者杨国枢（1994）和黄光国（1995）也曾分别就中国人的传统性和现代性、儒家价值观的现代转化等问题进行了深入探讨。总之，这些研究在一定程度上都为某一时期的社会现状及社会的变革提供了非常有意义的诠释。

（二）了解价值观是探究某一群体某一社区文化的重要手段

除了一些大型的价值观研究外，在心理学研究领域，价值观的研究更多是对某一群体或某一社区文化特质的探讨。这种研究介于宏观研究（文化）和微观研究（个体行为）之间，是社会心理学研究的主要取向。这种研究旨在探讨处于某一亚文化条件下的群体的价值观特点，内容涉及个体的交往方式、行为特点以及目标确立等诸多问题。这方面的研究比较多的如对不同职业群体价值观的考察，尤其是对大中学生的价值观调查为数众多，另外还有像对某一特定地域的调查以及国外对少数族裔文化适应的调查，等等。这些研究为我们了解某一群体的亚文化特征和行为方式的特点都会有很大的帮助。

三、个体层面的意义

（一）了解价值观可以在一定程度上解释和预测个体的行为

布雷思韦特和斯科特（Braithwaite & Scott，1990）就认为价值观是一些深植人心的准则，这些准则决定着个人未来的方向，并为其过去的行为提供了解释。心理学的研究也表明，个体的价值观（尤其是核心价值观）与行为在总体上还是比较一致的。因此，我们了解个体的价值观可以增进对个体行为方式的理解，也可以使人际交往更为融洽。

（二）了解个体价值观现状是倡导某种价值观以及进行价值观教育的重要环节，也是个体社会化的重要内容

价值观教育历来是一个颇具争议的课题，争议之处不仅在于选择什么样的教育手段和方式，即哪种手段和方式最为有效，最符合教育规律，争议的焦点是价值观教育的可行性，即价值观到底能不能够通过教育手段来实现，据此产生了很多不同的流派。但是近年来，在价值观教育领域也出现了一些共识，比如柯申鲍姆（Kirschenbaum，2000）等主张将价值澄清与人格品质教育有机地结合起来，提出了一种价值观教育的综合理论。该理论认为，要进行价值观教育有几项工作是必须做的：首先，要审查我们所倡导的价值观

究竟是什么？我们有什么要教？我们需要教哪些价值观？其次，要了解受教育者的价值观现状怎样？他们已经选择或习得了哪些价值观？总之，价值观教育工作的开展必须以对受教育者价值观现状的充分了解为基础。事实上，价值观教育的有效进行仅了解价值观现状并不足够，诸如价值观的形成机制及作用机制也都是十分重要的内容，对这些内容的深入探讨才可能使价值观的教育工作更具针对性和实质性。

近年来，我国学者和教育实践者对社会主义核心价值观进行了大量研究和教育实践，已取得了不少优秀成果。

（三）了解价值观可以为帮助个体形成健康的人格起到积极的作用

个体人格健康与否在一定程度上受到所持价值观的重要影响。黄希庭等（1994）研究认为，价值观比兴趣和态度概括性更广，因而它对个性的影响更具根本性。从这个意义上讲，正确、符合时代和社会发展规律的价值观的确立应是个体健康人格形成的基础。

四、对大学生价值观研究意义的几点认识

对当代大学生价值观进行研究并不仅仅是考虑到研究的可行性，而主要是建立在研究者以下几点认知的基础上。

第一，大学生的价值观可以在一定程度上代表中国社会价值取向的发展趋势。许燕（1998）认为大学生作为青年的优秀群体，具有对社会变化的敏锐觉察力和思想意识的先行性，使其价值观表现出一定的代表性和独特性，会对全社会的价值观产生影响。另外，刘玉新（2001）认为大学生群体作为较高层次社会成员的重要来源，在未来社会发展中具有独特地位，大学生价值观状况及其教育具有十分重要的意义。

第二，就我国价值观的实证研究来看，研究对象多选择大学生被试，这样就使研究结果之间可以进行互相比较，从而可以考察反映在大学生群体身上的社会变迁特点。另外，也可以考察国内外不同研究工具在研究中国大学生价值观结果之间的差异，有助于构建新的、解释性更强的价值观概念和理

论体系。

第三，西方的价值观研究也有很多是针对大学生群体，可以从内容角度做一些跨文化的比较研究。

总之，对大学生一般价值观及具体领域价值观结构、当代大学生一般价值观及具体领域价值观现状特点、价值观与行为之间的关系、大学生价值观教育等问题进行全面深入的探讨，具有十分重要的理论意义和实践意义，可以为今后大学生价值观的研究工作和大学生价值观的教育工作提供帮助和借鉴。

第三节　价值观的静态研究

所谓静态研究，这里强调的是区别于反映社会变迁、价值观形成机制和作用机制等类型或主题的研究。心理学领域关于价值观的静态研究主要体现在三个方面：一是价值观的概念和特点；二是价值观的结构；三是价值观现状的共时性（横断）调查。事实上，价值观静态研究的这三个方面也是相辅相成的一个逻辑过程，一般意义上的实证研究都会首先从概念的界定入手，其次进一步探讨概念的构成，最后依据所构建的因素结构来形成研究工具，开展特定研究对象价值观现状特点的实证调查和分析。

一、价值观概念

价值观（values）顾名思义是关于价值的观念。从词的构成上看，主要包括价值和观念两部分。"价值"一词，相当于英语的 value，法语的 valeue，德语的 wert。李德顺（1987）认为，价值的最初含义与古代梵文和拉丁文中的"掩盖、保护、加固"这些词义有很深的渊源关系，然后派生出"尊敬、敬仰、喜爱"等词义并最终形成现在的含义"起掩护和保护作用的，可珍贵的、可尊重的、可重视的"。而观念则是指人们对于客观事物的总的看法和理解。所以从一般意义上讲，价值观就是关于客观事物是否值得"保护"

"珍视""尊重""重视"的看法和理解。但是，从心理学领域对价值观的研究来看，价值观概念的含义却要复杂得多（主要考虑到定义的可操作性），从各自表述到形成基本的共识却经历了漫长的过程。但时至今日，仍然没有一个被研究者广泛接受和普遍采用的定义。

（一）对价值观含义的不同理解

如果把 20 世纪 20 年代德国人格心理学家斯普兰格（1928）的重要著作《人的类型》的出版作为心理学价值观研究最早标志的话，那么从那时起，心理学研究者就从不同角度提出了自己对价值观的理解，几乎涉及欲求、需要、兴趣、偏好、动机、态度、信仰等个体所有的个性倾向性层面。科恩（Cohen，1996）认为，心理学领域的价值观研究者经常从以下一些角度来理解价值观的内涵。

第一，将价值观看作道德和伦理。受科尔伯格（Kohlberg，1977）的道德发展阶段思想的影响，一些学者常常把价值观作为一个道德、伦理问题来探讨，认为价值观主要就是道德观。

第二，将价值观看作个体特质。受心理学特质论的影响，一些研究者经常把个体价值观定义为一种特质（traits），如诚实、忠诚、聪明、潜力等，这方面最具代表性的是罗克奇（1973）在其工具性价值观量表中所展现的条目，如雄心勃勃的、心胸开阔的、能干的、欢乐的、清洁的、勇敢的、宽容的、助人为乐的、正直的等。其他还有像莫罗和亚当斯（Munro & Adams，1977）的工具性倾向（instrumental tendencies）与表达性倾向（expressive tendencies）以及贝姆（Bem，1974）的男性气质（masculinity）与女性气质（femininity）等。

第三，把价值观定义为一种行为取向。如许志超等（Hui et al.，1988）的个人主义或集体主义（individualism or collectivism）、合作或竞争（cooperation or competition）、服从或反抗（confoumity or rebellion）、自我中心或利他主义（selfishness or altruism）等都是用二分法来描述个体或组织的行为取向，以此表明价值观的差异。

第四，把价值观定义为一种抽象的目标。如罗克奇（1973）的终极性价值观量表中所包含的条目就是很好的例证，如和平、自由、平等、安全、幸福等。

第五，把价值观定义为一种内驱力（need strengths）。如成就需要、归属需要、支配需要等。

第六，将价值观看作特定社会或文化对其所倡导或尊重行为的表达。研究者认为，虽然价值观、伦理和道德三者之间的联系是显而易见的，但它们之间也存在明显的区别：价值观可以被描述为将构成社会的各种砖块连接在一起的砂浆，是特定社会或文化所尊重的行为的表达；伦理则是内部的行为标准，通常是从职业视角进行定义的；而道德往往是外部强加的，用以判断一个人的行为是正确的还是错误的（Christian，2014）。

从以上对价值观概念的不同理解，既可以看出价值观本身的复杂性，也可以看出研究者研究兴趣的不同倾向与偏好。在概念内涵上缺乏统一的认识为价值观的深入研究带来了一定的消极后果。正如有的研究者所表明的，尽管人们普遍认同价值观与人类活动的密切关联，但由于一开始就各自从不同的观点出发，在实证研究中并没有形成一个统一的概念模式、理论模式和手段模式，使研究结果不能完全有效地整合起来，形成一个累积性的知识领域（Smith，1969）。

（二）价值观概念的共识

以上所述主要是不同研究者对价值观的不同理解，即价值观概念内涵的多样性，但是这并不等于说心理学界对价值观概念的内涵没有取得过任何共识。事实上，在价值观研究的历程中，有些定义得到了更多心理学研究者的认同和采纳，这些已取得较多共识的定义为心理学领域价值观研究的系统化乃至价值观理论的构建和形成、标准化测量工具的开发都起到了十分重要的作用。

克拉克洪（Kluckhohn）[①] 在 1951 年所提出的定义可以被看作是心理学领

---

① 克拉克洪（Clyde Kay Maben Kluckhohn，1905～1960）是美国文化与人格学派人类学家，曾于 1947 年担任美国人类学会主席。代表作有《纳瓦霍人》（1944）、《文化：概念与定义的批判性回顾》（1952）、《人类之镜》（1949）、《价值取向中的变量》（1961）。重视人类学研究与社会学、心理学研究之间的融合。他提出了文化与价值取向理论，重视价值体系以及文化与价值观的关系研究，强调这一主题研究对跨文化理解和交流的重要意义。

域研究价值观的一个重要的转折点，之所以说是一个转折点主要是因为从此时起价值观的内涵有了比较明确的限定，不再像以前那种杂乱纷呈的局面。他认为："价值观是一种外显或内隐的，有关什么是'值得的'（the desirable）的看法，它是个人或群体的特征，它影响人们可能会选择什么行为方式、手段和结果来生活。"事实上，从克拉克洪的定义开始，是否"值得"就成了衡量是价值观研究还是其他个性特质研究的重要标准。克拉克洪定义的重要贡献实际上还远不止于此，他还使价值观概念具有了心理学研究所强调的可操作性。比如他对价值观的主体进行了规定，认为价值观的主体既可以是个人也可以是群体；他明确指出了价值观的存在形式，既可能是外显的也可能是内隐的；他还对价值观的功能和作用进行了强调，即指明了价值观对个体或群体的导向作用。自此以后的价值观研究虽然在定义上可能并没有完全移植和采纳克拉克洪的观点，但在本质上都吸收了其定义的精髓。

罗克奇在 1973 年给价值观所下的定义也是心理学领域研究价值观历史上的一个十分重要的定义。他认为"价值观是一种持久的信念，是一种具体的行为方式或存在的终极状态。对个人或社会而言，比与之相反的行为方式或存在的终极状态更可取"，后又修订为"价值观是一套持久的信念结构，它显现一个人认为某一些行为方式或存在的终极状态是比较重要的"，进而具体解释说价值观是一般性的信念，它具有动机的功能，不仅是评价性的，还是规范性和禁止性的，是行动和态度的指导，是个人的也是社会的现象。我们从罗克奇的定义中可以看出克拉克洪定义的影子，但是两个定义又有明显的不同，罗克奇的定义有着自己明显的特点。首先，罗克奇强调价值观的本质是一种信念，并不是对事物一般性的看法和观念，信念的特点是一种坚信，比一般性的看法和观念有着更高的强度和情感投入。其次，罗克奇"信念"的提出还使人们能够把价值观研究中最容易混淆的两个概念——价值观和态度较为清晰地区别开来。他认为价值观是比态度更为核心的概念，价值观影响态度并更加难以改变。他还特别强调了价值观的概括性和抽象性，认为价值观是超越具体对象或情境的单个的、禁止性的或规定性的信念，而态度则是针对具体对象或情境的许多信念的一个组织结构。最后，罗克奇还改变了以往研究中仅仅把价值观看作是一种"终极性"观念的看法，认为方式、手段、行为结果等本身也是一种价值观，这在一定程度上扩展了价值观的研究领域和范围。罗克奇对价值观概念内涵的理解对许多价值观研究者都有着非常重要的影响。

施瓦茨在1987年提出的价值观定义。施瓦茨是20世纪80年代以来心理学领域最活跃、成就最为突出的价值观研究者，在他自己看来，他的价值观定义来源于对罗克奇定义的修订和提升。他认为"价值观是合乎需要的超越情境的目标，它们在重要性上不同，在一个人的生活中或其他社会存在中起着指导原则的作用"。事实上，施瓦茨的定义与罗克奇的定义在本质上并不完全相同，其最突出的特点就是对价值观动力性特征的强调。施瓦茨的价值观概念和价值观结构奠基于几种人类最基本的需要，他所强调的价值观内容是重要性不同的目标，而需要和目标分别代表着内外两种人类行为的驱动力。由此看来，施瓦茨看重的是价值观对行为的动力意义。另外，他对目标的强调实际上也是抓住了价值观内容的关键要素，因为诸多研究者都认为一个人所确立的目标是最能体现和反映其价值观的核心要素。

（三）国内心理学研究者对价值观概念的理解

从整体上来讲，国内心理学者对价值观概念的界定往往遵循两条路线，一条是借鉴哲学界的价值观定义，另一条则是直接移植或修订国外价值观研究者的定义，以克拉克洪、罗克奇和施瓦茨三人的定义最多。

就第一条路线来看，著名心理学工作者黄希庭教授（1994）的定义比较具有代表性。黄希庭教授认为价值观是人区分好坏、美丑、益损、正确与错误、符合与违背自己意愿等的观念系统，它通常是充满情感的，并为人的正当行为提供充分的理由。另外像教育、心理学研究者杨德广（1997）给价值观所下的定义为：价值观是一定社会所共同具有的对于区分好与坏的根本看法，对于某类事物是否具有价值以及具有何种价值的根本看法，是人所特有的应该希望什么和应该避免什么的规范化见解，表示主体对客体的一种态度。这些定义与我国哲学界的价值观定义十分相近。如袁贵仁（1991）认为"价值观是一定社会群体中人们所共同具有的对于区分好与坏、正确与错误、符合或违背人们愿望的观念，是人们基于生存、享受和发展的需要对于什么是好的或者不好的根本看法，是对于某类事物是否具有价值以及有何种价值的根本看法，是人们所特有的应该希望什么和应该避免什么的规范性见解，表示主体对客体的一种态度。"哲学研究者李德顺（1987）也非常赞成用"好坏"来说明价值观的本质内涵，他认为"所谓价值，实际上就是我们平常总在说的好坏，世界上凡是可以用好坏来叙述的内容，就是价值，凡是需要加以好坏判断的问题，就属于价值问题。总之可以用好坏二字来代替价值二字。因此可以说，价值观念就是好坏观念，即人们关于什么是好、什么是坏，怎样为好、怎样为坏，以及自己向往什么、追求什么、厌恶什么、反对什么等的观念、思想、态度的总和"。

就第二条路线来看，我国许多价值观研究直接引用了国外的价值观定义。当然，也有一些研究者在借鉴的基础上根据自己的研究取向和内容给出了自己的价值观定义。如杨国枢（1993）把价值观看作一种偏好，认为价值观是人们对特定行为、事物、状态或目标的一种持久性偏好，此种偏好在性质上是一套兼含认知、情感、意向三种成分的信念。价值不是指人的行为或事物本身，而是指用以判断行为好坏或对错的标准，或据以选择事物的指涉架构（frame of reference）。数项价值信念构成的价值体系便可称为价值观。许燕（1998）和金盛华（1996）则把价值观看作一种评定标准和尺度。前者认为价值观是指人们对客观事物、现象及对自己行为结果的意义、作用、效果和重要性的评定标准或尺度，是推动并指引人们决策和采取行动的核心要素。后者认为价值观是人们按照自己所理解的重要性，对事物进行评价与抉择的标准，是比态度更广泛、更抽象的内在倾向。

（四）对国内外不同价值观定义的简要总结

在对以上概念分析和理解的基础上，我们认为不同的价值观研究者在给价值观下定义的时候都部分或较多地考虑到了以下内容：第一，从价值观的拥有者（价值观主体）角度考虑，它既可能是一种个体现象，也可能是一种群体现象，还可能是一种社会现象或文化现象；第二，从价值观的表现形式考虑，价值观更多是以观念的形式存在，具有概括性和超情境性的特点；在可操作层面，价值观是一种判断标准，这种判断标准既可能是外显的也可能是内隐的；第三，从价值观的内容角度考虑，价值观主要是一些信念的组合，这些信念是对个体动力特征（如需要、动机）的反映；第四，从价值观的功能角度考虑，价值观对态度和行为具有明显的导向作用；第五，从价值观的形成机制看，价值观主要是一种社会化的结果，是个体自身动力特征、个性特征与外在影响因素交互作用的产物；第六，从价值观的作用机制看，价值观对行为的导向作用要通过态度这一中介因素来实现。

另外，对比国内外心理学者给价值观所下定义，我们还发现一个较为明显的特点：国内学者的价值观定义比较偏重描述性，比较侧重内容的揭示，而国外学者的价值观定义则侧重本质和机制的探讨。

二、价值观的特性

从以上的定义我们可以看出价值观的一些特点。事实上，国内外价值观研究者对价值观的特性也进行了专门的探讨。

就西方研究者的观点来看，价值观的特性主要表现在以下几个方面：首先是价值观的超越情境特点，或者是高度概括性和抽象性特点（Rokeach，1973；Schwartz，1987）；其次是价值观的行为导向性（Kluckhohn，1951；Gabriel，1963；Rokeach，1973；Schwartz，1987），这种特性被众多心理学研究者所肯定；最后是价值观的层次性（Rokeach，1973）。罗克奇认为价值观是有层次地组织起来的，这个层次有时候表现为先后（优先）顺序的不同。

我国心理学研究者对于价值观的特点也提出了自己的见解。黄希庭和张进辅等（1994）认为价值观的特征主要有意识的倾向性、评价的主观性、行为的选择性、观念的一致性、社会的历史性。许燕（1998）则认为价值观的特征主要表现为结构的多元性、稳定性和可变性，功能的双重性（对行为的导向、对内心世界的反映），主体间的差异性（因人而异，因群体而异）。另外，兰久富（1999）从哲学角度对人类生活的两大领域——事实领域和价值领域的区别进行了探讨，他认为事实领域存在的问题是事实问题，而价值领域存在的问题是价值问题，价值问题不像事实问题一样一定要求得一个唯一正确的解，即想方设法去找到一个真理，其最独特之处有三点：一是具有相对性，不同的个体不同的时代价值观可能不同；二是价值观的多元解释性，不同个体判断价值有无的原因可能是完全不同的；三是鲜明的主体性，任何价值观都是一个个体或群体所拥有的观念。

以上探讨都为我们在概念的基础上进一步理解价值观的本质提供了重要的帮助。

三、价值观的结构

价值观的结构是心理取向价值观研究的一个重要内容，因为价值观结构的构建和揭示将不仅有助于对价值观维度、价值观本质的进一步了解，还是深入理解价值观形成和作用机制的重要环节，更是价值观研究工具和相关技术开发的基础。因此，许多心理学研究者都尝试从不同的角度来提出自己的价值观结构，为丰富价值观研究起到了十分重要的作用。

（一）价值观结构研究的逻辑起点

一个价值观结构模型的提出往往都是基于一定的逻辑起点，尽管这个起点在不同的研究者看来会有所不同。但是从整体上来讲，这些不同的起点也有很多共性，最主要的一点就是对人类自身生活结构的关注。

施瓦茨（1987）的价值观结构是基于他认为存在于任何文化中的十余种动机，而这些动机又源于三种普遍的人类需求："个人的生物需求、社会交往的需求、群体的生存与福利需求。"

特里安迪斯（1986）的价值观结构的建构是基于"不同文化对某些前因后果的不同偏好"。

霍夫斯泰德（1980）的价值观结构是基于"任何社会必须面对的人类基本问题"。

英格尔哈特（1971，1977）的价值观结构是基于马斯洛的需要层次理论。

奥尔波特等（1960）的价值观研究表面上是基于斯普兰格的对人的六种

分类，实质上也是基于"六种不同的基本的兴趣和动机"。

莫里斯（1956）的生活方式调查是基于"所喜欢的、所偏好的"（preferable）这一构念，而对此构念的操作定义是"对美好生活的想法"。

格尔洛和诺尔（Gorlow & Noll，1976）的实证价值观结构来自三种对人类生活基本意义的理解，即"生活中意义的来源、生活中快乐和幸福的根源、生活目标"。

杨国枢（1994）的现代价值观和传统价值观研究是基于中华文化中"多数人所表露出的心理和行为"。

黄光国（1992，1995）的价值观研究是基于对传统儒家文化及其变迁的考量。

虽然也有一些研究或价值观结构没有提出自己明确的逻辑前提，但从总体上讲，确立逻辑起点是每一个从事价值观结构研究的学者所必须注意和思考的问题。在一定程度上可以说，这个问题的解决如同给价值观概念下操作定义一样重要。

（二）价值观结构的具体探讨

价值观结构的研究是十分庞杂和丰富多彩的，我们通过对以往研究的分析，认为价值观结构的研究可以概括为三种视角：一是元结构分析，侧重从价值观概念的解剖（或构成要素）来获得某种结构形态，研究方法主要采用逻辑思辨的方法或直接移植于心理学其他领域的某些构念；二是侧重从内容角度来分析价值观的结构，这种结构的形成更多直接来源于生活实践；三是侧重从维度来形成价值观的结构，结构的形成虽然有对生活实践的分析和观察，但更多来自逻辑的分析，待结构形成后再去做进一步的检验。

1. 价值观结构的元分析研究

这种类型的研究主要包括对价值观概念的解剖以及对价值观动力系统的分析。克拉克洪等（Kluckhohn et al.，1961）认为价值观是一种具有模式化（等级次第）的原理，是认知、情感、方向性因素三者的相互作用。章志光等（1993）在研究品德问题时也首先从这一层面来进行研究，研究内容包括：道德观念、道德判断、道德评价、道德情感等。杨国枢（1987）在其一项研究中除了强调价值是一种偏好外，还特别指出价值观在性质上是一套兼含认知、情感及意向三类成分的信念。金盛华（1995）在指出价值观是对事物进行评价与抉择的标准，也即强调认知的重要性的同时，也非常重视情感的作用，认为从发展上说，价值观的形成高度依赖于情感，感到愉快是人们接受某种价值的前提。杨德广（1997）则从价值目标、价值评价、价值取向三个角度对大学生价值观的结构进行了探讨。

从元分析角度对价值观结构进行探讨可以帮助人们对价值观内涵有更进一步深入的理解，也有助于把价值观与其他心理变量进行比较分析，但是其不足之处在于这种研究往往比较笼统抽象，很少直接与价值观的内容相连，这就使人们不容易从简要结构中了解到某一文化或某一群体的价值观特点。

2. 从内容角度来构建价值观的结构

这方面的研究相对较多，比如佩里（Perry，1926）将价值观结构划分为认知的、道德的、经济的、政治的、审美的、宗教的6种；弗斯（Firth，1951）把价值观分为技术的、经济的、道德的、仪式的、审美的、社团的6种；奥尔波特等（1960）将价值观分为理论的、经济的、审美的、社会的、政治的、宗教的6种；菲茨西蒙等（Fitzsimmons，1985）的生活角色调查量表测量了能力、成就、发展等20种价值的重要性；戈登（Gordon，1960）的人际价值观调查量表测量了支持、服从、认可、独立、仁慈、领导6种价值观；斯科特（Scott，1965）的个人价值量表评价了实际生活中存在的唯智主义、仁慈、社交技能、忠诚、学业成就、身体发育、地位、诚实、宗教信仰、自我控制、创新性、独立性等内容；莫里斯（1956）的13种生活方式量表测量了5个因素：社会限制和社会控制、在行动中得到快乐及进步、退缩与自给自足、接纳和同情、自我放纵；施瓦茨等（Schwartz et al.，1987）将价值观与10种动机领域（包括守旧、和谐、平等的义务、知识的自主、情感的自主、控制、阶序等）联系起来；文崇一（1989）把价值观分为宗教、家庭、经济、成就、政治、道德6种价值；杨国枢（1994）把中国人传统的价值观分为：遵从权威、孝亲敬祖、安分守成、宿命自保、男性优越5个方面，把中国人所表现出的一些现代价值观分为：平权开放、独立自顾、乐观进取、尊重情感、两性平等。李德顺（1996）从自我意识、人生的目标理想及价值规范、人生的具体实践方式 3 个方面来探讨人的价值观。黄希庭等（1994）将价值观分为政治的、道德的、审美的、宗教的、职业的、人际的、婚恋的、自我的、人生的、幸福的 10 种类型；中国社会科学院社会学研究所"当代中国青年价值观念演变"课题组（1993）将价值观分为生活价值观、自我价值观、政治价值观、道德价值观、职业价值观、婚姻和性价值观。

从内容角度来揭示价值观的结构最大的优点是具体、容易把握，可以明确地反映出某一生活领域或人类生活的某一方面的价值观内容，但是其缺点也是比较明显的，即其抽象概括性不够，影响研究结构本身的系统性和严密性，因为即使具体罗列 5 类、10 类甚至 20 类内容也仍然无法涵盖价值观的全部研究内容。

3. 从维度上来构建价值观的结构

罗克奇（1967）把人类价值观的结构分为两个维度即生活目标（终极性价值）和行为方式（工具性价值）；布雷思韦特等（Braithwaite et al.，1985）以罗克奇的价值构念为基础把价值观分为个人目标、行为方式、社会目标三类；贝尔斯等（Bales et al.，1969）将价值观的结构表述为接受权威、基于需要的表达、平等主义、个人主义四个方面；洛里等（Lorr et al.，1973）提出了三个维度的价值观结构，即个人目标、社会目标、个人和社会所偏好的行为方式；格尔洛等（Gorlow et al.，1967）从内容和维度结合的角度提出了一种价值观分类：重视亲和—浪漫情感者、重视地位—安全者、重视智识的人文主义者、重视家庭者、极端的个人主义者、随和—被动者、童子军型者、唐璜式的风流人物；吉尔根等（Gilgen et al.，1979）的二元价值观结构为：东方（印度教、佛教、儒教、道教）一元论，西方（基督教和希腊文明）二元论；克拉克洪等（1961）提出了四种价值取向的价值观结构：人与人关系取向、人与自然取向、人与时间取向、人与环境关系取向；哈丁等（Harding et al.，1986）的道德价值观结构为个人—性道德（集中于生死的问题和性关系）、自利道德（包括与个人正直和诚实有关的测题）、合法—非法道德（以被法律正式禁止的行为来界定）；英格尔斯（Inkeles，1992）的价值观结构首先将人分成传统人（性）和现代人（性），其次通过对新经验、变革取向、意见的增长、信息、时间性、效能、计划、信任感、专门技术、教育与职业意愿、了解生产12个变量的测量来了解人的现代性程度；霍夫斯泰德（1980）通过对40个国家的研究确定出四个价值观维度即权力距离、不确定性避免、个人主义与集体主义、男性气质和女性气质；日本研究者从个体—社会，现在—未来两个维度对价值观进行描述。

除了以上国外学者提出的一些维度视角的价值观结构外，一些华人学者在研究中国人价值观或跨文化价值观研究中也提出了自己关于价值观结构的观点。费孝通（1947）提出了差序格局；许烺光（1990）提出了情境中心、个人中心、超自然中心；杨国枢（1992）提出了个我取向和社会取向，其中社会取向又具体分为家族取向（家族延续、家族和谐、家族团结、家族富足、家族荣誉、泛家族化）、关系取向（关系的角色化、关系互依性、关系和谐性、关系宿命观、关系决定论）、权威取向（权威敏感、权威崇拜、权威依赖）、他人取向（顾虑他人、顺从他人、关注规范、重视名声）四个次级取向；文崇一（1992，1995）提出了富贵与道德视角；杨中芳（1991）提出了自己人和外人分界。另外，杨中芳还将价值观的结构分为世界观（对人及其与宇宙、自然、超自然等关系的构想，对社会及其与成员关系的构想）、社会观（在文化所属的具体社会中，为了维系它的存在而必须具有的价值理念）、个人观（成员个人所必须具有的价值理念）；何友晖和乔键等（1991）提出了关系取向；黄光国（1983）提出了人情与面子模式。同时，朱瑞玲、翟学伟、佐斌等也都对此进行了研究。朱永新（1992）提出了恋权情结（power complex），或称吕不韦情结；王慧然（2001）提出了人格面具说或原型说，其中包括了"父王原型""子民原型""官僚原型""民族情结""铲平主义情结"；翟学伟（2001）提出了历史阶段分类，即根据历史发展阶段将我国价值观的变迁分为宗教意识取向（上古）、伦理取向（中古）、文化取向（近代）、政治取向（现代）、经济取向（改革开放后的二十年）；朱谦（1995）把价值观分为一般价值观和传统价值观（家庭关系、工作精神、物质欲望、社会秩序、进取心、宗教信仰和处世哲学等）；杨宜音（1998）认为价值观的结构应该从两个维度来考察，即终极性—工具性维度、社会性—个体性维度，并认为价值观有三个分析层面，即个体价值观、社会价值观、文化价值观，等等。

在 21 世纪头十年即将结束之际，金盛华、郑建君和辛志勇（2009）采用较大样本从实证视角对中国人的价值观结构进行了新的探索。该项研究采用通过系统编制形成的《中国人价值观问卷》，对工人、农民、专业技术人员、大学生和中学生五类人群进行了测量。其中，1100 份有效数据的探索性因素分析表明，中国人价值观是一个八因素结构，具体包括品格自律、才能务实、公共利益、人伦情感、名望成就、家庭本位、守法从众、金钱权力。通过大样本数据进一步对该结构分析表明，当代中国人价值观结构在整体上表现出以品格自律、才能务实、公共利益、人伦情感为优先取向的亲社会结构，具有鲜明的"好人定位"的特点。

还有一些研究探讨了具体领域的价值观结构问题。如金盛华和李雪（2005）通过 25 例深度访谈、60 例开放式问卷调查和 813 例各类大学生调查建立了大学生职业价值观结构模型，该模型包括四个因子（家庭维护、地位追求、成就实现、社会促进）的目的性职业价值观和六个因子（轻松稳定、兴趣性格、规范道德、薪酬声望、职业前景、福利待遇）的手段性职业价值观模型，并据此编制了大学生目的性职业价值观和手段性职业价值观量表。辛志勇、于泳红和辛自强（2018，2020）通过文献分析、专家访谈、实际财经活动考察和理论归纳，提出了财经价值观的三个维度结构：理财价值观、财富价值观和财经伦理观。其中，理财价值观包括理财认知、理财正性情感和理财负性情感三个具体因素；财富价值观包括个体性价值、社会性价值和超然性价值三个具体因素；财经伦理观包括自我—他人伦理、自我—集体伦理、自我—国家伦理三个具体因素，同时依据该结构编制了具有良好信效度指标的《中国公民财经价值观测验》。

事实上，有些价值观结构的观点很难绝对说是从内容角度的探讨还是维度角度的探讨，一般而言，维度划分要较内容划分有更高的抽象性和概括性，但随着研究的深入，势必要从维度延伸到内容。维度的划分除前述优势外，其主要的不足在于类别划分较为笼统，只能从宏观层面或文化层面来揭示研究对象的价值观特点，具体到某一个体或某一群体就未必有较好的解释性。所以从这个角度讲，价值观结构的理想模型应该是维度和内容的有机结合。

四、价值观现状特点的研究

现状特点的研究是价值观研究的一个基本内容，国内外心理学者、社会学者、教育学者、文化学者，甚至是一些民意机构都曾做过很多类似研究，研究对象小到几十个个体的小范围调查，大到一些跨文化（跨民族、跨种族、跨国别）的大型研究，但更多的研究集中在对某一亚文化群体价值观特点的探讨，如大学生群体、中学生群体、青年人群体等，以及不同区域（如城市居民的价值观调查）、不同职业等人口统计学维度的价值观调查。

（一）国外的价值观现状特点研究

国外的价值观现状特点研究基本上可以归结为三类：一是某一特定时期某一亚文化群体的调查。这种类型的研究并不是一个动态性的研究，其研究目的只是就某一特定时期某一群体的价值观特点进行探讨。二是定期例行性研究。这种类型的研究具有静态研究反映现状的特点，但因研究结果能够反映社会变迁，在本质上也可划入动态研究范畴，研究者往往使用基本相同的研究工具相隔特定的时间周期来研究某一群体的价值观特点，其研究目的主要是想了解时代变迁对价值观的影响。三是跨文化的研究。这种类型的研究在西方国家较多，研究对象既可以是主要民族和少数民族（族群）之间价值观的比较，也可以是原住民和外来移民之间价值观的比较，而且还有很多研究涉及众多国别的跨文化研究。事实上，在这种类型研究中，研究者真正的目的是要考察不同文化之间的差异，寻找不同文化间冲突和融合的根源。另外，还有一个间接目的就是要验证自己的价值观结构理论以及测量工具的跨文化适宜性。下面简要介绍国外研究者的几项重要的价值观现状特点研究。

1953 年开始，日本社会学者在"日本的国民性研究"这个题目下，以每5 年为一个周期进行了 30 余年的价值观调查工作，其意图主要是了解日本国民舆论、态度、价值观的变革；1972～1975 年，由津留宏、坂田一、原谷达夫、秋叶英则等日本社会学者主持进行了"现代日本青年价值观研究"。1992～1993 年秋叶英则在对 20 世纪 70 年代研究成果进行分析研究基础上，又对日本青年人的价值观状况进行了调查，并对这两个不同时代的青年人的价值观特点进行了分析研究，"认真的崩溃"这样的概念就是这一期间被提出的。

1981年，欧洲价值体系研究小组在伦敦盖洛普民意测验中心、联邦德国阿伦巴赫民意测验研究所、巴黎法国民意测验研究所等机构的支持下对联邦德国、法国、意大利、西班牙、荷兰、比利时、爱尔兰、丹麦等西欧9国的价值观状况进行了研究，内容涉及道德、政治信任及选择、宗教、家庭价值、劳动价值、世界与他人、人口统计学资料影响等多个方面，对西欧社会的主流价值取向进行了深入探讨。

1980年，霍夫斯泰德发表了经典著作《文化的影响》，书中对40个国家（地区）的"职业价值观"进行了详尽的分析和描述，还抽取了新加坡及我国台湾、香港等地的样本。

特里安迪斯1986年与其同事进行了一项有关"集体主义—个体主义"价值观的研究，他们在9个国家（地区）收集了男女比例基本相同的样本，其中包括有来自我国内地和香港的被试。

施瓦茨利用自己编制的价值观问卷在1988年和1993年对来自各大洲44个国家和地区、97种样本进行了调查。这些样本包括41种不同科目的学校教师样本、42种主修专业不同的大学生样本、12个不同职业的成人样本以及两个青春期样本，总共25863名被试。同时，该调查也涉及6个中国人样本，其中3个样本来自中国大陆（河北省、上海市、广州市）。

最著名的大规模历时性的价值观调查研究是英格尔哈特倡导的"世界价值观调查"（World Values Survey，WVS）研究。在20世纪70年代，英格尔哈特依据马斯洛的需要层次理论，通过对20世纪70年代初西欧六国的数据进行分析，认为西方发达工业社会中公民的价值观正在从物质主义价值观向后物质主义价值观转变，具体表现为工业化国家公众从关心生存和物质安全变为关注生活的总体质量，包括良好的人际关系、美丽的城市等。该项研究后来扩展为欧洲价值观调查（European Values Survey，EVS），从早期有限的6个国家调查数据扩展为对26个欧洲国家将近20年（1970~1988年）的调查数据。英格尔哈特在对调查数据分析的基础上提出了著名的匮乏假设和社会化假设[①]，证明了他在 20 世纪 70 年代提出的论断——西方社会公众优先价值观正在从重视物质安全向重视生活质量、自我实现转变。随后在 EVS 的基础上，多国合作者从 1980 年开始推动了全球性的"世界价值观调查"，后者很快带来了后物质主义文化理论研究对全球 60～70 个国家和地区的覆盖，并促成了专注几个大洲的一系列"晴雨表"（barometer）跨国问卷调查项目的形成（王正绪和赵茜，2022）。

（二）国内的价值观现状研究

国内的价值观现状特点研究也涉及很多学科，但是研究最多的是心理学、社会学、教育学等研究领域，研究样本多取自大学生群体或青少年群体，其他群体涉及相对较少。下面简要介绍几项主要的研究。

杨国枢与李美枝（1964）以奥尔波特等所编制的"价值观研究"调查问卷为测量工具，探讨了 1964 年中国（台湾地区）大学生的价值观念，并将所得结果与美国大学生及留美中国学生进行比较，结果表明："在偏重科学精神的理论型价值观方面，美国大学生最高，留美中国学生次之，在台湾的中国学生最低。如果单就中国大学生而论，理论型价值观却显著地高于其他五种价值观类型。中国大学生的政治、社会及审美价值观类型得分均显著地高于美国大学生，经济型价值观则与美国大学生几乎相等，而西方式的宗教价值观类型却显著地低于美国大学生，而且在六种价值观类型中居于最末位"。这项研究是从心理学视角对中国人价值观所作的一项较早的研究。几乎同一时期，杨国枢于 1964～1965 年采用莫里斯的"生活方式问卷"对台湾地区中国大学生的价值观进行了研究，结果表明："中国大学生最喜欢第一种（保存人类最好的成就）、第三种（对他人表示同情的关切）及第七种（将行动、享受、沉思加以统合）生活方式，最不喜欢第四种（轮流着体验

[①] "匮乏假设"认为，成长于经济和物质相对匮乏环境或年代的人们，会将经济增长和物质安全作为最紧迫的需求和优先目标取向，因此会形成物质主义价值观。而成长于经济繁荣、物质丰裕环境或年代的人们，则可能会更加强调诸如归属感、尊重、审美和智识满足之类的"后物质主义"目标，形成后物质主义价值观。"社会化假设"认为，一个人早年的社会化过程对其基本人格的影响更大，因此，个人的基本价值观反映的是人未成年阶段的主流社会经济环境状况，并且，这种在青少年时期形成的核心价值观具有一定的稳定性。

欢乐与孤独)。"在这项研究的基础上，杨国枢概括出中国大学生最喜欢的生活方式的特点为："接受社会的约束，保存人类已有的成就；以克制与修养律己，以温情与善意待人；在中庸无偏及兼容并蓄的原则下，使行动、享受、冥想三者适度配合"，而最不喜欢的生活方式的特点是："不顾他人与社会，以自我为中心地、率性而放纵地享乐。"另外，杨国枢还于1994年利用传统性和现代性问卷对中国人的价值观进行了研究。

迈克·邦德（1987）采用《中国人价值观调查问卷》对我国香港和台湾地区以及新加坡等22个国家和地区的被试进行了调查，研究认为，相比较而言，香港、台湾、新加坡三个华人社会呈现出低综合性、高但离散的儒家工作精神动力论、离散的仁慈心、中等程度的道德训导等特点。另外，迈克·邦德还通过《中国人价值观调查》对50名男大学生和50名女大学生进行了中国人价值观和健康之间关系的研究，认为"社会整合—文化的内在性""声誉—社会道德"这两项因素是寿命、死亡模式、危及健康的行为、社会满意度等多种健康指标的预报器。

王新玲于1987年利用罗克奇的价值观调查问卷在北京市进行了一项有关中学生的价值系统与道德判断的研究，结果表明在中学生整个价值系统中占重要地位的价值观是符合社会需要与时代精神的，不同年级间的价值系统具有一定的一致性和差异性。这项研究是大陆心理学领域较早进行的一项价值观研究。

中国社会科学院价值观课题组的《中国青年大透视——关于一代人的价值观演变研究》在1988～1990年先后两次对4357名城乡青年进行了价值观调查，内容涉及人生价值观、道德价值观、政治价值观、职业价值观、婚恋与性价值观五个方面，并总结了当时青年价值观演变的三个显著特点或趋势：群体本位取向向个体本位取向的偏移；单一取向向多元取向发展；世俗性的价值目标正在取代理想主义的价值目标。

黄希庭等（1989）利用罗克奇的价值观调查问卷对广州、深圳、武汉、成都和重庆五个城市的2125名青少年学生的价值观进行了调查。结果表明：我国青少年学生的价值观总的看来相当一致，在终极性价值观中，有所作为、真正的友谊、自尊、国家安全被列为四项最重要的价值观；在工具性价值观中，有抱负、有能力、胸怀宽广被列为很重要的价值观，而整洁、自我控制、服从则被列为很不重要的价值观。有些价值观在性别、年龄和学科方面有团体差异和个别差异。另外，黄希庭等1994年的《青年价值观与教育》是心理学领域价值观研究较早的一部专著，研究者从政治、道德、审美、宗教、职业、人际、婚恋、自我、人生、幸福10个维度对青年人的价值观进行了调查研究，并根据研究结果提出了价值观教育方面的对策。

彭凯平和陈仲庚在1989年利用奥尔波特等的价值观问卷对北京大学690余名大学生的价值观状况进行了调查，结果显示北大学生价值倾向强弱的相对顺序为：政治、审美、理论、经济、社会、宗教，并认为性别是影响价值观的一个因素。

林春和虞积生等在1991年曾利用黄国彦的价值观量表对北京地区155名大学生、134名工人、95名郊区农民、184名干部总共568名被试进行了调查，内容包括家庭价值观、夫妻价值观、亲子价值观、法律价值观、经济价值观、教育价值观、国家价值观等方面。1992年，他们还利用莫里斯的生活方式问卷对北京地区6所大学660名大学生被试进行了调查，结果认为当时的大学生价值观具有如下特点：第一，强调承担社会责任、接受社会约束、保存人类良好的传统与成就，反对贪图享乐、自我放纵；第二，强调兼收并蓄、均衡调适，不囿于固定的生活模式；第三，强调注意发挥人的能动性，而不是被动地适应环境。

许燕等在1996年曾利用自己编制的研究生价值观调查问卷对140名研究生被试进行了调查，内容涉及学业观、政治观、文化观、公私观、自我观、职业观、生活观7个方面。1998年利用奥尔波特的价值观问卷对北京地区9所大学268名大学生被试的价值观特点及其演变趋势进行了探讨，发现当时大学生价值观类型的排列等级由高到低依次为：社会型、科学型、实用性、信仰型、审美型、政治型，另外还发现大学生价值观表现出多元化的特征和传统价值观的回归倾向，进而得出北京大学生价值观的演变特征为——不同时期大学生主导价值观的变化与社会演变趋势是相吻合的；同时，不同的主导价值观表现出不同的变化趋势。2001年，他们采用上述同样的问卷对京港两地共计379名大学生进行了比较研究，结果发现两地大学生在价值观的排列顺序上存在差异：北京大学生的主导价值观是社会型，香港大学生的主导价值观是信仰型（原奥尔波特价值观调查工具中的"宗教型"）。

钱敏和张进辅（2001）分别使用开放式问卷和封闭式问卷调查了来自师范、农业、医科和综合大学共计196名大学生被试的价值观状况，调查结果表明：第一，大学生认为值得喜欢的人主要有亲人、好友、恋人、明星、政治家、经济家、文艺家、科学家、军事家9类；第二，值得喜欢的物主要有休闲类、书刊、自然物、食品、衣物、高科技产品、金钱、交通工具、居室、化妆品10类；第三，值得喜欢做的事主要有娱乐、运动、求知、旅游、友谊、享受、求职、修养、爱情、助人、劳动、成就、求美、权力、性欲、奉献、宗教活动等18类。

金盛华及其团队成员（金盛华、郑建君和辛志勇，2009；金盛华和王怀堂等，2003；金盛华和李雪，2004；金盛华和李雪，2005；金盛华和刘蓓，2005；金盛华和孙娜等，2003；金盛华和孙雪飞等，2008）在2000年以来先后进行了多项重要群体（包括工人、农民、专业人员、大学生、中学生等）的价值观现状特点研究，研究结果对深入理解不同群体乃至中国人的价值观特点、社会心态、行为方式和生活方式具有重要的影响。

另外，像杨德广等（1997）进行的"当代大学生价值观研究"、苏颂兴等（2000）的"分化与整合——当代中国青年价值观"、吴鲁平等（2001）的"东亚社会价值的趋同与冲突——中日韩青年的社会意识比较"等研究，以及其他关于大学生职业价值观方面的研究都对中国青年的价值观现状特点进行了深入探讨，有很重要的借鉴意义。

2012年11月，中国共产党在党的十八大上正式提出了社会主义核心价值观体系，即"倡导富强、民主、文明、和谐，倡导自由、平等、公正、法治，倡导爱国、敬业、诚信、友善，积极培育社会主义核心价值观"。三个倡导分别从国家层面、社会层面和个人层面高度凝练和概括了社会主义核心价值观的基本内容。自此，在价值观研究领域开始涌现出许多围绕社会主义核心价值观的调查研究，研究主要涉及核心价值观的认同以及培育践行等方面。

第四节 价值观的动态研究

价值观的动态研究主要包括两个方面：一是价值观的形成过程（或价值观的来源），主要探讨价值观的影响因素、价值观的形成机制；二是价值观的作用过程，主要探讨价值观与行为以及诸中介因素或调节因素的关系。

一、价值观的影响因素

关于价值观的影响因素，是一个相当复杂的问题。研究者视角不同，在看待价值观影响因素的层次和水平上也有明显差异。具体而言，有的研究者从宏观角度，有的研究者则从中观或微观角度；有的研究者从单向（要么客体，要么主体）的角度来考察，有的研究者则从双向互动或多维互动的角度来考察；有的研究者从横断面的角度考察，有的研究者则从变迁发展的角度来考察。但就心理学界的研究成果看，将价值观影响因素作为外在客观因素和主体内部因素的划分是一种较常见的分类。

（一）外在因素

1. 社会生活对价值观的影响

兰久富（1999）指出社会生活是价值观的主要来源，认为任何价值观念都是从社会生活中产生的，任何价值观念的根据都在社会生活中；价值观念在社会生活中获得合理性，又在社会生活的变迁中丧失合理性；价值观念的冲突来源于社会生活的冲突，价值观念的变迁始于生活的变迁。研究者进一步认为影响价值观的可能是整个社会的因素，笼统地说包括政治、经济、文化等各个方面，而具体来讲，生产方式是价值观形成的最终根据，生活方式是价值观形成的最显著力量，文化传统则是价值观形成的最直接的源泉。英格尔哈特（2000）也认为是多种社会变迁导致人们价值观念的转变，并认为对"前现代""现代""后现代"人们分别有不同的价值取向。让·斯托策尔（Jean Stoetzel，1983）强调了个体的职业、工作和劳动对价值观的影响。寇彧（2001）提出了社会和谐影响源的问题。陈宴清（2001）强调社会发展模式或社会发展的目标模式对价值观的影响。郭星华（2000）强调社会转型是价值观变迁的重要原因。李锡海（1991）谈到了一定时期特定群体的社会心理与价值观之间的互动关系。"中国研究生价值取向嬗变研究"课题组（1997）则提到了社会生活实践在研究生思维方式、价值观形成中的重要作用。M. 希曼查克（1992）谈到了社会变革对价值观的重要影响。H. 霍夫曼－诺沃特尼（1992）则着重谈了青年人价值观和生活方式之间的关系。樊景立（1998）通过对我国大陆、香港和台湾三地学习企业管理的大学生进行的商业道德调查研究表明，三地虽然源于相同的中华文化命脉，但由于各自发展出独特的政治、社会和经济系统，所以在有些项目上也存在明显的差异。杨德广等（1997）认为社会背景、身份背景和交往背景是影响个体价值观形成的三种选择性动因。杨宜音（1998）则重视传统人际关系演变对价值观的影响。

2. 文化对价值观的影响

由于对"文化"一词的内涵理解不尽一致，所以这里提及的文化更多涉及观念思想层面和制度层面，并不涉及或较少涉及生产生活或器物等层面。许多研究者特别强调传统文化、西方外来文化以及两种文化间的冲突对国人价值观所造成的影响。杨国枢（1993）提出了"文化生态互动论"的观点，认为生态环境、经济社会形态、社会生活方式与个体的心理发展是一种互动的作用。杨中芳（1992）认为研究中国人的心理和行为应从"历史、文化、社会环境体系"的构架为出发点。兰久富（1999）则具体强调了"社会风尚"对个体或群体价值观的重要作用。楼静波等（1993）强调了外来文化对中国青年价值观的重要影响。章志光等（1993）更加重视社会规范的作用。陈宴清（2001）重视本民族文化和异质文化的关系对价值观的影响。杨宜音（1998）重视西方价值观念侵入的影响。让·斯托策尔（1983）谈到了社会道德因素对价值观的影响。M. 希曼查克（1992）提到了摇滚乐等流行音乐对波兰青年价值观的影响。马戎（1995）谈到了主体文化和"潜文化（即民间文化）"在个体价值观形成中的不同作用。黄光国（1995）则谈到了"核

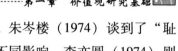

心文化"和"边陲文化"对价值观的不同影响。朱岑楼（1974）谈到了"耻感文化"和"罪感文化"对中国人和西方人的不同影响。李亦圆（1974）则曾经考察了仪式化行为对个体价值观的影响。

3. 学校教育的影响

受教育水平一直被作为一个重要的人口统计学指标来考察对个体价值观的影响，常被用作检验不同个体间价值观差异的重要指标。兰久富（1999）和杨德广等（1997）认为教育水平是影响个体价值观状况的重要因素之一。章志光等（1993）强调了教育方式，包括价值观教育、榜样学习、角色扮演、集体讨论、师生互动方式、奖励结构等对个体价值观的影响。英格尔哈特（2000）在一项研究中认为公民的受教育程度对公民道德和宽容度有很大影响。寇彧（2001）则特别强调了权威者影响源——教育者影响源的作用。余华和黄希庭（2000）也在研究中考察了受教育程度这个变量。杨宜音（1998）在研究中也特别提到了文化教育程度对价值观的作用。许燕（1999）则提出了不同学科、不同专业对北京大学生价值观的影响。让·斯托策尔（1983）认为教育在个体价值观形成中是一个重要的因素。帕特丽夏·科恩等（Patricia Cohen et al.，1996）认为学校是青少年生活目标确立的主要来源之一，而生活目标是个体价值观的主要载体。宋光宇（1993）和徐静（1974）对台湾的游记式善书中包含的价值观教育进行了探讨，另外也有人对中小学教科书、儿童故事中的价值观教育状况进行了研究。

4. 婚姻家庭的影响

让·斯托策尔（1983）提出了婚姻是否美满、性关系是否和谐、子女问题、出生家庭背景等对价值观的影响。杨德广（1997）和章志光等（1993）重视父母特征对价值观教育的重要影响。寇彧（2001）则提出了家庭影响源的问题，另外还具体谈到家庭因素尤其是父母的教养方式对大学生价值观的影响。怀特（1992）提出了美国家庭结构对青少年价值观的影响。董小平（1996）在比较中日美中学生价值观的差异时谈到了家庭物质生活状况和知识水平的重要影响。帕特丽夏·科恩等（1996）在其研究中认为，家庭因素具体包括家庭结构、父母特征和收入、母性主导还是父性主导、家庭环境、父母教育方式、父母与青少年之间的关系、兄弟姐妹状况、家庭中的生活事件等都会对青少年的价值观产生重要影响。罗翰等（Rohan et al.，1996）则对家庭中的价值观传递进行了深入研究。章英华（1995）则探讨了家户组成、家庭内的互动模式对个体价值观的影响。

5. 社会经济发展状况对价值观形成的影响

英格尔哈特（2000）认为经济发展会导致公众价值观和信仰体系出现某种变化，而这种变迁又反过来促进社会的政治和经济体系的变化。让·斯托策尔（1983）在研究欧洲人的价值观念时强调了收入与房产、社会经济条件对价值观的影响。杨德广等（1997）强调了社会经济状况对个体或群体价值观的影响。楼静波等（1993）强调了市场经济的新特点对价值观的影响。苏颂兴等（2000）强调了现代社会由于市场经济导致的"物质利益驱动"对人们价值观的影响。寇彧（2001）提出了自身利益影响源的问题。杨宜音（1998）具体提出了商品生产与流通、生活消费的商品化、交通和信息、城乡差异、职业的可选择性和流动性等对个体价值观形成的作用。陈维政等（2000）在比较中国、北美企业家商务谈判中行为价值观念的差异时，认为对中国企业家价值观影响最大的是计划经济体制和国有经济体制。日本社会学家千石保（1999）则提出了日本经济的高速发展导致日本青少年"认真"的崩溃的观点。董小平（1996）在探讨中学生价值观的影响因素中提到了经济发展速度的作用。

6. 同辈群体的影响

杨德广等（1997）强调了同辈群体对个体价值观有重要影响。许燕（1999）重视不同群体（主要是亚群体）对北京大学生价值观的影响。帕特丽夏·科恩等（1996）认为同辈群体对青少年的价值观形成有着重要的意义。章志光等（1993）则强调了个体在群体中的地位对其价值观形成的影响。

7. 社区（和邻里）的影响

杨德广等（1997）强调了社区对个体价值观的影响。董小平（1996）认为具体的生活环境对中学生的价值观有重要影响。帕特丽夏·科恩等

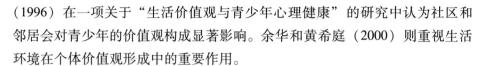

（1996）在一项关于"生活价值观与青少年心理健康"的研究中认为社区和邻居会对青少年的价值观构成显著影响。余华和黄希庭（2000）则重视生活环境在个体价值观形成中的重要作用。

8. 社会传播的影响

杨德广等（1997）和王彬（2001）等都强调了大众文化及其传播对青少年生活方式、价值观念、审美情趣的影响。

9. 政治体制及社会控制的力度

让·斯托策尔（1983）提出了政治体系对价值观的影响。楼静波等（1993）提出了政治体制的变革在青年价值观形成中的重要作用。杨宜音（1998）则提出了政治权威弱化对近些年来中国人价值观的影响。董小平（1996）提出了社会结构形态的作用。胡佛（1995）则详细研究了政治文化对价值观的影响。

10. 世界形势的发展和变化

让·斯托策尔（1983）认为变化不定的世界是影响价值观的一个因素。苏颂兴等（2000）也提出了类似的观点。

11. 宗教的影响

让·斯托策尔（1983）认为教规和教义对人的价值观有重要影响。文崇一（1989）也重视宗教信仰对人价值观的影响作用。

12. 年龄（时间）的影响

让·斯托策尔（1983）认为年龄是影响价值观的一个客观条件。多数有关价值观的实证研究都涉及"年龄"这个变量。

13. 新技术的产生或科学技术的发展

哈特曼（Hartmann，1992）提出了新技术的发展对瑞典青少年与父母关系的影响。

（二）个体因素

1. 需要

马斯洛将价值观和需要联系起来，甚至是等同起来，认为人类不同层次的需要同时也代表着不同层次的价值取向。英格尔哈特（1971，1977）的价值观结构就是在马斯洛需要层次理论基础之上构建的。施瓦茨（1987）在其所建构的人类普遍价值观模型中也将"个体作为生物有机体的需要""协调社会相互作用的需要""使群体或团体顺利发展和保持生存的需要"这三种需要作为他理论架构的基础。黄希庭等（1994）认为，就个体价值观的形成而言，它是以个体的需要为基础的，没有个体的需要，就无所谓价值的问题，因而也就没有价值观的问题。需要是价值观得以形成的必要前提。就个体价值判断的过程而言，它也是以个体的需要为基础的。为此他们还专门设计了需要结构问卷对大学生的需要状况进行了调查研究。有研究者从哲学角度强调了需要对价值观的重要性。袁贵仁（1991）认为价值观念的形成有两个直接的前提条件，一个是需要，一个是自我意识。兰久富（1999）则认为需要的目标就是价值观念所理解的价值，需要的方向就是价值观念所指出的方向。言外之意，个体需要的内容、方向和水平在一定程度上决定了价值观的内容、方向和水平。韩秀兰（2000）认为社会需要和个体自身需要对价值观的形成都有重要影响。

2. 兴趣

奥尔波特等（1960）把兴趣看作价值观的主要心理因素，甚至把兴趣作为价值观测量的核心指标，这在他们所开发的价值观测量工具中有很好的体现。杨国枢（1993）及其同事在研究中也认为可以把价值观看作是一种偏好。帕特丽夏·科恩等（1996）则认为青少年生活中的优先选择或偏好比雄心和志向更能反映他们的态度和价值观念。

3. 情绪

章志光等（1993）认为情绪情感（移情）在价值观形成中有重要作用。让·斯托策尔（1983）也重视情感对价值观形成的影响。

4. 性别

吴念阳等（1998）、许燕（1999）和寇彧（2001）等多数价值观的研究者都把性别因素作为一个探讨价值观差异的重要人口统计学变量来考虑。

5. 自我意识

塞利格曼等（Seligman et al.，1996）在探讨价值观系统的动力特征时专门对个体不同的自我状态进行了研究。他们提出的问题是，有不同自我状态的个体是否也有不同的价值观系统。这些自我状态包括现实自我、理想自我。他们认为，个体既要根据自己每天所处的情境来思考自己所拥有和所采用的价值观系统，也要从道德水平来考察自己应该具备什么价值观系统。杨东和张进辅（2000）则对大学生的疏离感与价值观的关系进行了研究，认为自我分离感高群者更重视物质名利取向的价值观，无能为力感高群者更不重视物质名利取向的价值观。

6. 认知风格

季羡林（1992）在对世界现存古老文化进行考察后认为，东方文化（中国文化、印度文化和伊斯兰文化）和西方文化（欧美文化）两大体系有相同之处，也有相异之处，相异者更为突出。他认为东西文化的差异，关键在于思维方式：东方综合，西方分析。兰久富（1999）在研究中也认为思维方式和生产方式与生活方式一样，影响着个体的价值观。苏联的心理学家通过让中小学生对所列出的重要事物或重要事件作出主观价值判断来考察中学生的认知和价值观的关系。但岑国桢等（1999）则认为不能简单地把价值观与个体的主观认知等同起来。克拉克洪等（1961）把个体的价值倾向解释为一种情结（complex），认为这种情结产生于评价过程中三种经过分析而有区别的因素的相互作用——认知、情感和方向性因素。章志光等（1993）则重视个体归因风格在价值观形成中的作用。苏颂兴等（2000）认为个体的社会认知主要包括对社会发展的关注点、对社会现实的满意度影响着价值观的形成。另外，自我认知、自我意识（包括自我评价、自我体验、自我控制）、同一性与社会角色等在价值观的形成中也扮演着重要的角色。

7. 动机

施瓦茨（1987）的价值观模型就是在三种需要的基础上引申出了 10 种动机方面性质不同的价值类型，即权力（power）、成就（achievement）、享乐主义（hedonism）、激励（stimulation）、自我导向（self-direction）、普世主义（universalism）、乐善好施（benevolence）、传统（tradition）、遵从（conformity）、安全（security）。新加坡的一些学者（Chang & Wong, 1997）曾对

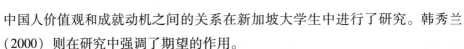

中国人价值观和成就动机之间的关系在新加坡大学生中进行了研究。韩秀兰（2000）则在研究中强调了期望的作用。

8. 个人成长经历（或生活历程）

兰久富（1999）认为个人的经历对个体价值观的影响也十分巨大。魏秋玲（1992）在其翻译著作中提到了学生平常学习成绩对价值观的影响。卡勒（Kahle，1996）在研究社会价值观和消费行为的关系时认为个体的价值观来自他们的生活经历。我国台湾学者王业桂（1998）通过对三个不同时代的大学生进行研究发现，个体的成长历程影响大学毕业之后的工作价值观。

9. 习惯

施瓦茨（1996）认为，如果不发生大的价值冲突，价值观就不会被注意到，人们注意到的更多是习惯和脚本化的反应（scripted response）。特劳克等（Tetlock et al.，1996）在其提出的价值观与行为关系模式中也持同样的观点。我国台湾学者游伯龙（2001）则专门就人类习惯领域的重要性进行了深入研究。

10. 神秘的体验和顿悟

拉兹洛等（Laszio et al.，2001）在其《意识革命》一书中谈到了一些神秘的体验和顿悟在有些个体价值观形成中也发挥着重要的作用，但这一观点有一定的神秘和非科学色彩。

11. 人格

布雷思韦特和斯科特（1990）认为在价值观研究中一直有一种学术传统，即认为价值观具有个人功能，并受个人生理和心理的影响。这一观点促使人们将价值观与个人的态度和性格，以及自尊的维护与提高联系起来加以研究。兰久富（1999）认为个体的个性特征影响他的价值观。台湾心理学会（1979）在对17000名大学生的调查中，其中一个项目就是要求被试将22种个人特征的重要性按等级排列，以此来表明其持有的价值观点。

12. 生理特点

楼静波等（1993）强调了青年人的身心特点在价值观形成中的作用。项退结（1974）在对中国国民性研究中也提到了遗传的问题。近年来从认知神经科学视角探讨价值观生物性机制的研究也在逐步增加。

二、关于价值观的形成机制

从宏观意义上讲，价值观的形成问题，从 20 世纪 50 年代克拉克洪提出价值观的经典定义时，甚至在这之前，在人文社会科学研究领域就已经形成了一定的共识，认为对价值观形成最合理的解释是：价值观是个体自身和外在影响因素互动的产物。在心理学、社会学、教育领域更喜欢用"社会化"来表示价值观的形成过程，这在一定程度上，把价值观的形成与知识、技术、经验、习惯、道德、个性等心理指标的形成等同起来。正如布雷思韦特和斯科特（1990）所认为的那样，很久以来心理学领域一直把价值观看作是社会化过程中的核心构念，并渗透在文化、宗教、政治、教育、职业和家庭等诸多研究领域。

安吉亚尔（Angyal，1941，1951）的"生活圈"（life sphere）理论对个体和外界影响因素的互动关系有较好的论述。他认为，生活圈应是一个不可分割的整体，每一个生活圈都是由人或有机体及其相关的生活环境所组成的，人是主体，环境是客体。人与其环境在结构上有所分化，在功能上密切相依。在同一生活圈中，人与环境形成圈中的两极，互为开放性系统或半开放性系统：一个系统中的事件或历程可以影响另一系统中的事件和历程，不断产生动力性的互动。

苏联心理学家包若维奇（1972）的"动机圈"（motivational sphere）理论在解释个体品德、价值观的形成时也提出了相似的见解。他认为任何环境对儿童的影响都要通过儿童的内心"体验"来起作用，儿童个性的形成决定于儿童在自己所涉及的人的关系系统中所占的地位和由于以前的经验所形成的心理特点之间的相互关系。后来，涅伊马尔克（1972）进一步对动机圈理论进行了阐述，认为任何一种品质，如勤奋、正直、诚实、组织性等都是完整个性的组成部分，其性质是由形成中的"动机—需要"来说明的；人的个性倾向性、道德面貌在很大程度上取决于统领整个动机圈的占优势的、具有随意性的动机，其最高发展形式是信念与理想，其内容则表明了个人道德修养水平的本质特征。

班杜拉（Bandura，1962，1977，1986）通过常年的实验所提出的行为、人的认知与其他因素、环境影响所构成的"交互决定理论"（reciprocal determinism），也强调人的心理和行为是内部因素与环境相互作用的信息加工活动的结果，尤其强调观察学习的重要作用。

杨国枢（1995）在研究中国人对现代化的反应时认为，人类对环境变迁的基本适应方式有四种，即拒变反应、迁就反应、因应反应、退避反应。而这些反应的主要心理机制则是心理区隔化（psychological compartmentalization）和心理解离化（psychological dissociation）。前者是指个体在心理上主动将引发矛盾感的事物分为两个或两个以上的范畴，赋予不同的性质及运作逻辑，使心理获得平衡。比如精神生活和物质生活原本应具有一致性，但在一定条件下可以使二者分离，如我们可以承认西方的物质文明，但并不一定要完全认同西方精神文明的优越。后者是一种在心理上将个别行为或事物的不同部分或方面加以分解与剥离，以使其各自独立存在与运作的作用或历程。比如表现在个体身上的观念与行为的心理解离化、行为与功能的心理解离化、器物与用途的心理解离化，研究认为中国人在日常生活中的应变方式就经常采取这三种形式。

文崇一（1989）在谈到价值观的形成问题时特别强调了价值观、国民性、文化环境和历史传统间存在的不可分割的互动关系，认为历史传统和文化环境是塑造国民性和价值观的重要因素，其具体关系如图1－1所示。

袁贵仁（1991）则认为价值观的形成是一个复杂的过程，存在各种各样的方式，既可以是有意的，也可以是无意的；既可以是正式的，也可以是非正式的；既可以是直接的，也可以是间接的。但总的来讲主要有两条途径：一是通过法律手段、社会舆论和学校教育等纪律形式有目的有计划地灌输；二是通过文化传统、风俗习惯、社会心理等形式潜移默化地影响。刘克善（1989）也提出了一个社会环境、各种需要、人的生理和其他心理条件三者间的互动模式。

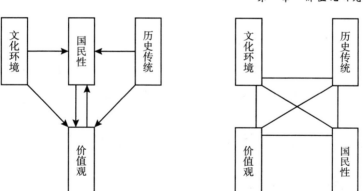

图 1-1 文崇一价值观互动关系

哈丁（Harding，1996）则在自己的研究中提到了一个影响工作价值观的因素模型，如图 1-2 所示。

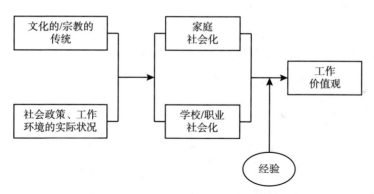

图 1-2 工作价值观影响因素模型

以上的理论或模式都强调了个体心理或价值观形成中主体和客体的互动关系，并没有特别强调主体的重要性。但也有一些理论更重视价值观形成中主体的主动选择作用。如鲍尔等（Ball et al.，1996）所提出的"媒介系统依赖理论"（media system dependency），认为在价值观形成中主体的价值选择（value-choice）扮演着重要的角色。另外，王文忠（1992）和金盛华（1995）也认为价值观的养成主要是个体自由选择的结果，价值观不可能经由强制或压迫而获得，它是一种心甘情愿作出的选择，是在仔细考虑与衡量所有的选择途径及其可能后果后作出的决定，价值观渗透和贯穿于我们的生活，自由的选择使我们成为生活的积极参与者，而不是旁观者。事实上，于20世纪六七十年代在美国兴起的价值澄清学派也持同样的观点。

三、关于价值观与行为的关系及其相关影响因素

（一）重视价值观对行为的导向作用

布雷思韦特和斯科特（1990）在对多年来的价值观研究进行总结时指出，价值观囊括了个人和社会的志向，本质上是人们认为什么是好的、是值得的。同时，它也是深植人心的准则，这些准则决定着个人未来的行为方向，并为过去的行为提供了解释。克拉克洪等（1961）认为价值倾向可用以引导行为并在问题解决中有指引方向的功能。罗克奇（1967）认为价值观具有动机性的功能，是态度和行动的指导。马戎（1995）认为对社会行为有三层约束力量：第一是自我道德约束，判定这是不是"坏事"，能否心安理得；第二是社会群体的道德制约，要考虑父母、亲友、邻居、同事们对这种行为的反应，考虑他们是否赞同或容忍；第三是政府的行政制约和法律制约，考虑会不会犯法，有多大的可能性被发现并受到惩罚。我们从马戎所讲的前两种力量里无疑能看到价值观的影子。杨国枢（1995）在谈到心理和行为的关系时认为，人类虽然未必如20世纪五六十年代的各种一致性理论（Abelson et al.，1968）所描述的那样强调心理及行为的一致性，但自相矛盾的情况总是令人厌恶的，尤其是持久性的矛盾。这从侧面说明了价值观与行为关系一致的心理机制与合理性。

国内外的一些实证研究也在一定程度上证明了这一点。吴燕和（1995）强调了华人父母的权威观念与行为的关系。章志光等（1990）研究了价值观与亲社会行为的关系。孙健敏（1992）研究了青少年价值观类型与亲社会行为的关系。王新玲（1987）研究了中学生的价值系统与道德判断的关系。董婉月（1991）研究了青少年的个体—集体取向及其与合作行为的关系。朱文彬（1990）研究了大学生的价值观及其对职业选择的影响。汤志群（1993）

研究了中学生价值取向、自我监控性与亲社会行为的关系。施瓦茨（1996）研究了价值观对人际合作、投票选举行为、与外群体社会交往的流畅性等行为的影响。卡勒（1996）对价值观与消费行为的关系进行了研究。比尔纳特（Biernat，1996）对价值观与偏见的关系进行了探讨。严进等（2000）研究了两难决策中价值取向对群体合作行为的影响，等等。总之，在心理学及其他学科的研究中，价值观对行为的导向作用总体上看是有普遍共识的。

（二）对价值观与行为关系一致性的质疑

价值观在总体上与行为具有一致性或者说价值观对行为具有导向作用，这几乎是众多研究者所公认的。但从具体意义上考察，价值观究竟在多大程度上会引导人们的行为或通过什么途径来引导人们的行为却是一个广受争议的问题。有不少研究者认为直接从价值观来预测人们的行为有很大的冒险性，重要的是应该研究价值观对行为产生作用的条件。

帕特丽夏·科恩等（1996）认为，从职业价值观研究的漫长历史中可知，价值观并不总是能很好地预测行为，个体的价值观对其行为产生的往往是一种无形潜在的影响。施瓦茨（1996）认为，单个行为的发生要受到许多因素，尤其是行为发生时的情境因素的制约，因此，试图从像价值观这样一种超越情境的变量来预测单个的行为是非常困难的。事实上，价值观通常对行为只起一个较小的作用，只有当有价值冲突发生时，即个体同时关怀两种重要目标，价值观才被激活，才进入意识，才被用作行为的指导原则。还有研究表明，不同的价值观之间具有相互一致或相互矛盾的关系，如博爱价值观与仁慈价值观是一致的，享乐价值观与成就价值观是矛盾的。个体可以同时拥有两种矛盾的价值观，却由于情境因素或时间压力，只能作出一种行为选择。这时，个体的行为与其中一种价值观相一致，与另一种价值观相矛盾（Karremans，2007）。另外，西尔斯（Sears，1987）研究表明，政治心理学家和政治学家已经降低了人们占优势的价值观对选举的预测作用。克里斯滕森（Cristansen，1996）认为，在总体上，尽管价值观与态度和行为是有关联的，但这种关系经常是很小的。金盛华（1995）也曾认为价值观没有直接的对象，也没有直接的行为动力意义。

（三）价值观与行为关系间的中介因素

罗克奇（1973）认为，个体的价值观和态度有一定的关系，当一个态度问题被提出时，在个体稳定的价值观体系中，相应的价值观就被激活了。每一个人都有一个价值系统，个体的态度决定于个体自身相关价值观的优先排序情况。罗克奇还曾用价值自我对抗技术（value self-confrontation technique）来指导人们价值观的改变。

塞利格曼等（Seligman et al., 1996）与罗克奇的观点不尽相同，认为个体可能有一个经过浓缩的、可以调节的、多元的针对不同问题的价值系统。个体可能在特殊的问题背景中构建自己的价值系统，而不是针对所有问题都使用一个通用的（一般化）价值观系统。价值观系统是一个动态的系统而不是一个静态的系统，是被创造性地应用于不同的情境而不是一个固定不变的系统。总之，塞利格曼等重视自我建构在价值观形成和价值观指导行为中的作用，为此其曾对不同自我状态（现实自我和理想自我）下的价值观特点以及对行为的不同作用进行了探讨。

克里斯滕森等（1996）研究了价值观—态度—行为三者间的关系，认为道德判断、自我概念以及道德问题的性质决定了个体在什么时候期望把价值观作为态度和行为的指导。他们还认为，西方的自我与东方的自我有不同的特点，前者多是关于自己的知识，而后者更多是关于别人或他人的知识，因此认为西方人在价值观、态度和行为之间有更多的一致性，而东方人由于在作出行为时要更多考虑别人，所以东方人的价值观、态度和行为之间的一致性较低。

布伦斯等（Bruns et al., 2004）提出了生活方式的手段——目标链理论，认为生活方式是价值观与行为的中介变量，生活方式与抽象的目标状态（个人价值观）以及具体的情境共同作用于个体，并产生各种行为。

金盛华（1995）的自我价值定向理论则认为，作为个体意义解释系统的价值观，一个人的各种价值观不是无组织的，而是按照各种价值选择的重要性构成了一个完整的价值体系。相应地，人们的各种态度也被结构成了一个完整的价值体系。越是接近价值系统中心的核心价值，越是接近态度体系中心的核心态度，对行为的影响作用也就越大。其实质在于价值观是比态度更广泛、更抽象的内在倾向，价值观与态度的根本不同，是它不像态度那样有直接的对象，也没有直接的行为动力意义。价值观对行为的作用是通过态度来实现的。而高向中度的态度则是指一个人所持该态度与其核心价值观的高一致性。

黄希庭（1994）认为价值观对个性的影响具有根本性，它不仅是态度的决定因素，也是自我观念和行为的决定因素。詹启生（2001）认为，追求生活满意度是个体自我产生行动效应的根本动力与原因，但生活满意度并不能直接导致行为的产生，直接导致行为产生的是信念，信念才是行动发生的直接动力。

张力伟（2000）则在研究中探讨了中国人传统价值取向和现代价值取向对自我概念、自尊以及对生活满意度的影响，认为两种不同的价值取向会通过不同的自我路径来对个体或群体的生活满意度产生影响。

总之，从以往的研究结果看，有关价值观与行为之间的中介因素人们更多更普遍地关注了态度（生活满意度在本质是一种态度）变量。而价值观对行为的作用在更大程度上会依赖态度为中介，态度体系中的生活满意度可能与行为的关系更为直接。

（四）价值观与行为关系间的调节因素

人格因素是价值观与行为关系的主要调节变量。如沃伊切赫（Wojciszke，1989）发现，理想主义者的价值观与行为之间具有更高的一致性。

德博诺（Debono，1987）探讨了自我监控（self-monitoring）对价值观与行为关系的影响，认为低自我监控者在价值观、态度和行为之间有较高的一致性，而高自我监控者更容易随情境的变化来改变自己的价值观和态度，以使自己和情境保持一致。

情境性因素对价值观与行为关系的影响作用也不容忽视。普尔廷加等（Poortinga et al.，2004）的研究表明，只采用态度、价值观这些变量难以解释所有与环保相关的行为，研究发现价值观对家庭能源使用的影响十分有限，收入、家庭规模等现实因素具有更大的影响力。

金盛华等（2012）基于自我价值定向理论（高向中度价值观与行为有高度的一致性，而与低向中度价值观有关的行为，更多地取决于情境的作用），通过实验证明了向中度在价值观和行为之间的调节作用，所设计的四个实验及其结果如下：实验一初步探讨价值观与行为的一致性，采用施瓦茨（1992）的价值观量表测量被试的"环境保护"价值观及相应的行为意向，结果发现高向中度价值观对行为有更好的预测作用；实验二通过采用施瓦茨价值观量表中的全部十种价值观类型，使用巴尔迪和施瓦茨（Bardi & Schwartz，2003）的问卷设计行为意向，进一步验证了实验一的结果；实验三探讨低向中度价值观与行为的关系，使用实验二中对"仁慈"价值观向中度的测量结果，并测量被试的助人意愿，结果发现与低向中度相关的行为更多地受情境因素（行为的可行性）的影响；实验四探讨向中度影响价值观与行为一致性的心理机制——行为对自我的重要性，结果发现，对于低向中度价值观，如果能够提高其对个体自我的重要性，也会产生与高向中度价值观对行为相似的影响，该研究验证了自我价值定向理论对价值观与行为一致性问题的解释。

总之，关于影响价值观与行为关系的调节因素，研究者们主要关注了文化、情境等外在因素和人格、自我、价值观的向中度等内在因素。

第二章

大学生一般价值观研究

一般（基础）价值观和具体（特殊）领域价值观是价值观应用研究的一个重要分类框架。相较于具体领域价值观（如职业价值观、婚姻价值观等）的特异性和针对性，一般价值观具有超越具体领域和具体情境的综合性、全面性特点，探讨的是一般意义上"是否值得"的问题，对个体所有价值活动都具有一定的导向和解释作用。在价值观实证研究的发展历程中，一般价值观研究首先获得了更多关注，随着研究的深入才逐步形成了具体领域的价值观研究。本章共有两节内容，通过实证数据分析结果呈现了大学生对价值观概念的认知特点、大学生价值观的因素结构和价值观现状特点等内容。

第一节 大学生的价值观概念与价值观结构*

价值观往往被看作个体人格体系和精神体系中的一个核心构念，对个体行为起着重要的描述、解释、预测和导向作用，同时价值观也是社会发展变迁和文化传播建设的重要测量指标。因此，各国政府、社会、教育机构历来都十分重视价值观的教育工作。但价值观本身是一个十分抽象和复杂的概念及内容体系，我们日常对价值观概念的理解更多来自哲学、政治学、心理学、社会学、文化人类学等学科领域和专家学者的诠释，较少涉及普通大众自身对这一概念的理解。本书试图采用实证研究范式来探讨当代大学生对价值观

---

* 本节内容原文发表于《高等教育研究》2006 年第 2 期，在原文基础上进行了修订。

这一重要概念的认知特点，并在此基础上结合有关理论构建当代大学生的价值观结构模式，以利于大学生价值观教育的有效开展。

一、大学生的价值观概念

为了了解大学生对价值观概念的认知特点，我们采用单题语句完成法对493名大学生被试进行了调查，其测题为"我认为价值观就是_____"。语句完成法从心理测量学的视角来看属于一种投射技术，它可以在一定程度上降低受试者的社会赞许性倾向，更为准确真实地反映出受试者的思想和情感。研究结果发现，关于价值观概念，大学生在属性和内容两个方面表现出如下特点。

（一）大学生对价值观概念属性的认知特点

属性在某种意义上是指主体对一种事物功能和作用的认识，这种认识不仅反映主体对这一事物的感受和体验，还能反映主体对这一事物的熟悉和把握程度。大学生对价值观概念属性的认知特点可以反映出他们倾向于在形式上把价值观归属到什么范畴。大学生对价值观概念属性的认知特点如表 2 - 1所示。

表 2 - 1　　　493 名大学生对"价值观"的理解——属性上的分类

编号	项目名称	基本含义	频数及比例（%）	回答举例
1	看法和观念说	价值观是对某一事物或多种事物的看法	256（51.9）	（1）价值观是对各种事物的看法；（2）是每个人的思想观念
2	标准说	价值观是一种判断标准、依据、衡量尺度	59（12.0）	（1）判断事物是否有价值及价值大小的标准；（2）判断是非的标准
3	准则说	价值观就是自己所信仰的某种行为准则	57（11.6）	（1）我做的事要有益于别人；（2）对得起自己的人

续表

编号	项目名称	基本含义	频数及比例（%）	回答举例
4	目标说	价值观是人的一种目标或理想	36（7.3）	（1）价值观是人生奋斗的目标； （2）价值观是一种理想
5	贡献说	价值观是个体对社会的贡献	21（4.3）	（1）价值观是为社会贡献的多少； （2）是自己为社会所做的
6	指南说	价值观是一种行动指南、取向	17（3.5）	（1）价值观是个体行动的指南； （2）个体生活的指南
7	态度说	把价值观看作一种态度	14（2.8）	（1）是人对事物的态度； （2）是对社会和人生的态度
8	个性品质说	价值观与人的个性有关	12（2.4）	（1）价值观因人而异； （2）价值观是个人品性的映射
9	重要性	强调价值观重要	11（2.2）	（1）价值观非常重要； （2）价值观是鼓励人的重要工具
10	不可理解说	价值观难以理解、离现实太远	10（2.0）	（1）价值观是无稽之谈； （2）是我一直不理解的东西
合计			493（100）	

表 2－1 显示，大学生关于价值观属性的认知有 10 种之多。第一，51.9％的被试把价值观看作一种观念、一种看法，这说明多数大学生是把价值观当作一种看法和观念来看的。而这部分被试的回答具体又分两种情况，一是没有明确的指向，只是就价值观的属性作出了自己笼统的判断，占被试总人数的 38.9％；二是把价值观与某一生活领域直接联系起来，如认为价值观就是人生观（8％），或价值观就是金钱观（5％）。事实上，这种对价值观概念属性的判断与哲学领域对价值观的界定是一致的，与著名价值观研究者克拉克洪和罗克奇等对价值观所下定义也是一致的，克拉克洪就直接把价值观说成是一种"有关什么是值得的看法"（Kluckhohn，1951），而罗克奇则把价值观当作一种"一般的信念"（Rokeach，1973）。

第二，有 12.0％的被试把价值观看作一种"判断标准"。这种看法也有其合理性，有研究者认为价值标准是价值观念的核心，所谓价值观念不同，事实上就是指价值标准的不同（徐玲，2000）。大学生日常生活中判断一个人的价值观念可能更多是从一个人所持的价值标准入手，价值标准在一定程度上比抽象的价值观念更容易把握。另外还有一些被试认为价值观是一种判断依据或衡量尺度，这些回答虽然表述不同，但实质上都是把价值观作为一种"标准"来看。

第三，有11.6%的被试把价值观看作一种"行为准则"。比如"做事要有益于他人""要诚实守信"等。这说明有些被试已不仅仅把价值观作为一种对外界事物的一般性看法，而是将其当作一种内心的信念或信条，且已经比较明确地与自己的行为联系起来。在心理学研究领域，布雷思韦特和斯科特（1998）就把价值观的属性归结为一种准则，他们认为："价值观是深植人心的准则，这些准则决定着个人未来的行为方向，并为其过去的行为提供解释。"

第四，7.3%的被试把价值观看作是一种"目标"。这种看法与施瓦茨给价值观所下定义是相同的，施瓦茨认为价值观是一种"合乎需要但超越情境的目标"（Schwartz & Bilsky，1987）。袁贵仁（1991）也认为，"目标的确立，最能表明决策者的价值观念——有什么样的价值观念，就会有什么样的目标"。大学生把价值观看作为一种目标的思考事实上在很大程度上抓住了价值观的根本。

第五，4.3%的被试把价值观看作一种对社会的贡献，这实质是一种从内容角度对价值观概念的界定。这在一些被试的回答中表现得比较明确，他们认为一个人有无价值、价值大小，关键是要看为社会、为多数人做了什么，以及他人和社会对一个人的评价及承认的程度。事实上，从这些被试的回答来看，他们往往把"价值观"当作"价值"来看，把"价值观是什么"的问题当作"怎样才有价值"的问题。当然这也反映出当代大学生价值观的一个特点，有的学生评价有无价值的标准看重的是自己的客观贡献和外在评价，而有些学生则看重自己的感觉、自己的认识。

第六，其他一些关于价值观属性的认识所占比例都较小，事实上也都是一些和价值观紧密相关且容易混淆的概念。比如3.5%的被试把价值观与行为联系起来，认为价值观是一种行为取向或行为导向；2.8%的被试把价值观看作是一种态度，在西方和国内的一些社会心理学教材里也往往是把价值观问题和态度问题放在一起来探讨，两个概念之间有着本质的联系，普遍的看法是态度是"情境性的"，而价值观是"超越情境的"。2.4%的被试把价值观与个体的能力、性格等个性品质特点联系在一起。当然还有的被试从价值观的重要性、认识的难易程度等角度对价值观的属性进行了判断。

（二）大学生对价值观概念内容指向的认知特点

内容主要是指大学生在对价值观概念认知上的对象性特点，即大学生更愿意把价值观与哪些生活范畴联系起来。当代大学生对价值观概念内容指向的认知特点如表2-2所示。

表 2-2　　　493 名大学生被试对"价值观"的理解——内容上的分类

编号	内容指向	基本含义	频数和比例（%）	回答举例
1	人生	人为何活着、怎样活着、怎样活着才有意义	146（26.6）	（1）一个人认为什么是重要的； （2）一个人想怎样度过一生
2	没有明确指向	价值观概念的一般解释	108（19.7）	（1）一种选择的依据，判断是非的标准； （2）对事物看法的总和
3	自身价值体现	强调自身价值的实现	64（11.7）	（1）是指如何去实现自我价值； （2）是指通过做事来体现自身价值
4	国家社会	强调为社会的贡献以及和个体价值的统一	60（10.9）	（1）价值观是指个体为社会所作的贡献； 是衡量是否爱国的标准
5	金钱和物质	金钱及人与金钱关系	54（9.8）	（1）是对金钱以及与金钱有关事物的看法； （2）价值观是对物质的态度
6	人际关系	强调对他人的关注	39（7.1）	（1）做事要有益于别人； （2）价值观是对周围人的看法
7	道德人性	强调良心以及对非个人利益的维护	26（4.7）	（1）价值观就是问心无愧； （2）价值观就是一种人性观念

编号	内容指向	基本含义	频数和比例（%）	回答举例
8	人类世界	涉及人和世界的关系	20（3.6）	（1）价值观是对世界的看法； （2）是看对人类社会的贡献
9	个性	强调个体素质的提高以及能力的充分发挥	19（3.5）	（1）价值观反映一个人的能力和智慧； （2）是个性的一种折射
10	荣誉地位	强调个体价值观是一种社会评价	7（1.3）	（1）是他人和社会对人地位高低的评价标准； （2）是要获得他人的赞许
11	自然界	强调与自然的和谐统一	6（1.1）	（1）就是善待自然界的一切； （2）价值观是对自然界中事物的衡量尺度
合计			549（100）	

表2-2的结果表明：

第一，把人生作为价值观的主要内容领域的频数占总频数的26.6%，在10种（表中有1种是没有明确指向的）有明确内容指向类型里排第一位。这种看法是有理论根据的，李德顺（1987）和袁贵仁（1991）就认为价值观虽然包括对所有自身和外在事物的看法，但对人生的看法是最根本的，他们认为人生观应该是价值观的核心。这个结果与许多价值观研究者所提出的价值观研究的逻辑基础也是一致的（Schwartz & Bilsky，1987）。

第二，回答中没有明确内容指向的频数占总频数的19.7%，这种回答与价值观概念本身的抽象性、概括性有关，但也可能与被试所学的知识有关。据研究者对此类型回答的分析，这些被试的回答往往依循从教科书里学到的有关价值观的定义，而不是来自自身真实的体验和认识。对于这一现象，有研究者在对中国人自我研究的评述中已有提及，认为中国价值体系中的"自己"，不像在西方价值体系中的"自己"那样，以表达、表现，以及实现"个己"为主，而是以实践、克制，以及超越转化的途径，使"自己"与"社会"结合（杨中芳，1991）。

第三，把价值观的含义定位为自身价值实现的频数占总频数的 11.7%，这一点说明当代大学生群体自我意识在逐渐提高，部分学生把实现自身潜能和价值，追求意义感、价值感和存在感作为自己的价值取向。

第四，10.9% 的大学生被试把对社会、国家的贡献放在了重要位置，认为社会价值的实现比个人自身价值的实现更有意义，其中还有一些被试强调了个体价值与社会价值的统一问题。

第五，金钱和物质仍然是大学生价值观内容指向的一个重要部分，这部分占到被试总人数的 9.8%。他们认为价值观就是对有关金钱和物质的态度，或者是在处理金钱和物质与自身关系时自己所抱有的观念。把价值观看作金钱观可能与当代大学生所处的时代特点有关，金钱、物质等经济问题在每个人的生活中都占有很大的比重，身处校园的大学生当然也不能例外。金钱观已经成为他们生活中一种重要的价值观念。事实上，许多一般价值观分类框架都包含有金钱和物质取向的内容。如在罗克奇（1967）提出的终极性价值观和工具性价值观框架中，18 项终极性价值中的第一项为"富裕的生活"。在施瓦茨（1994）提出的十种普遍的价值观类型中，"享乐"和"成就"两种价值类型也明确包含了金钱和物质取向的内容。英格尔哈特（1971，1977）的有关物质主义和后物质主义价值观的研究以及有关金钱态度、财经价值观等方面的研究更是进一步深入推进了这一取向的探索。

第六，7.1% 的被试认为一个人的价值观主要体现在人际交往和人际关系中，自己在人际交往中所遵循的原则被视为最重要的价值观念，也即将价值观看作是人际价值观。另外，一些被试还把价值观与道德人性、人类世界、个性、荣誉地位、自然界等内容联系起来，但所占比例较小。

（三）大学生价值观概念的初步界定

以上关于大学生价值观概念属性和内容两方面的调查研究表明，价值观笼统来说是一些看法或观念观点的集合，具体说是一些标准、准则。这些标准、准则涉及个体生活的方方面面，但主要体现在个体确立目标、选择实现目标的手段、制定一般行为规范的过程中。简而言之，我们可以把大学生所理解的价值观初步界定为：价值观是人们在目标确立、手段选择和规则遵循方面所体现出来的观念，这种观念对个体或群体的行为具有导向作用。

二、当代大学生的价值观结构

大学生价值观结构的研究有多方面重要意义。在理论层面，它可以丰富和深化大学生价值观研究的范畴；在实证层面，它可以使有关大学生价值观的研究更具操作性，是深入理解价值观形成机制和作用机制的重要环节，同时，也是大学生价值观教育有效开展的关键。关于价值观的结构，国内外已有不少研究者做过专门的探讨，国外研究者如罗克奇（1973）的终极性价值和工具性价值分类，布雷思韦特等的个人目标、社会目标、行为方式分类（Braithwaite & Scott，1998）；国内研究者如杨国枢（1993）的自我取向和社会取向，张进辅（1998）的目标价值、手段价值、评价价值的分类。

首先，我们认为生活结构是具有抽象化、概括化、理论化特点的价值观结构模式得以产生的基础，甚至可以说对某一群体生活结构了解和把握的真实、正确程度，直接影响一种价值观结构模式对现实生活的解释程度及这种模式的生命力。事实上，从个体或群体的生活结构中去寻找价值观的理论结构也正是许多西方研究者（Gorlow & Noll，1976；Schwartz，1987）研究价值观的主要途径，但因研究者关注的生活侧面不同，在所获取的结构从形式到内容也会有所不同。从目前心理学领域对价值观结构研究的现状来看，许多研究者提出的价值观结构是基于对人类所面对的基本问题或面临的共同难题的关注。

其次，我们认为，价值观结构的研究重在逻辑起点的确立，逻辑起点不同，所提出的价值观结构也会有差异。个体价值观结构的逻辑起点应该是对幸福的追求，因为追求幸福是人们具有普遍意义的一种目标，这一目标在不同地域、不同文化、不同个体之间存在着高度的一致性。费尔巴赫曾经指出："生活和幸福原来就是一个东西，至少一切健全的追求都是对于幸福的追求"。格尔洛和诺尔（Gorlow & Noll，1976）的研究也非常具有启示意义。他们认为，在人们的生活中，无论文化和种族、职业和阅历，人们共同的、永恒的目标也是最终的目标就是追求幸福和快乐。在这个最终目标的指引下，人们通过什么具体目标和途径来实现这个终极目标就构成了我们每个人的生活，同时也体现出了我们每个人不同的价值观念。所以他们把自己价值观结构建立的理论基础确定为三个基本问题——"生活中意义的来源、生活中幸福和快乐的根源、生活目标"。檀传宝（2000）则认为"作为人生之终极价值与最大意义的确信与追求，人生信仰的一个最重要表现乃是对于幸福的追求"。黄希庭等（1994）则认为"人们的一切行为，无不是在追求幸福""幸福是人生追求的永恒主题，追求幸福是人类生活的终极目标之一，也是社会发展的强大动力"。

对幸福的追求是人类个体价值观结构的逻辑起点，但是否也是价值观研究的主要内容呢？我们认为，人类对幸福的追求只是一种元目标（终极目标），是一种普遍意义的价值取向。价值观研究虽然关注这种共同性和普遍性，但更应关注价值取向之间的差异性以及由此引发的行为差异。而这种差异性主要表现在具体目标或次级目标上，也即不同的文化、不同的个体在对"什么是幸福"以及"达到什么状态就是幸福"的理解上存在着明显的不同。有的人幸福的目标是家庭和睦，有的人幸福的目标则是事业上的成就或个人的自我实现，对这些次级目标的研究才是价值观研究的核心所在。另外，价值观不仅仅体现在次级目标（为追求幸福这个元目标所确立的具体目标）上，还体现在为实现这些次级目标所采用的手段、目标的确立和手段的选择这整个过程中所遵循的规则上。具体地说，在追求幸福和快乐这个人类共同目标的前提下，不同文化、不同个体会确立什么样的具体目标、采用什么样的手段、遵循什么样的规则组成了人们的价值观结构（如图2-1所示），进而也揭示出价值观研究的核心内容。

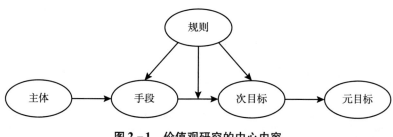

图2-1　价值观研究的中心内容

在以上对大学生价值观概念的实证研究及有关价值观结构理论探讨的基础上，我们确定了要从目标价值系统、手段价值系统、规则价值系统三个维度来分析当代大学生的价值观结构。具体采用了访谈法、语句完成法、自由联想测验等方法和技术。

（一）大学生的目标价值系统

为确定目标价值项目，我们在访谈提纲、语句完成问卷、自由联想测验中都设置了关于"快乐、幸福"的题目或刺激词，意在考察大学生为实现元目标所确立的次级目标的内容。分析结果如表2-3所示。

表2-3   对快乐和幸福的理解

目标项目	访谈法（59人）	语句完成法（81人）	自由联想测验（81人）
亲情	43（72.9）	25（30.9）	36（44.4）
友情	25（42.4）	8（9.9）	21（25.9）
爱情	16（27.1）	11（13.6）	15（18.5）
金钱物质	1（1.7）	3（3.7）	8（9.9）
人际关系	3（5.1）	5（6.2）	8（9.9）
社会承认	2（3.4）	4（4.9）	3（3.7）
助人奉献	2（3.4）	2（2.5）	3（3.7）
理想追求	2（3.4）	8（9.9）	9（11.1）
学习成绩	33（55.9）	11（13.6）	14（17.3）
符合意愿兴趣	8（13.6）	13（16.0）	13（16.0）
心情愉快	1（1.7）	7（8.6）	7（8.6）
身体健康	6（10.2）	6（7.4）	9（11.1）
自我实现	5（8.5）	2（2.5）	3（3.7）
环境舒适	1（1.7）	2（2.5）	1（1.2）
责任义务	3（5.1）	0（0）	5（6.2）
性格开朗	2（3.4）	1（1.2）	4（4.9）

续表

目标项目	访谈法（59人）	语句完成法（81人）	自由联想测验（81人）
生活平安	6（10.2）	2（2.5）	2（2.5）
国家发展	4（6.8）	1（1.2）	3（3.7）
和平安定	3（5.1）	3（3.7）	1（1.2）
人类进步	1（1.7）	1（1.2）	1（1.2）

注：表中括号外数据为选择本项目的人数；括号内数据为选择本项目人数占总人数的百分比。

　　从表2-3可以看出，在访谈法中，大学生最快乐幸福的事情依次是：亲情、学习成绩、友情、爱情、符合意愿兴趣、身体健康、生活平安、自我实现等；在语句完成法中，大学生最快乐幸福的事情依次是：亲情、符合意愿兴趣、爱情、学习成绩、友情、理想追求、心情愉快、身体健康、人际关系等；在自由联想测验中，大学生最快乐幸福的事情依次是：亲情、友情、爱情、学习成绩、符合意愿兴趣、身体健康、理想追求、金钱物质、人际关系、心情愉快、责任义务等。三种方法结果的综合分析表明，亲情、友情、爱情、学习成绩、符合意愿兴趣、身体健康是大学生被试所认为的最主要的快乐幸福来源。另外，我们在对个人生活目标、最有意义的生活、对挫折和失败的理解、人生最重要的事、人生必做的事等问题的访谈中也都得到了与上述相似的结果。如在对"你的主要生活目标是什么?"的访谈中，62.5%的被试提到了"要有一份满意的事业"，25.0%的被试提到了要"家庭美满"，21.4%的被试提到了要"接受更高水平的教育"，17.9%的被试认为是"提高自己的生活质量"，同样有17.9%的被试认为是"能干自己喜欢干的事"。综合上述结果，我们认为当代大学生为实现快乐和幸福的元目标所制定的次级目标总体趋势是明显的：与个人自身（兴趣意愿满足、学习成绩、理想追求、身体健康等）、人际交往（亲情、友情、爱情、人际关系等）相关的目标受到的关注比较多，而一些超然性目标虽然也有提及，但并不占重要的比重，这本身就表明了当代大学生的一种价值取向。但价值观本身是一个观念体系，也是一个动态的系统，这个体系中理应包括个体生活方方面面的观念，只不过针对不同的个体，其某些观念的重要程度或优先顺序有所差别而已。

另外，某些价值观念也会随着时间、情境的变化而有所变化。基于以上认识，我们在确定大学生的目标价值系统时，除重点考虑被大学生选择较多的目标价值项目外，也兼顾了一些被选择较少的项目。

经综合分析，当代大学生目标价值系统构成如下：第一，金钱物质目标：金钱物质、生活平安；第二，工作成就目标：学习成绩、理想追求、自我实现；第三，荣誉地位目标：社会承认；第四，自身修为目标：意愿兴趣、心情愉快、身体健康、性格开朗；第五，婚姻家庭目标：亲情；第六，友谊爱情目标：友情、爱情；第七，合格公民目标：人际关系、助人奉献、责任义务；第八，回归自然目标：舒适的自然环境；第九，贡献国家目标：国家发展；第十，人类福祉目标：人类进步、和平安定。各级目标与元目标之间的关系如图2－2所示。

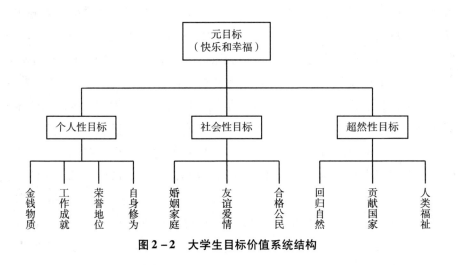

图2－2　大学生目标价值系统结构

（二）大学生的手段价值系统

目标确立后，大学生会采用什么手段来实现自己的目标也是反映大学生价值观的一个重要方面，我们在三种方法中也都设置了关于大学生更愿意采用什么手段来实现自己的目标的题目，具体结果如表2－4所示。

表 2 - 4 大学生为实现目标价值所倾向采用的手段

手段项目	访谈法（59人）	语句完成法（81人）	自由联想测验（81人）
诚信	13（22.0）	0（0）	4（4.9）
实力	3（5.1）	2（2.5）	2（2.5）
努力	29（49.2）	62（76.5）	32（39.5）
机遇	1（1.7）	13（16.0）	9（11.1）
自信	4（6.8）	0（0）	2（2.5）
知识	7（11.9）	8（9.9）	8（9.9）
智慧	6（10.3）	5（6.2）	5（6.2）
毅力	4（6.8）	7（8.6）	3（5.1）
坚强	2（3.4）	0（0）	1（1.2）
社会支持	2（3.4）	4（4.9）	12（14.8）

注：表中括号外数据为选择本项目的人数；括号内数据为选择本项目人数占总人数的百分比。

  从表 2 - 4 可以看出，在访谈法中，被试手段选择的排序由高到低依次为努力、诚信、知识、智慧等；在语句完成法中，被试手段选择的排序由高到低依次是努力、机遇、知识、坚强、智慧等；在自由联想测验中，被试手段选择排序由高到低依次是努力、社会支持、机遇、知识、智慧等。综合三种方法所得的结果，81 名被试在语句完成法、自由联想测验中比较重视的"机遇"在访谈法中却并不占有重要的地位，这与被试的异质性有关，但也可能与访谈法仍具有较强的社会赞许性有关。与此原因相同，在访谈法中被重视的"诚信"在后两种方法中却没有受到更多的重视。综合分析三种方法所得结果，我们把大学生实现目标价值所倾向采用的手段作以下归类：第一，知识努力取向：知识、实力、努力、毅力；第二，智慧机遇取向：智慧、机遇、天赋、社会支持；第三，人格品质取向：诚信、自信、坚强。上述归类除一定的理论思考外，部分原因还基于三种方法中被试的反应。我们发现被试在反应时更多倾向于把"知识"和"努力"联系在一起，把"智慧"与"机遇"联系在一起，"实力"一般被认为是"知识"和"努力"的结果，而"社会支持"需要靠"智慧"。

（三）大学生的规则价值系统

在目标确立、选择实现目标的手段、发生行为过程中，大学生倾向于遵循什么样的规则也会体现出他们的价值取向。为此我们在三种方法中都设置了反映规则价值的题目。比如什么是好事？什么是坏事？区分好事和坏事的标准是什么？什么事情一定不能做？只要不违背_____的事情我想都是可以做的，等等。三种方法的调查结果如表2-5所示。

表2-5　　　　　　　　　　大学生倾向遵守的规则

手段项目	访谈法（59人）	语句完成法（81人）	自由联想测验（81人）
法律规范	20（33.9）	17（21.0）	18（22.2）
道德伦理	16（27.1）	22（27.2）	20（24.7）
良心	13（22.0）	16（19.8）	14（17.3）
大众标准	5（8.5）	6（7.4）	5（6.2）
社会影响	2（3.4）	6（7.4）	4（4.9）
利益原则	14（23.7）	9（11.1）	8（9.9）
动机和结果	6（10.2）	15（18.5）	13（16.0）
与规律的符合度	1（1.7）	4（4.9）	4（4.9）
与自我标准的符合度	3（5.1）	11（13.6）	15（18.5）
是否让自己和他人开心	3（5.1）	2（2.5）	2（2.5）

注：表中括号外数据为选择本项目的人数；括号内数据为选择本项目人数占总人数的百分比。

表2-5结果表明，59名访谈被试更倾向遵守的规则依次为法律规范、道德伦理、利益原则（自己、他人、社会利益的统一）、良心、动机和结果、大众标准等；语句完成法的结果由高到低排序依次是道德伦理、法律规范、良心、动机和结果、与自我标准的符合度、利益原则、大众标准和社会影响等；同样的被试在自由联想测验中由高到低的排列顺序依次是道德伦理、法律规范、与自我标准的符合度、良心、动机和结果、利益原则、大众标准等。在对以上结果综合分析的基础上，结合有关理论，我们将大学生为实现价值目标所倾向遵循的规则价值作以下归类：第一，法律规范取向：法律、规范；

第二，舆论从众取向：大众标准、社会影响；第三，道德良心取向：道德伦理、良心。

在对三种方法所得结果进行分析时发现，对于"利益原则"，被试更多是考虑在争取自己的利益时不要对他人利益和国家利益造成损害，这种观点属于道德范畴，还有一部分被试的回答是属于金钱物质取向目标范畴。而"动机和结果"，以及"与自我标准的符合度"从本质上来讲也与道德伦理有关。另外一些由于表述不够明确，所以只归结为上述三类。

（四）大学生价值观的整体结构

对以上目标、手段、规则三项研究结果进行整合，我们得出大学生价值观整体结构如下：价值观由目标价值观、手段价值观和规则价值观三个大的维度构成，其中目标价值观又可分为个人性目标（金钱物质取向、工作成就取向、荣誉地位取向、自身修为取向）、社会性目标（婚姻家庭取向、友谊爱情取向和合格公民取向）和超然性目标（回归自然取向、贡献国家取向和人类福祉取向）；手段价值观分为知识努力取向、智慧机遇取向和人格品质取向；规则价值观分为法律规范取向、舆论从众取向和道德良心取向。具体结构如图 2－3 所示。

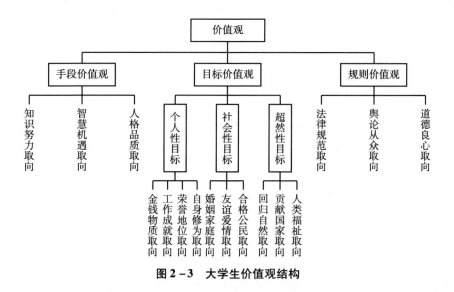

图 2－3 大学生价值观结构

三、大学生价值观概念与价值观结构的分析

（一）对价值观概念的分析

一项研究的出发点是要有一个操作化的定义，这对于人文学科来讲更为重要，这是因为由于视角、兴趣不同，即便是同一个概念在内涵上也可能会有很大的差异。西方心理学界关于价值观的研究，历经30余年才逐步在操作定义上取得了一定的共识，在价值观操作定义上取得共识对价值观研究的系统化有诸多裨益。本项研究通过实证研究方法获得了来自大学生（普通大众而非专家学者）对价值观概念的认识和理解，也获得了与价值观共识性定义所揭示的非常相近的属性。我们认为在给价值观下定义的时候有两点是必须注意到的：一是人们把价值观看作什么？二是价值观主要涉及什么？前者的重要性在于它关系到价值观的功能和作用定位，后者的重要性则在于它关系到价值观的具体化和操作化。换句话讲，前者是一个性质的问题，后者是一个内容的问题。从价值观研究领域一些影响较大的定义来看，尽管定义之间会有这样或那样的不同，但基本上都有以下几方面的共同点：第一，价值观的主体。多数研究者认为价值观是个体现象，也是一种群体和社会现象。第二，价值观的存在方式。既可能是内隐的，也可能是外显的。第三，价值观的内容。包括对自身和外在事物的看法，但对和人类生活紧密相关的事物的看法受到更多关注。第四，价值观的功能。选择和定向（导向）作用。

从这些要素出发，我们认为把价值观定义为"是人们在目标确立、手段选择、规则遵循方面所体现出来的观念，这种观念对个体或群体的行为具有导向作用"是较为合理的。一是它抓住了人们生活的基本结构，二是其具有较好的可操作性。另外，虽没有明确点出价值观内隐和外显的存在方式，但考虑到内隐和外显应该是各种观念存在的普遍或基本形式，也可不作针对性的强调。

（二）大学生价值观结构

从以往研究来看，个体目标的确立最能体现一个人的价值观，由目标的确立才开启了一条价值观形成和发展的链条，也即手段和规则的选择都是在目标确立后的一些后续行动。个体目标价值犹如一个同心圆，最里一层是个人性目标，也可称作"独善其身"型的目标，这些目标具有相对的独立性，主要是个体为自身发展所考虑确定的蓝图，具有"自我中心、自我导向"（黄光国，1996）的性质，这些目标与个体的日常生活息息相关；最外一层是超然性目标，这种目标并非个体时时刻刻都能清楚地意识到，但它却是个体生存发展的前提，也是个人性目标实现的背景和条件，这种目标在特定时空条件下或特定情境中会显得格外突出和关键（价值观凸显）；中间一层是社会性目标，主要是考虑到与他人的关系，由近及远，如亲人、朋友、同事、熟人、陌生人等，是一种明显的"社会导向"，这种目标可能对个人性目标的实现有直接的影响作用，换言之它是个人性目标实现的重要支持来源，但同时也是沟通个人性目标和超然性目标的桥梁。

手段是个体或群体为实现目标所采取的方式和方法，受情境、文化、个体自身的经验影响也最大，在一定程度上也最能充分地反映一个人、一个群体、一种文化的价值观。

规则是目标确立、选择手段时必须考虑的行为处事准则，也是一种文化的核心要素，在某种程度上更具有传统色彩，因此也是国内外价值观研究者（Hofstede，1984；Triandis，1987）从文化层面研究价值观的主要内容。

四、结语

大学生价值观教育的有效性涉及多方面的内容，它可以被看作这样一个有着内在逻辑联系的序列：第一，是对价值观教育重要性的全面认识，包括从个体层面、社会层面、文化层面的理解，也包括意识形态层面或政府层面的考量；第二，应该对价值观概念、价值观结构以及大学生价值观的现状有一个清楚的认识；第三，要结合传统文化和时代精神以及大学生自身需求的特点，确定恰当的价值观教育内容；第四，要了解、熟悉和掌握价值观教育的有效途径、方法和技术；第五，要了解并尽可能掌握一些大学生价值观教育结果的评价方法和技术。从这一意义上来讲，对大学生的价值观概念、价值观结构进行深入的探讨具有一定的基础性作用。

第二节　当代大学生价值观结构验证与现状特点[*]

价值观是一种个体现象。在一些研究者看来，价值观是个体人格体系的核心和动力机制，价值观对个体行为具有解释、预测、导向的作用（Braith-waite & Scott，1998）。另有研究者则认为，正确价值观的养成是个体心理健康的前提和基础，进而认为积极的心理健康教育应该由现行的事后咨询治疗模式向事前的正确价值观养成模式转变（古人伏等，1998；辛志勇，2002）。

价值观也是一种社会现象，社会的变革和进步并不仅仅体现在科学技术、生产技术、商业贸易等层面，也体现在价值观的变革，甚至在某种程度上讲，价值观的变革是社会变迁的先导。智利著名知识界领袖萨拉扎·班迪博士（1971）就曾强调落后和不发达不仅仅是一堆能勾勒出的社会经济图画的统计指数，也是一种心理状态。美国著名社会学家阿历克斯·英格尔斯（1985）则进一步认为，无论一个国家引入了多么现代的经济制度和管理方法，也无论这个国家如何效仿最现代的政治和行政管理，如果执行这些制度并使其付诸实施的那些人没有从心理、思想和行动方式上实现由传统人到现代人的转变，真正能顺应和推动现代化的经济制度与政治管理的健全发展，那么这个国家的现代化就只是徒有虚名。这些观点都强调了价值观的变革对经济社会发展的重要性。

---

[*] 本节内容原文发表于《教育研究》2005 年第 10 期，在原文基础上进行了修订。

价值观还是一种文化现象，有研究者指出，价值观是文化的核心要素，文化的冲突说到底是价值观的冲突，文化的认同说到底是价值观的认同（袁贵仁，2002）。因此，从文化传承、文化教育的视角看，价值观教育是文化传承、文化教育的一种基本的、可操作性的途径。我们要继承中华民族的优秀传统文化，本质上就是要继承中华民族文化所承载的先进的核心价值观念。比较而言，知识技能、能力的教育是一种手段性教育，而价值观教育则是一种方向性教育。

大学是培养高层次人才的重要场所，大学生正处于价值观形成和完善的重要时期。大学生的价值取向特点历来受到社会各界的关注，在不同时期都有一些价值观研究者进行了这方面的研究工作（黄希庭，1994；许燕，1999）。本项研究拟探讨的内容主要包括两个方面：一是新时期大学生价值取向特点；二是在了解大学生价值取向特点的基础上为高校价值观教育提供一些启示和建议。

一、大学生价值取向研究方法

（一）量表法

量表法采用的工具是自编的《大学生价值观调查量表》，包含目标价值、手段价值、规则价值三个大的维度，其中目标价值维度又可分为个人性目标、社会性目标、超然性目标三个小的维度。三个大的维度共包含16项因素。量表法各维度内部一致性系数分别为个人性目标0.828，社会性目标0.639，超然性目标0.716。目标价值维度的内部一致性系数为0.768；手段价值维度的内部一致性系数为0.613；规则价值维度的内部一致性系数为0.645。整个价值观量表的内部一致性系数为0.861。从验证性因素分析模型的结果来看，模型整体拟合指标 CFI、GFI、AGFI、NFI、TLI 均在0.70以上，RMSEA 为0.044，基本符合优度模型准则。模型与数据整体上具有较好的拟合，量表具有较好的构想效度。

量表法的调查对象为全国10个省市的13所高校，共发放问卷3090份，收回问卷2810份，回收率为90.9%。其中，有效问卷为2650份，有效率为

94.3％。13所高校分别是北京师范大学、首都师范大学、北京理工大学、山西大学、内蒙古集宁师范专科学校、张家口师范专科学校、陕西师范大学、南京师范大学、苏州大学、华中科技大学、淮南师范学院、漳州师范学院、四川师范大学。被试选取考虑到了地区（东部、中部、西部）、发达水平、学历（专科、本科）以及其他人口统计学指标。

（二）自由联想测验

考虑到价值观的内隐性特点以及量表法可能存在的社会赞许性问题，研究选用自由联想测验对量表法调查的结果进行验证（蔡华俭，2001）。自由联想测验实施的步骤为：电脑呈现一个刺激词作为靶子词，呈现的时间为15秒钟，被试被要求在15秒内大声连续报告自己联想到的内容，报告形式既可以是词汇，也可以是语句，整个报告过程现场录音。这样的刺激词总共有31个，主要来自先前的访谈，分别对应于调查量表的不同因素。自由联想测验结果的编码按反应倾向（主要考察第一反应）分为四种类型：正向性回答、中间性回答、负向性回答和解释性回答。价值词汇自由联想测验结果作上述分类比较明确，每一个刺激词联想结果在编码者之间的一致性都在90%以上，说明测验具有较好的评分者信度。另外，我们还以前述价值观调查量表作为效标检验了联想测验的效标关联效度，结果表明目标价值的三个维度及手段价值维度和规则价值维度在两种测试结果之间，相关系数均在0.80以上，说明联想测验有较好的效度指标。

二、大学生价值取向研究结果及分析

（一）大学生价值取向总体特点

1. 目标价值系统

目标价值系统的量表调查及联想测验结果如表2-6和表2-7所示。

表2-6 大学生目标性价值量表调查结果

变量	个人性目标价值				社会性目标价值			超然性目标价值		
	金钱物质取向	工作成就取向	荣誉地位取向	自身修为取向	婚姻家庭取向	友谊爱情取向	合格公民取向	回归自然取向	贡献国家取向	人类福祉取向
M	3.230	4.680	3.470	4.530	3.700	3.780	4.560	4.960	4.600	4.530
SD	0.724	0.882	0.922	0.583	0.698	0.619	0.697	0.753	0.670	0.844
F	3209.230**				1361.650**			288.890**		

注:* 表示 $P<0.05$,** 表示 $P<0.01$,*** 表示 $P<0.001$。

表2-7 81名大学生目标价值词联想测验结果

维度	刺激词	正向性	中间性	负向性	解释性	χ^2
个人性目标	金钱	22 (27.2)	42 (51.9)	14 (17.3)	3 (3.7)	40.16***
	享乐	8 (9.9)	32 (39.5)	23 (28.4)	18 (22.2)	14.85***
	成功	42 (51.9)	19 (23.5)	10 (12.3)	10 (12.3)	33.82***
	理想	39 (48.1)	13 (16.0)	16 (19.8)	13 (16.0)	23.44***
	地位	26 (32.1)	3 (3.7)	12 (14.8)	40 (49.4)	38.95***
	名声	36 (44.4)	19 (23.5)	10 (12.3)	16 (19.8)	18.41***
	生命	16 (56.8)	6 (7.4)	3 (3.7)	26 (32.1)	59.10***
	品德	20 (24.7)	19 (23.5)	3 (3.7)	39 (48.1)	32.14***
社会性目标	婚姻	16 (19.8)	13 (16.0)	16 (19.8)	36 (44.4)	16.63***
	家庭	58 (71.6)	3 (3.7)	1 (1.2)	19 (23.5)	103.44***
	友情	57 (70.4)	13 (16.0)	1 (1.2)	10 (12.3)	92.78***
	爱情	19 (23.5)	26 (32.1)	6 (7.4)	30 (37.0)	16.43***
	集体	52 (64.2)	3 (3.7)	3 (3.7)	23 (28.4)	79.54***
	责任	55 (67.9)	4 (4.9)	3 (3.7)	19 (23.5)	87.44***
超然性目标	自然	52 (64.2)	3 (3.7)	0 (0)	26 (32.1)	44.52***
	国家	45 (55.6)	13 (16.0)	6 (7.4)	17 (21.0)	43.40***
	中国	29 (35.8)	13 (16.0)	0 (0)	39 (48.1)	12.74***
	平等	45 (55.6)	6 (7.4)	6 (7.4)	24 (29.6)	51.00***
	自由	26 (32.1)	32 (39.5)	3 (3.7)	20 (24.7)	23.15***

注:( ) 外为本类型回答占被试总人数的频数;( ) 内为本类型回答占被试总人数的百分比。* 表示 $P<0.05$,** 表示 $P<0.01$,*** 表示 $P<0.001$。

（1）个人性目标调查结果。量表调查的个人性目标价值维度共设有金钱物质取向、工作成就取向、荣誉地位取向、自身修为取向四个因素。由表2-6可以看出，新时期大学生在个人性目标的四个因素上总体差异显著，根据重要性排序依次为工作成就取向、自身修为取向、荣誉地位取向、金钱物质取向。多重比较结果显示四个因素之间均存在显著性差异。这说明新时期大学生在个人性目标的制定上，"工作成就取向"和"自身修为取向"被看作是更为重要的目标。

表2-7表明，所有刺激词在四种回答之间均存在显著性差异。正向性回答由高到低依次为生命、成功、理想、名声、地位、金钱、品德、享乐；负向性回答由高到低依次为享乐、理想、金钱、地位、成功、名声、生命、品德。与量表调查结果相比，二者总体上存在一致性，但在有些因素上也存在差异："品德"正向性回答率较低，负向性回答率也较低，多数为解释性回答；"理想"一词的反应则多集中于正向性回答和负向性回答；"金钱"一词的中间性回答最多，说明大学生对金钱持一种矛盾或辩证的心态。

（2）社会性目标调查结果。量表调查的社会性目标价值维度共设有婚姻价值取向、友谊爱情取向、合格公民取向三个因素。由表2-6结果可以看出，新时期大学生在社会性目标价值的三个因素上总体差异显著，根据重要性排序依次为合格公民取向、友谊爱情取向、婚姻家庭取向。多重比较结果也显示三个因素之间均存在显著性差异。这说明"合格公民取向"往往被看作一个"底线伦理"，新时期大学生把其作为最基本的素质来看待。

表2-7表明，所有刺激词在四种回答之间均存在显著性差异。正向性回答由高到低依次为家庭、友情、责任、集体、爱情、婚姻；负向性回答较高的两项依次为婚姻、爱情。与量表调查结果相比，二者总体上存在一致性。但值得注意的一个问题是："婚姻"和"爱情"两项解释性回答较高，负向性回答也较高。

（3）超然性目标调查结果。量表调查的超然性目标价值维度共设有回归自然取向、贡献国家取向、人类福祉取向三个因素。由表2-6结果可以看出，新时期大学生在超然性目标价值的三个因素上总体差异显著，根据重要性排序依次为回归自然取向、贡献国家取向、人类福祉取向。多重比较结果也显示三个因素之间均存在显著性差异。这说明"回归自然取向"和"贡献国家取向"比"人类福祉取向"更多地受到新时期大学生的重视。

表2-7表明，所有刺激词在四种回答之间均存在显著性差异。正向性回答由高到低依次为自然、国家、平等、中国、自由；中间性回答较多的是自由；解释性回答较多的是自然、平等等。

2. 手段价值系统和规则价值系统

手段价值系统和规则价值系统的量表调查结果及联想测验结果如表2-8和表2-9所示。

表2-8　　　　　　　　大学生手段和规则价值量表调查结果

变量	手段价值			规则价值		
	知识努力取向	智慧机遇取向	人格品质取向	法律规范取向	舆论从众取向	道德良心取向
M	4.750	3.740	4.080	3.610	2.960	4.340
SD	0.611	0.773	0.627	1.070	0.918	0.794
F	788.790**			2221.120**		

注：* 表示 $P<0.05$，** 表示 $P<0.01$，*** 表示 $P<0.001$。

表2-9　　　　　　　81名大学生手段和规则价值词联想测验结果

维度	刺激词	正向性	中间性	负向性	解释性	χ^2
手段性价值	知识	62 (76.5)	6 (7.4)	3 (3.7)	10 (12.3)	115.99***
	努力	49 (60.5)	13 (16.0)	3 (3.7)	16 (19.8)	59.00***
	智慧	36 (44.4)	10 (12.3)	6 (7.4)	29 (35.8)	31.25***
	能力	39 (48.1)	13 (16.0)	3 (3.7)	26 (32.1)	36.28***
	诚实	53 (65.4)	6 (7.4)	3 (3.7)	19 (23.5)	77.76***
	信用	50 (61.7)	10 (12.3)	10 (12.3)	11 (13.6)	58.31***
规则性价值	法律	45 (55.6)	13 (16.0)	0 (0)	23 (28.4)	19.85***
	官司	10 (12.3)	19 (23.5)	29 (35.8)	23 (28.4)	9.42*
	舆论	16 (19.8)	13 (16.0)	32 (39.5)	20 (24.7)	10.31*
	榜样	23 (28.4)	16 (19.8)	13 (16.0)	29 (35.8)	7.64
	道德	52 (64.2)	10 (12.3)	3 (3.7)	16 (19.8)	70.56***
	良心	55 (67.9)	10 (12.3)	3 (3.7)	13 (16.0)	82.11***

注：* 表示 $P<0.05$，** 表示 $P<0.01$，*** 表示 $P<0.001$。

（1）手段价值系统调查结果。量表调查的手段价值维度共设有知识努力取向、智慧机遇取向、人格品质取向三个因素。由表2-8结果可以看出，新时期大学生在手段性价值的三个因素上总体差异显著，根据重要性排序依次为知识努力取向、人格品质取向、智慧机遇取向。多重比较结果也显示三个因素之间均存在显著性差异。这说明在选择实现目标的手段时，大学生更倾向采用"知识努力取向"和"人格品质取向"而不是"智慧机遇取向"。

表2-9表明，正向性回答人数较多的刺激词有知识、诚实、信用、努力；负向性回答人数较多的刺激词有信用、智慧；解释性回答人数较多的刺激词有智慧、能力、诚实。

（2）规则价值系统调查结果。量表调查的规则价值维度共设有法律规范取向、舆论从众取向、道德良心取向三个因素。由表2-8结果可以看出，新时期大学生在规则性价值的三个因素上总体差异显著，根据重要性排序依次为道德良心取向、法律规范取向、舆论从众取向。多重比较结果也显示三个因素之间均存在显著性差异。这说明"道德良心取向"是当代大学生最重要的规则价值，其次是"法律规范取向""舆论从众取向"得分最低。

表2-9表明，除"榜样"一词在四种回答类型之间差异不显著外，其他刺激词在四种回答类型之间都存在显著性差异。正向性回答人数较多的刺激词有良心、道德、法律；负向性回答人数较多的刺激词有舆论、官司、榜样；解释性回答人数较多的刺激词有榜样、法律、官司。

（二）大学生价值取向的人口学特点

1. 大学生价值取向的发展特点

随着年级的升高，大学生价值观是否会发生变化也是我们非常关注的一个问题，因为这在一定程度上可以反映学校环境及教育对个体价值观的影响，另外也可以对个体成熟在价值观形成中的作用进行有效的考察。

（1）目标价值系统。根据数据分析结果表明，在目标价值系统方面，除个人性目标中的工作成就取向和社会性目标中的贡献国家取向两项在年级之间不存在显著差异外，其他8项目标价值均存在显著性差异。采用Bonferroni法进行事后多重比较表明：在金钱物质取向上，随着年级的升高，大学生的得分也在逐渐增加，一年级学生得分最低，四年级学生得分最高；在荣誉地位取向、自身修为取向、婚姻家庭取向等目标价值上，也都存在着随着年级升高得分逐渐增加的趋势；在友谊爱情取向上，二年级、三年级、四年级都与一年级学生之间存在显著差异，一年级得分最低；在合格公民取向上，虽然总体上存在显著性差异，但表现在不同年级间的差异却并不显著；在回归自然取向上，一年级得分最高，与二年级、四年级之间存在显著性差异；在人类福祉取向上，三年级得分最高，与一年级、二年级之间存在显著性差异。

从以上研究结果来看，工作成就和贡献国家两项目标价值得分较高，在年级之间也并不存在差异性，这说明整个大学生群体对这两项价值目标有着高度的重视。而在金钱物质取向、荣誉地位取向、自身修为取向、婚姻家庭取向四项目标价值上，年级之间存在显著差异，其趋势都是随着年级的升高得分也在逐渐增加，这说明大学生随着年龄和年级的增加会日趋成熟和现实，也会更多地按自己的意愿行事。在友谊和爱情取向目标价值上，一年级学生显著低于高年级学生，这与他们的年龄和对学校整个环境不熟悉以及还没有完全适应大学生活有关。关于友谊和爱情取向在奥尔波特的价值观量表中应该归属于"社会型"，据彭凯平等（1989）对大学一年级学生的调查结果表明：社会型在六种价值类型中排名第五，仅高于宗教型。除去历史发展因素对价值观的影响，这个结论与我们所得的结果有较好的一致性。而在回归自然取向上，一年级得分高于其他年级且差异显著，这似乎与他们较为理想化和较少功利性有直接关系。三年级在人类福祉取向上高于一年级、二年级，但与四年级没有显著差异，这说明了三年级的特殊性，因为三年级学生既完全适应了大学生的生活，又不像四年级学生忙于找工作、写论文，他们有更多的时间来关心周围的世界。总之，在目标价值上存在的年级差异，我们认为主要与大学生的成熟和日趋现实有关。

（2）手段和规则价值系统。根据数据分析结果表明，在手段价值维度，人格品质取向不存在年级间的显著性差异，知识努力取向大二、大三、大四均高于大一，智慧机遇取向也是大二、大三、大四均高于大一。在规则价值维度，道德良心取向在年级之间不存在显著性差异，法律规则取向大一高于其他三个年级，并与大二、大三有显著差异，舆论从众取向则是大一小于其他三个年级，大四年级的得分最高。

以上结果表明，人格品质取向四个年级都有较高的得分，这显示了整个大学生群体在实现目标时重视人格品质的重要作用。而知识努力取向在一年级和其他年级之间存在的差异（一年级得分最低）似乎可以归结为两个原因：一是一年级刚刚入学，有一种"喘口气"的心态；二是一年级并不像高年级学生一样有对知识努力重要性的切身体会。在智慧机遇取向上同样是一年级低于高年级，这恐怕仍然与对大学生活的适应以及成熟度有关。

在规则价值方面，道德良心取向是所有大学生公认的规则性价值，不存在年级之间的差异。但法律规范取向是一年级学生得分高于高年级学生，并与大二、大三存在显著性差异，这与新生谨小慎微的处事态度以及高年级的成熟世故有直接的关联。大一在舆论从众取向上得分低于其他三个年级，这可能也与他们的直接经验有关，对于刚入学的新生来讲，遵守道德良心和法律规范行事似乎比舆论和从众更能给自己带来安全感，从另外一个角度讲，大学新生的社会支持系统还没有很好的建立，也没有完全固定化，并不会存在太大的从众压力。

2. 家庭结构对大学生价值取向的影响

在目标价值系统，只有合格公民取向存在显著差异，表现为离异家庭大学生得分要低于几代同堂家庭大学生，这个结论与以往关于离异家庭对子女影响的一些研究（朱智贤，1999）的结论是一致的。同样，在规则价值系统的道德良心取向上，也表现为离异家庭学生得分低于几代同堂家庭学生，这说明家庭结构对个体移情、自律、道德品质的形成是有重要影响的。怀特（1992）和寇彧（2001）等的研究也都证明了家庭结构尤其是家庭教养方式及生活中重要他人对青少年价值观的形成有重要影响。

3. 家庭经济收入对大学生取向的影响

在对家庭经济收入对个体价值观的影响的研究中发现了一个共同的特点，具体表现为中等收入家庭的学生在许多价值项目上得分都比较高，与低收入家庭学生之间存在显著性差异，比如目标价值的金钱物质取向、婚姻家庭取向，手段价值的智慧机遇取向，规则价值的舆论从众取向和道德良心取向等。

国外关于中产阶级的一些研究表明，一个社会中中产阶级的显著特点是"稳中求进"，既不会完全割舍传统，也不会故步自封，而是在继承传统价值的同时紧随时代的发展变化。当然这里所讲的中等收入家庭与中产阶级在内涵上有很大的差别，并不完全能用国外的一些理论来很好地解释这一研究结果。但经济收入影响价值观可以从英格尔哈特（1996）的观点中得到佐证，他认为在由短缺价值（如金钱、欲求、工作等）转化为后现代价值（如生态、自由选择权、情感、休闲、生活质量等）过程中，经济发展起到了非常重要的作用。从这个角度出发，需求的差异可能会导致价值观的差异，这个观点也为施瓦茨（1987）等所赞同。

三、大学生价值取向研究结论与教育建议

分析整个价值系统的研究结果可以看出，新时期大学生价值取向的总体特点为：在个人性目标上以工作成就取向为主，在社会性目标上以合格公民取向为主，在超然性目标上以回归自然取向为主，在手段价值上以知识努力取向为主，在规则价值上以道德良心取向为主。新时期大学生给人们的总体印象是努力进取、尽职尽责、有较强的成就欲望和事业心，但相对封闭，对身外的事不太关注；爱国、贡献国家意识强；崇尚自然、追求与自然的和谐；以自我的道德准则和自我兴趣为行为处事的出发点。具体而言，本项研究结果对高校的价值观教育有如下启示。

（一）个人性目标价值特点与价值观教育

从个人性目标的研究结果来看，新时期大学生更为看重在工作上取得成就以及自身完善、自身兴趣爱好的满足。这一结果是比较符合实际的，新时期大学生已普遍接受以工作成就作为个人能力素质指标的观念，也认为只有在工作中取得成就才能真正体现自己的价值。但同时，当代大学生也非常重视自己个性的发展，喜欢有自己的风度、气质以及相对独立的兴趣爱好。以上这些特点应该都是与时代发展的特点相吻合的，总体上也是积极并值得肯定的。但对工作和自身完善的过度关注也往往会产生消极的一面，比如相对

封闭、人际关系淡漠等。高校的价值观教育或心理健康教育应该在注重发展大学生个人性价值积极一面的同时注意其消极面，注重团队精神、集体意识的培养和教育。

（二）社会性目标价值特点与价值观教育

大学生社会性目标研究结果有两个方面值得关注：一是大学生把做一个"合格公民"排在社会性目标的第一位，超越了"友谊爱情""婚姻家庭"等社会性目标。这体现了当代大学生现代性的一面，即关注公共利益、集体利益，明白自己肩负的公共责任，摆脱了传统文化中较多从血缘、地缘、业缘的角度看问题的观念，这也是现代人应该具备的基本素质。这是值得肯定和保持的。二是"婚姻家庭"得分最低，实际上这里面存在一个需要解释的问题，即从自由联想测验的结果来看，"家庭"一词的正向性回答率在所有31个刺激词里是最高的，占到71.6%，大家由此联想到的往往是"快乐的根源""幸福的前提""支持""港湾""依靠""责任""美满""团圆"等积极性词汇。这一因素之所以总体得分较低主要是大学生对"婚姻"有较多负面的看法，在一些大学生看来，婚姻常常与"高离婚率""捆绑""束缚""爱情的坟墓"等词语联系起来。这些观点的形成固然与当代大学生强调独立、自主人格等特点有关，实际上与现实生活中婚姻存在的各种问题以及相应较多的舆论报道和传媒影响有关。"爱情"一词的联想结果也存在同样的特点。因此，在高校里进行正确的婚姻观、爱情观教育也是十分现实和重要的。

（三）超然性目标价值特点与价值观教育

大学生超然性目标研究结果也有几个显著的特点值得关注。一是在大学生心目中热爱环境、保护自然、与自然和谐相处的意识十分强烈。由"自然"联想到的结果往往是"希望自己是一个自然主义者""自然给了人很多东西，人应该回馈自然，不要老是想着索取""人类在征服自然的同时也受到了自然的惩罚，所以希望人类要善待自然"等。这种表现在人与自然关系上的价值特点应该加以保护和提倡。二是爱国、贡献国家、为我国改革开放以来的高速发展感到自豪的情感强烈。有关"国家"的联想往往是把国家作为家庭发展的基础、个人发展的前提来看待，如"人们都应该爱国，有国才有家""国家是人们生活的一个物质基础，应该不惜一切地去维护这个基础"等。由"中国"一词联想到的往往是大学生作为一个中国人的自豪感、对目前中国发展状况的充分肯定以及对中国未来充满希望的心情，如"我为自己的国家感到自豪""21世纪我想应该是属于中国的世纪，世界的舞台在中国"。大学生热爱国家、贡献国家的情怀应该得到积极的鼓励和提倡，应该倍加珍惜，也应该成为高校价值观教育、道德政治教育的主要内容。三是对相对远离自我的人类福祉关心稍弱。这种现象可能与传统价值观教育中对这一主题的忽视以及社会流行的物质主义取向有关，但作为生长于全球化时代，又适逢我国日益发展强大的今天的大学生来讲，增加对人类共同问题、普遍问题的关注关心也是十分必要的，这方面的价值观教育也应该适当加强，具备这样的观念也有利于我们更好地理解人类命运共同体的理念，以及在构建这一共同体过程中发挥积极的作用。

（四）手段性价值特点与价值观教育

新时期大学生在手段方面表现出来的价值特点总体上是积极进取的，具体表现为当代大学生在选择实现目标的手段时并不过分倚重技巧机遇，而是偏向选择积累知识、努力进取、优秀人格养成等手段。这一结果既体现出了我国社会目前竞争性、强调素质能力的一面，也体现出当代大学生理智、务实的一面。这种特点在今后高校的价值观教育中也应该得到保持和鼓励，但信息收集能力、学习能力、应变能力、耐挫能力、分析解决实际问题能力、创新能力等综合能力素质的养成也应引起大学生的高度重视。

（五）规则性价值特点与价值观教育

大学生在确立目标、选择实现目标的手段过程中都会受到自己所拥有规则的影响，因此大学生所形成的规则体系也比较集中地反映了这一群体的价值取向。从研究结果来看，"道德良心""法律规范"是新时期大学生最为看重的行为准则，"舆论从众"则不被重视。这一结果体现了新时期大学生具有自立、自律精神和较强的法律意识。

但从这一维度的具体研究结果来看，也有两个问题应引起教育者的关注。一是观念与行为的脱节问题。比如自由联想测验结果表明，新时期大学生虽然具有较强的法律意识，但在现实中却不愿意和法律打交道，有时似乎更注重人情。他们一方面希望自己所处的社会是一个法治社会，另一方面又最不愿意和法律有关系甚至直接动用法律武器，这种情与理的矛盾虽然体现出一定的文化特点，但是也较真实地反映出当代大学生观念和行为间的脱节现象。而且，就整个研究来看，这种脱节现象也反映在其他维度或因素里。这提示我们高校的价值观教育或思想政治教育要特别注重知与行的统一。二是榜样教育的问题。在当代大学生的观念里，"榜样"一词往往有一定的中性甚至负性看法。这种现象至少可以说明以下几个问题：当今社会青少年群体显现出一种崇尚偶像多于榜样的趋势；学校的榜样教育策略还不够成功；从大学生的身心特点以及崇拜偶像的现实来看，大学生并不是真的不需要榜样，关键的问题可能是我们所树立的榜样要更加贴近大学生的真实生活，让他们产生亲近感。这体现了大学生榜样教育理论和实践研究的必要性和迫切性。

第三章

大学生具体领域价值观研究

具体领域价值观主要是针对基础或一般价值观而言，是对基础价值观研究的进一步深化，是个体及群体价值观在不同工作实践或生活实践领域的具体表现。相较于一般（基础）价值观，具体领域价值观对特定领域的个体或群体行为可能具有更为直接的驱动、维持、导向、解释和预测作用。本章共分为四节，分别探讨了大学生的职业价值观、环境价值观、休闲价值观、性价值观特点及相应教育问题。

第一节　大学生职业价值观研究

我国政府、社会和高等学校历来都十分重视大学毕业生的就业问题。影响大学生就业的因素很多，如社会经济结构、就业市场、高校培养方式、毕业生自身态度和素质等。但以往许多研究都证明大学生的职业价值观对其就业能力有显著的正向影响。因此，如何帮助大学生树立正确的择业观念、职业观念，进而提高学生的就业能力，也已成为学术研究领域重要的课题之一。本节研究的目的是调查获取大学生职业价值观现状特点数据，并在此基础上提出一些有针对性的大学生职业价值观教育建议。

一、职业价值观概念及其结构

（一）职业价值观概念

从社会心理学角度看，作为个体精神体系或人格体系核心组成部分的价值观既是个体的选择倾向，又是个体态度、观念的深层结构，对个体行为具有重要的解释、预测和导向作用。而职业价值观是价值观的重要组成部分，理应具备一般价值观的基本属性和功能。

职业价值观又称工作价值观，是心理学与职业技术教育交叉领域中最具研究价值的论题之一。"职业价值观"这一术语是舒伯（Super，1957）于20世纪50年代在他的职业发展理论（Career Development Theory）中最早提出的。总体来看，西方国家开展职业价值观研究的历史较早，而我国学者是在20世纪80年代以后才开始进行较为深入的研究。职业价值观是人们对职业活动所带来的利益的社会判断取向，人们的职业价值观不同，所选择的职业也会有所差别。因此，培养良好的职业价值观对大学生成功就业、正确择业具有重要意义。

关于职业价值观的概念，国内外学者从不同的角度提出了自己的理解，国外学者如舒伯（1970）将职业价值观定义为一种工作目的的表达，这种表达体现了个体对于其工作赞同和尊重的渴望。罗斯等（Ros et al.，1999）则认为，职业价值观是人们从某种职业中所能获得的某种终极状态或行为方式的信念。从这一定义中我们可以看出罗克奇价值观定义的影响，也可以清楚地认识到一般价值观和具体领域价值观之间的关系。施瓦茨（1999）还从工作目标和报酬的角度对职业价值观进行了厘定。在国内方面，如黄希庭等（1994）认为职业价值观是人们在社会职业的需求上所表现出来的评价，是人生价值观在职业问题方面的表现，是人生价值观的一个重要部分。凌文辁等（1999）则认为，职业价值观是人们对职业的一种信念与态度，或者是人们在职业生活中所表现出来的一种价值取向。金盛华等（2005）认为，职业价值观是个体评价及其选择职业的标准。相对而言，于海波等（2001）的职业价值观界定更具有操作性和全面性，他们认为职业价值观是人们依据自身的需要对待职业、职业行为和工作结果的比较稳定的、具有概括性和动力作用的一套信念系统。它是个体一般价值观在职业生涯中的体现，不但决定了人们的择业倾向，而且还决定了人们的工作态度。同时，它也是个体在长期的社会变化中所获得的关于职业经验和职业感受的结晶，属于个性倾向的范畴。

（二）职业价值观的结构

一些传统的职业发展理论往往从个体需求视角提出了自己对职业价值观的认识和理解。这些理论对职业价值观结构的研究也产生了重要的影响。如金兹伯格（Ginzberg，1951）的职业发展理论认为，个体的职业发展大体包括三个阶段：第一，幻想阶段（大约结束于 11 岁），这一阶段儿童的选择是不切实际的，对于将来从事什么职业的考虑并不受个人能力以及能否实现所限制，只受需要所支配；第二，尝试阶段（11～18 岁），青少年逐渐形成了自我意识，更加客观地认识到自己的能力、兴趣、价值观，能更现实地评价工作；第三，现实阶段（18～20 岁），个体开始根据职业的特点作出具体的职业选择，价值观成为影响职业选择的一个重要的因素。霍波克（Hoppock，1957）的职业选择理论认为，职业选择须适合个体的需要，当个体第一次认识到一种职业可以适合他本人的需要时，职业选择即已开始。舒伯（1970）的职业发展理论则认为，人们从事各种职业基于三个方面的需求，即满足生存的需求、社会人际关系的需求和各种劳动活动的需求。个人为了充分满足这三个方面的需求，形成了自己的职业价值观。

基于以上认识，金兹伯格（Ginzberg，1951）将职业价值分为三类：有关工作活动本身的、有关工作报酬的和有关工作伙伴的。舒伯（1962）所提出的职业价值观结构更具影响力，后续研究也最多。他将职业价值观的结构分为 15 个维度，分别是利他主义、对美的追求、富有创造力、智力的刺激、获得成就感、具有独立性、赢得威望、管理权利、获得经济报酬、有安全感、与领导的关系、和同事的关系、工作环境、变异性以及生活方式。这 15 个维度分属于以下三个方面：第一，内在职业价值。指与职业本身性质有关的一些因素，如职业的创造性、独立性等。第二，外在职业价值。指与工作本身性质无关的一些因素，如工作环境，同事关系等。第三，外在报酬。包括职业的安全性、声誉、经济报酬和职业所带来的生活方式等。奥尔德弗（Al-derfer，1972）在舒伯研究的基础上，继承并发展了职业价值观内部结构的三维度理论，认为内在价值、外在价值和社会价值是构成职业价值观的三个重要维度。舍克斯等（Surkis et al.，1992）则发展了奥尔德弗的三维度说，认为职业价值观应包括内在价值、外在价值、社会价值和威望价值四个维度。肯纳默（Kinname，1961）将舒伯的结构缩减为独立性和多样化、工作条件和同事关系、社会和艺术、安全和福利、名望及创造性等6个维度。在此基础上，还有研究者进一步将其缩减为四项职业价值：名望、利他、满意和个人发展。雷斯（Rathe）20世纪60年代中期在其价值澄清程序（Value Clarification Program）中，归纳了10个方面的职业价值观因素，分别为：待遇、福利、环境、学以致用、工作时间、进修、休闲、升迁、同事、自主。

国内学者也对职业价值观进行了较为深入的探讨。如赵喜顺（1984）把职业价值观分为四种：兴趣爱好型、社会利益型、声望舒适型、经济型。宁维卫（1991）通过对舒伯职业价值观量表工具的修订，抽取出了五个职业价值因素，分别为：进取心、生活方式、工作安定性、声望和经济价值。台湾学者王从桂（1992）将职业价值观分为工作目的价值和工作手段价值。吴铁雄等（1994）编制的"工作价值观量表"从"目的价值"与"工具价值"视角将职业价值观分为"自我成长取向""自我实现取向""尊严取向""社会互动取向""组织安全与经济取向""安定与免于焦虑取向"及"休闲健康与交通取向"七个方面。凌文辁（1999）对我国高职生职业价值观进行了实证研究，通过因素分析得到了三因素的职业价值观结构：声望地位因素、保健因素和发展因素。马剑虹等（1998）的研究则抽取出了组织环境、工作评价和个人要求三个因素。郑伦仁（1997）通过研究认为进取心、自主性、工作安全、声望和经济价值是影响大学生职业价值观的五个关键要素。王垒等（2003）在总结国内外学者相关研究的基础上，提出了职业价值观内部结构四因子模型：工作报酬与环境因子、个人成长与发展因子、组织文化与管理方式因子、社会地位与企业发展因子。金盛华等（2005）的研究将大学生职业价值观维度分成目的性和工具性职业价值观。目的性职业价值观指个体评价和选择职业的内隐的动机性标准，工具性职业价值观指个体评价和选择职业的外显的条件性标准。前者包括家庭维护、追求地位、成就实现和社会促进，后者分为轻松稳定、兴趣性格、规范道德、薪酬声望、职业前景和福利待遇六个方面。

国内外学者有关职业价值观结构的探索尽管结果不尽相同，但在对核心因素的认知上还是存在许多共性，这也为我们的进一步研究提供了重要的基础和启发。

（三）职业价值观的影响因素

就已有研究来看，职业价值观的影响因素主要包括个体因素和外在因素两个方面。个体因素如个体的性别、年龄、学历等。性别方面，何华敏（1998）的研究曾发现内地女职工的工作价值表现为比男职工更注重外在报酬，黄国隆（1995）和胡坚（2004）等的研究也获得了类似的结果。不过，也有一些研究认为男女职业价值观从总体上看差异并不大。年龄方面，郑伦仁（1999）的研究指出低年级学生更加重视美感和创造性，高年级学生更看重经济报酬和声望；马剑虹（2004）发现中年员工考虑问题比年轻员工更加多元化。学历方面，差异主要表现在高学历者往往更注重内在价值，这在其他学者的研究中得到了证实。外在因素则主要考虑了家庭、学校和社会的影响，家庭生活背景、学校专业教育、社会发展状况、文化传统等都会影响人们的职业价值观。

二、研究方法

（一）研究对象

本节采用随机抽样方法在五所高职院校发放问卷 500 份，回收问卷 476 份，回收率为 95.2%，其中有效问卷 425 份，有效率为 89.3%。被试的具体分布情况如表 3-1 所示。

表 3-1　　　　　　　　　　　被试分布情况　　　　　　　　　　单位：人

变量	组别	一年级	二年级	毕业班
学生性别	男	91	42	66
	女	77	60	89

续表

变量	组别	一年级	二年级	毕业班
是否独生子女	独生子女	37	90	70
	非独生子女	131	12	85
家庭所在地	农村	96	36	91
	城镇	17	30	33
	城市	96	36	31

（二）研究工具

本项研究采用凌文辁等（1999）编制的职业价值观问卷，该问卷包括声望地位、保健、自我发展三个因素，共22题，要求被试根据自己的实际情况，按照"最重要""比较重要""一般""比较不重要""最不重要"5个等级进行评定，分别给予 5 ~ 1 分。该问卷总的内部一致性系数为0.642。

三、研究结果与分析

（一）大学生职业价值观总体特点

研究结果表明，大学生三种职业价值因素的平均得分在3.4到3.9之间，平均分都高于中值3分，由高到低依次排序为：自我发展、保健、声望地位。从总体上看，大学生的职业价值取向呈现出积极向上的趋势，符合社会所倡导的主体价值观。具体结果如表3-2所示。

表3-2　　　　　　　　　大学生职业价值观总体特点

变量	声望地位	保健	自我发展
M	3.43	3.87	3.92
SD	0.56	0.58	0.59

（二）大学生职业价值观的人口学特点

人口学变量包括性别、年级、生源地、学科、是否独生子女等，以下为大学生职业价值观的人口学差异结果。

1. 大学生职业价值观的性别差异

大学生职业价值观的性别差异调查结果如表3－3所示。

表3－3　　　　　　　　大学生职业价值观的性别差异

维度	女生		男生		t	df	p
	M	SD	M	SD			
声望地位	3.36	0.51	3.49	0.60	－2.26	423	0.02
保健	3.97	0.49	3.76	0.65	3.75	365	0.00
自我发展	3.82	0.52	4.01	0.63	－3.34	423	0.00

从表3－3中可以看出，大学生职业价值观三个因素在性别上都存在显著差异，男生在声望地位、自我发展两个维度的得分均高于女生而且差异显著。而在保健因素上女生显著高于男生。

2. 大学生职业价值观的年级差异

大学生职业价值观的年级差异调查结果如表3－4所示。

表3－4　　　　　　　　大学生职业价值观的年级差异

维度	一年级		二年级		毕业班		F	df	p	多重比较
	M	SD	M	SD	M	SD				
声望地位	4.09	0.83	4.17	0.67	4.05	0.82	1.53	424	0.22	
保健	3.92	0.91	3.96	0.88	3.70	0.91	7.98	424	0.00	1－3　2－3
自我发展	4.23	0.81	4.11	0.68	3.90	0.78	15.8	424	0.00	1－3　2－3

注：1表示一年级，2表示二年级，3表示毕业班。

从表3-4可以看出，大学生职业价值观在保健和自我发展两个因素上存在显著差异，具体表现为以下几个方面：第一，在声望地位维度，大学生随着年级的升高其声望地位取向也在逐步增高，均分在4.09到4.17之间，都高于中值3分，但是差异不显著。这表明随着年龄增长及与社会深入接触的增加，大学生对声望地位等社会角色的重要性有了进一步的认知，并希望自己能通过职业赢得更高的社会声望地位。第二，在保健维度，不同年级大学生得分均值在3.70到3.96之间，且存在显著差异。具体表现为，一年级和毕业班的大学生得分都低于二年级学生。从常识和经验角度看，这一结果可能与二年级真实的社会处境有关，他们既不像一年级学生那样需要应对新生面临的各种适应问题，也不像毕业班同学那样需要面对职业选择这样的现实问题，对职业的保健性要求还没有那么迫切和深入的感知。第三，在自我发展维度，随着年级的升高，大学生的得分均值呈现下降趋势，而且差异显著，说明大学生刚升入大学时可能对自己有更高的要求，对未来发展也有很多想法，但随着对就业现实的深入了解，他们的想法可能会日趋现实，导致出现对自己未来发展的关注逐步降低的情况。

3. 大学生职业价值观的生源地差异

大学生职业价值观的生源地差异调查结果如表3-5所示。

表3-5　　　　　　　　　　大学生职业价值观的生源地差异

维度	城市		城镇		农村		F	df	p	多重比较
	M	SD	M	SD	M	SD				
声望地位	3.50	0.59	3.55	0.48	3.34	0.57	5.40	424	0.01	1-3　2-3
保健	3.97	0.42	3.76	0.72	3.86	0.59	3.44	424	0.03	1-2
自我发展	4.00	0.42	3.75	0.56	3.94	0.66	4.39	424	0.01	1-2　3-2

注：1表示城市，2表示城镇，3表示农村。

从表3-5可以看出，大学生职业价值观在生源地方面存在一定差异。在声望地位因素上，城市籍及城镇籍大学生得分都高于农村籍大学生，且有显著差异；在保健因素上，城市籍大学生也显著高于城镇籍大学生；在自我发展因素上，城市籍大学生显著高于城镇籍大学生，农村籍大学生也显著高于城镇籍大学生，这在某种程度上可能与城镇籍大学生存有"小富即安"的思想有关。

4. 大学生职业价值观的学科差异

大学生职业价值观的学科差异调查结果如表3-6所示。

表3-6　　　　　　　　大学生职业价值观的学科差异

维度		文科	理科	外语	工科	管理	F	df	p	多重比较
声望地位	M	3.31	3.16	3.54	3.43	3.48	3.76	424	0.01	3-1　3-2 4-2　5-2
	SD	0.55	0.40	0.61	0.55	0.57				
保健	M	4.02	3.52	3.98	3.95	3.72	7.63	424	0.00	1-2　1-5　3-2 4-2　3-5　4-5
	SD	0.45	0.52	0.46	0.52	0.74				
自我发展	M	4.12	3.79	3.87	3.97	3.80	4.79	424	0.00	1-2　1-4　1-5 3-2　3-4　3-5
	SD	0.40	0.21	0.77	0.52	0.61				

注：1表示文科，2表示理科，3表示外语，4表示工科，5表示管理。

从表3-6可以看出，职业价值观的三个因素在不同学科上都存在显著差异。具体表现为：在声望地位因素上，外语专业学生显著高于文科和理科学生，工科专业学生显著高于理科学生，管理类学生显著高于理科学生；在保健因素上，文科学生显著高于理科和管理类学生，外语和工科学生也显著高于理科学生，工科学生又高于管理类学生；在自我发展维度上，文科学生显著高于理科、工科和管理类学生，外语专业学生也显著高于理科、工科和管理类学生。尽管导致以上差异的原因可能比较复杂，但系统性的专业训练和专业教育差异无疑发挥了重要的影响。

5. 独生子女与非独生子女大学生的职业价值观差异

独生子女与非独生子女大学生的职业价值观差异调查结果如表3-7所示。

表 3 - 7　　　　　　　　独生子女与非独生子女大学生的职业价值观差异

维度	独生子女		非独生子女		t	df	p
	M	SD	M	SD			
声望地位	3.40	0.59	3.57	0.55	2.44	423	0.02
保健	3.97	0.58	3.85	0.58	1.59	423	0.11
自我发展	3.93	0.55	3.92	0.60	0.13	423	0.90

表 3 - 7 结果显示,独生子女大学生的职业价值观在声望地位取向上显著低于非独生子女。这一结果事实上涉及家庭结构及其相关家庭教养方式问题,可能是家庭结构和家庭教养方式的差异导致了独生子女大学生对声望地位的追求没有非独生子女强烈。

四、讨论和建议

(一) 大学生职业价值观特点

1. 大学生职业价值观总体特点

首先,就大学生职业价值观的总体特点而言,虽然在三个维度上都有差异,但总的看来更加重视自我发展因素,多数大学生都希望在未来工作中能充分发挥个人才能,学以致用,以实现自己的职业目标和理想;注重个人发展,希望有较好的发展空间和施展才华的机会,希望有较多的培训和进修机会来不断提高自我;在面对职业选择时心态比较成熟,不会过分看重工作单位的级别、性质、规模,而开始更多考虑所选择的职业是否有发展潜力。其次,考虑保健因素,多数学生希望获得较好的工作待遇,有良好的工作环境,能有效帮助自己解决生计、住房等一些实际生活问题。这一研究结果与唐均(2000)、李家华和吴庆(2001,2002)等的研究结果较为一致。

从相关职业发展理论来看,人们选择职业的目的归根到底是满足人的不同需求,而职业价值观是人们对各种需求重视程度的反映。本节的研究结果表明当今大学生的职业价值观已经出现了一些实质性的转变。学生择业时由更多地考虑收入、福利、保健等因素转向自我发展、自我提高等内在因素，他们不再过分关心单位的级别、规模等外在因素。导致这种变化的原因可能与时代发展及经济社会环境的深刻变化紧密相关。职业心理学的相关研究就十分重视个体所处社会环境因素的作用，认为个体所处的家庭环境、社会环境等外在因素对个体择业心态会产生重要的影响。社会环境包括社会变革、社会评价、群体择业心态、经济发展等诸多因素。改革开放以来，我国经济体制的改革、人事制度的革新、社会对个人创业的鼓励以及整个社会的就业状况等都对大学生择业产生了重大影响。大学生普遍能够接受通过不断的自我发展与完善在职业生涯中摸索，找寻到适合自己的位置。但同时，随着社会物质生活水平的提高，大学生在择业时也比较关心自身的生活质量、生活方式、身心健康等。这表明，随着时代变迁和经济的高速发展，我国青年大学生的择业标准总体上表现为"实现自我价值和自我发展"与"追求物质利益和生活质量"并重的特点（龚惠香等，1999）。

2. 职业价值观的性别差异

从性别差异结果来看，男生的职业价值观表现为在追求高薪、高福利以及自身发展的同时比女生更加注重声望、社会地位因素，而女生更注重保健因素。针对这一结果，一些研究试图从男女两性的成就动机差异来解释这一现象。如新精神分析学派的重要代表人物之一霍妮（Horner，1968）曾认为，男性有较强的追求成功、恐惧失败的动机，相较于女性，男性敢于选择比较困难的任务，以期获得成功后的快乐；而女性则有不希望成功的"成功恐惧"心态。潘燕（1998）的研究结果表明，受文化传统、家庭教育等因素的影响，不少女生认为，身居要职就会被寄予厚望，如果工作没有突出贡献和显著的业绩，将会被众人耻笑和议论，这对于积极进取、好胜心强的女生来说会带来较大压力，担心付出努力而没有回报，担心承担太大的责任而不堪重负，担心承担风险而没有保障，因此在择业时就会倾向于逃避压力和竞争。当然，从发展趋势来看，随着社会的进步、两性平等意识的增强和相关制度的完善，男女两性所表现出的这种成就动机差异也会逐渐缩小直至消失。

3. 大学生职业价值观的年级差异

研究结果表明，大学生职业价值观的年级差异主要表现在两个方面，分别是声望地位维度和自我发展维度。声望地位维度表现为大学生随着年级的升高重视程度逐步增强；自我发展维度表现为大学生随着年级的升高得分呈现下降的趋势，而且差异显著。这一结果表明，虽然声望地位和自我发展分属职业价值观的两个不同维度，但所反映出的成因或特点形成机制却具有较高的一致性和共同性：社会化以及现实需求的影响。刚升入大学的低年级学生对自己未来职业发展、生涯规划难免会有一些理想化，但随着年级的升高和社会阅历的增加，尤其是临近毕业时就业现实压力的增大，使他们会逐步走向成熟，趋于理性化、现实化。但总体来看，这种职业价值取向的变化并非表明大学生会日益失去自我发展的动力，仅表明随着年级的升高，大学生对声望地位的重要性有了新的认识，重视程度增加。因为总体上自我发展维度仍然是整个大学生群体最为看重的职业价值。

4. 大学生职业价值观的生源地差异

研究结果表明，大学生职业价值观表现出一定的城乡差异。首先，成长于农村的大学生在声望地位维度上得分显著低于城市籍和城镇籍的大学生。从英格尔哈特（1977）的物质主义和后物质主义框架来看，声望和地位显然属于物质主义价值取向，而后物质主义者则会随着经济的高速发展而逐步且稳定地增加。按其社会化假设推断，农村的经济社会发展水平要低于城镇和城市，成长于农村的大学生似乎更应该注重声望地位这一职业价值观维度。导致这一反差性结果的原因可能与家庭期望的差异、农村籍学生较为理性和现实等因素有关。其次，在保健维度上城市籍学生得分显著高于城镇籍学生。这可能与城市籍学生成长过程中的生活环境、生活方式以及较高的预期有关。最后，在自我发展维度上城市籍学生得分显著高于城镇，农村籍学生得分也显著高于城镇。从常识经验角度看，这可能因为城市籍学生接触社会比较多，视野开阔，对自我发展更加重视，希望能实现自己的理想抱负。而农村籍学生刚走出相对封闭的生活环境进入城市，对未来充满希望和憧憬，相对而言城镇籍学生则会存有一定的"小富即安"思想。

5. 大学生职业价值观的学科差异

大学生职业价值观在学科类别上也存在差异。在声望地位维度，外语、管理类学生更加重视政治、经济和商业上取得成就。在选择工作时，他们会比文科和理科学生更加关注工作单位的声望、社会地位和级别；在保健维度，文科学生得分显著高于理科和管理类学生，外语和工科学生得分也显著高于理科学生，工科学生得分又高于管理类学生。这一复杂的结果一方面反映了所学学科或专业对职业价值选择的影响，另一方面也可能会有其他因素在起作用。在自我发展维度，文科和外语类大学生更加注重自身职业发展，希望在未来的职业发展中有更好的发展空间和更多的培训、进修机会。总之，虽然大学生群体在职业价值观各维度表现出了一些学科性差异，但如前所述，就整体结果来看，大学生群体在职业选择上仍然最为看重自身发展因素，其次是保健因素，最后是声望地位因素。

6. 独生子女与非独生子女大学生的职业价值观差异

非独生子女大学生在职业价值观的声望地位维度上得分显著高于独生子女，这一结果总体上可以从家庭教养方式的差异上进行一些解释和理解。相比较而言，独生子女因受到家庭更多的关注与呵护而容易产生较多的依赖感，同时由于父母对孩子的大包大揽可能会使独生子女对家庭的责任感相对较低；而非独生子女家庭会更加重视子女的独立能力和自理能力，会要求子女独立面对自己遇到的问题，会更加强调子女对家庭的责任感，对子女未来发展的期望也会更高。

（二）大学生职业价值观教育建议

结合以上研究结果，我们认为大学生的职业价值观教育可以考虑从以下两个方面着手：外在支持和内在提高。

首先，在外在支持方面，职业价值观作为影响个体职业选择和职业行为的一个主体性因素，教师在教学过程中应努力帮助学生养成积极正确的职业价值观，同时应鼓励学生积极走出校门参加社会实践类活动，在帮助学生锻炼和提升实践能力的同时加深他们对不同职业类型的认识和了解。当然，政府和社会也应在倡导正确积极的职业价值观、形成良好的社会氛围，在职业实践制度和条件保障等方面为大学生提供扎实有力的支持。

其次，从自身内在提高来讲，大学生应当根据社会和职业对人才的素质要求，综合考虑自己的性格、特长、禀赋等因素，建立正确的职业价值观和职业道德，储备广博的知识，加强自身能力素质的培养和建设。我们需要明白，真正的职业能力应该是在真实的职业行为中通过实践锻炼逐步形成的，因此定期的实习、实践极为重要。总之，大学生要准确客观地认识自己、评价自己，在正确的职业价值观的指导下，结合自身特点和社会需求，做好自己的职业发展规划。

第二节　大学生环境价值观研究

环境是人类赖以生存的家园，面对日益严重的环境危机和可持续发展困境，越来越多的政府、国际环保组织、民间团体、学术机构和个人都投身到环境保护的队伍之中，他们采用多种途径和方法，力图唤起人们的环保意识，减少环境破坏行为。在这一过程中，人们越来越清醒地意识到在这些问题背后包含着人与自然的关系及与其相关的心理与行为根源。所以环境问题的解决，仅依赖科学技术、经济和法律的手段是不够的，人类的任何实践活动以及所选择的生存生活方式从理论上讲都是在一定的思想和观念指导下进行的，而价值观在这些思想和观念中居于最核心的位置。因此，要真正处理好人与自然的关系、环境与发展的关系，推动人类社会走上可持续发展的轨道，当前最具根本性也最亟须解决的问题之一就是树立正确的环境价值观。树立正确的环境价值观是形成亲环境行为的前提和基础，也是解决环境生态问题、实现可持续发展的根本性对策（伍麟，2006）。

大学生是思维活跃、富于创新的高智力群体，也是当前和未来环境保护的主体。他们具有怎样的环境价值观不仅会影响自身的环境保护行为，而且对其他社会群体成员也具有重要的辐射和引导作用。因此，研究大学生群体的环境价值观特点并据此探索形成一些大学生环境价值观教育的有效方法路径是有重要现实意义的。

一、环境价值观的概念和结构

（一）环境价值观的概念

环境价值观（cnvironmental values）与一般价值观不同，虽然具有一般价值观的基本属性，但它是一种领域性价值观，主要涉及人与自然、人与环境这一特定领域的关系问题。长期以来，不同学者都对环境价值观的内涵提出了自己的认识和理解。

奥布莱恩等（O'Brien et al.，1995）较早从外显行为视角来界定环境价值观，认为它是直接针对环境保护和环境义务的赞成或支持性行为。斯特恩等（Stern et al.，1999）则从价值目标角度来理解环境价值观的不同取向，其中利己取向的环境价值观也被称为自我为中心的环境价值观，主要表现为基于个体自身利益来关注环境问题，持有这种价值取向的个体之所以会采取环境保护行为是因为"我"自己不想呼吸到受污染的空气，不想饮用遭受过污染的水等；利他取向的环境价值观也称为社会利他型价值观或人类中心价值观，主要表现为基于人类整体利益而非狭隘的自我利益来关注环境价值、环境问题和实施环境保护行为；生态取向的环境价值观也称生态价值观或生态中心价值观，这种价值取向关注的是整个自然环境的内在价值，认为人类之所以不应该破坏自然是因为我们本身也只是自然的一部分，其他各种物种都有生存的权利，自然界也有自我的权利。从不同层次的价值目标视角来解读环境价值观的内涵，有助于人们深入理解环境价值观构成的复杂性和取向的多元性。还有研究者直接认为，所谓环境价值观就是指个人对环境及相关问题所感觉到的价值（McMillan，Wright & Bcazlcy，2004）。

我国学者也提出了自己的理解。杨朝飞（1999）认为，环境价值观是世界观的重要组成部分，是人们对自然界的看法、观点、观念的总和，是建立在一定生产力之上并反作用于生产力的一种社会意识形态。环境价值观的形成要受到主客观条件的制约，有正确与错误之分，它是环境意识的核心和基础。孙峰（2002）则认为，环境价值观是人们在对环境认识的基础上，对环境进行有无价值及价值大小等价值评判的标准，它不仅要回答是什么和怎么办的问题，而且还要判断是与非、该不该的问题，如何判定环境的意义和价值，决定了人们的环境价值取向。吕军（2006）持有同样的观点，认为环境价值观是对环境的理性思考和价值判断，解决的是如何看待环境以及主观上"该做什么，不该做什么"的问题。

（二）环境价值观的结构

邓拉普等（Dunlap et al.，1978）基于生态中心主义信念最早开发出了新环境范式量表（New Environmental Paradigm，NEP）来测量环境价值观。该量表由三个维度共计12个题项构成，三个维度分别是：增长极限、生态平衡、人类对自然的控制权。2000年邓拉普等又对该量表进行了修订，在最初的三个维度基础上又增加了反人类中心主义、生态危机的可能性两个新的维度，在后续的环境价值观研究中这一结构产生了较为广泛的影响。

斯特恩等（Stern et al.，1994）提出的环境价值观结构包括三个维度：利己取向（egoistic）、利他取向（altruistic）、生态取向（biospheric）。他们认为这三种环境价值取向会导致三种不同的环境态度：利己型环境态度、利他型环境态度、生态型环境态度。我国台湾研究者许黔宜（2008）根据以上斯特恩等的框架编制出了由三个维度构成的共计12个题项的环境价值观调查工具，三个维度分别为利己价值观、利他价值观和生态圈价值观。

坎普顿（Kempton，1995）等提出了自我中心或个人中心、人类中心、生态中心三维度的环境价值观结构，这一结构与斯特恩等（1994）的框架基本吻合。

二、研究方法

（一）研究对象

本节采用随机抽样方法在五所高校进行了问卷测试。共发放问卷900份，回收问卷864份，回收率为96%，有效问卷816份，有效率为94%，其中男生356份，女生460份。具体分布情况如表3-8所示。

表 3 - 8 被试抽样分布情况表

项目	年级				学校类型				
	大一	大二	大三	大四	综合类	理工科	医学类	财经类	师范类
人数	187	300	141	188	143	221	189	178	85
百分比	22.9	36.8	17.3	23.0	17.5	27.1	23.2	21.8	10.4

(二) 研究工具

本节采用的调查工具《大学生环境价值观问卷》是我们对邓拉普等 (2000) 新环境范式量表 (NEP) (修订版) 的进一步修订,修订的目的是适合我国文化背景下大学生群体的需要。原修订版共包括了 15 个项目,采用 Likert 六点计分,有五个维度,该量表内部一致性系数为 0.83。

本次修订经过了专家咨询、项目分析、因素分析、信度检验等环节,最终形成了《大学生环境价值观问卷》。进一步修订后的问卷有三个维度:自然中心、人类中心、生态平衡。问卷包括 13 个题项,仍采用 Likert 六点计分,从完全不同意到完全同意分别赋予 1 ~ 6 分,问卷总的内部一致性系数为 0.767。

三、研究结果与分析

(一) 大学生环境价值观总体特点

大学生环境价值观的总体特点调查结果如表 3 - 9 所示。

表 3 - 9 大学生环境价值观的总体特点

变量	自然中心	人类中心	生态平衡
M	4.45	4.07	5.31
SD	0.85	0.94	0.75

表 3 – 9 结果表明，大学生环境价值观三个维度的均值由高到低依次为生态平衡、自然中心、人类中心，维持生态平衡成为大学生群体最主要的环境价值观。

（二）大学生环境价值观的人口学特点

1. 大学生环境价值观的性别差异

大学生环境价值观的性别差异调查结果如表 3 – 10 所示。

表 3 – 10　　　　　　　　　　大学生环境价值观的性别差异

维度	男		女		t	p
	M	SD	M	SD		
人类中心	3.93	1.00	4.17	0.88	−3.59	0.00
生态平衡	5.23	0.83	5.38	0.68	−2.63	0.01

表 3 – 10 结果表明，男女生在人类中心和生态平衡两个维度上存在显著差异，均表现为男生平均得分低于女生，在自然中心维度上不存在显著的性别差异。

2. 大学生环境价值观的年级差异

大学生环境价值观的年级差异调查结果如表 3 – 11 所示。

表 3 – 11　　　　　　　　　　大学生环境价值观的年级差异

维度	大一		大二		大三		大四		F	p	多重比较
	M	SD	M	SD	M	SD	M	SD			
自然中心	4.58	0.83	4.35	0.85	4.53	0.88	4.40	0.85	3.53	0.02	1 – 2
人类中心	3.92	0.97	4.18	0.89	4.17	0.93	3.96	0.98	4.39	0.00	2 – 1

注：1 表示大一，2 表示大二，3 表示大三，4 表示大四。

表 3 – 11 结果表明，各年级大学生在环境价值观上存在一定的差异，大一的学生自然中心取向显著高于大二的学生，而在人类中心取向上，大一的

学生显著低于大二的学生。在生态平衡维度上各年级不存在显著差异。

3. 大学生环境价值观的学校类型差异

大学生环境价值观的学校类型差异调查结果如表 3 - 12 所示。

表 3 - 12　　　　　　　　大学生环境价值观的学校类型差异

维度	综合类		理工科		医学类		财经类		师范类		F	p	多重比较
	M	SD	M	SD	M	SD	M	SD	M	SD			
自然中心	4.42	0.89	4.37	0.91	4.66	0.75	4.31	0.80	4.47	0.89	4.72	0.001	3 - 2, 3 - 4
人类中心	3.93	0.82	4.04	0.97	4.32	0.97	3.96	0.96	4.06	0.87	4.81	0.001	3 - 1, 3 - 2, 3 - 4

注：1 表示综合类，2 表示理工科，3 表示医学类，4 表示财经类，5 表示师范类。

表 3 - 12 结果表明，不同学校类型的大学生在环境价值观上存在一定差异。医学类大学生在自然中心维度上得分显著高于理工科和财经类大学生，在人类中心维度上医学类大学生显著高于综合类、理工科类以及财经类大学生。而在生态平衡维度上各类型学校的大学生不存在显著差异。

四、讨论

（一）追求生态平衡成为大学生环境价值观的主要特征

研究结果表明，在大学生的环境价值取向中，生态平衡排在首位，其余依次是自然中心、人类中心。

生态平衡的核心内涵是追求人类生存发展和自然永续的平衡点，一方面要保障人民群众的经济、政治、文化生活需要，另一方面要保护环境，美化环境，善待自然，建设自然，促进人与自然的和谐相处、协同发展。主张人与自然的和谐统一，是对人类中心和自然中心两种环境价值取向的整合和平衡。以高智识、未来取向为主要特征的青年大学生群体，拥有宽广的知识视野，对人与自然和谐相处的重要性有充分的认识，因此更为重视生态平衡的环境价值取向。

（二）环境价值观的性别差异

女生较男生更注重生态平衡且差异显著。这种差异可能与男生和女生不同的生物学特征、心理特征、性别角色、社会分工、社会身份地位等因素有关。性别差异不只表现在生物学基础、进化层面，本质上它也是一种文化构建，而价值选择的性别差异在一定程度上就体现了这些因素共同作用的结果。女生较男生更趋向于追求安宁、平稳，更趋向于保守选择，而男生较女生进取性更强也倾向于作出更激进的决策，所以比较而言，在对待环境和人类的关系时，女生比男生更倾向于采用生态平衡的价值取向。

（三）环境价值观的年级差异

大学生环境价值观的年级差异主要表现为：自然中心取向是大一学生显著高于大二学生，而人类中心取向则是大二学生显著高于大一学生。大一学生刚进入大学，思想还未趋于成熟，而且在大一期间学生有更多的精力和时间参与各类社团和活动，对环保活动的认知及参与度要高于大二学生。比较而言，大二学生逐步成熟，对社会、经济发展等问题有了更多思考，对待环境问题也更趋于现实性。各年级学生在生态平衡价值取向上不存在显著差异，说明生态平衡也即人与自然的和谐共生已经成为不同年级的共同价值取向。

（四）环境价值观的学校类型差异

大学生环境价值观的学校类型差异主要表现为：医学类大学生自然中心取向显著高于理工类和财经类大学生；在人类中心取向上，医学类大学生也显著高于综合类、理工类以及财经类大学生。医学类大学生这一看似矛盾的特点可能与其所从事的专业特点有关，因为医学类大学生的职业特点是救死扶伤，服务的对象是患者及患者家属，他们对病人病痛的体验和感受会更加深刻，对生命的可贵和脆弱、对环境破坏给人生命健康造成的消极影响也会有更多的认识和理解。总之，职业特点可能在一定程度上影响了医学类大学生的环境价值取向。

第三节　大学生休闲价值观研究

20 世纪以来，科学技术的快速发展为人类生活带来了许多重大改变，其中之一就是将人类从繁重的体力劳动中解放出来，让人们有了更多的闲暇和休闲时间。20 世纪最后 20 年，一些发达国家陆续出现了休闲时间超过工作时间的情况，学者们将这一现象称为"历史性倒转"，并据此预测，休闲在未来社会生活中将越发居于中心位置，成为人类社会活动的重要内容，人们的休闲观念也会随之发生实质性的改变（马惠娣，1998；马惠娣，2004）。进入 21 世纪，伴随数字化时代的到来（人们的生活方式、工作方式发生了很大的变化，在提高效率的同时，人们也将有更多的闲暇时间），这种预测越来越成为现实。

截至目前，虽然中国仍然是最大的发展中国家，但随着科技的进步和人们物质生活水平的不断提高，休闲已成为许多中国人工作生活中的重要内容之一，而且这种需求越来越强烈。与这种社会变化和人们的需求结构相适应，国家在休闲制度安排上也在不断优化。我国自 1995 年起实行 5 天工作制，1999 年确定春节、劳动节和国庆节为三个公众法定节假日。2007 年国家新的节假日调整方案出台，规定增加清明节、端午节和中秋节为法定节假日，全国法定节假日的时间进一步增加。此外，职工带薪休假制度也进一步完善，这些制度安排都进一步增加了人们的休闲时间。事实上，休闲已不仅仅是一种文化现象而是已成为一种经济现象。杨秀丽、李森焱和毛惠媛（2004）就认为"伴随着人类社会的信息化进程和人们生活水平的不断提高，休闲时间和休闲需求也在大大地增加，休闲已经成了人们非常重要的社会资源，休闲经济也得到了迅猛的发展。"

休闲时间的增加意味着什么？应该如何认识休闲对于人的全面发展以及社会发展的意义？如何引导大众健康、科学、积极地规划休闲时间？已经成为一个越来越引起普遍关注的社会问题。寇宇（2019）认为，休闲无论是对于个人发展而言还是对于社会发展而言都具有重要价值。休闲对个人发展的价值包括以下方面：个人需求的满足、个人素质的提高、个人活动的丰富、社会关系的拓展、个人品格的提高、个性的充分发展；休闲对社会发展的价值体现为社会经济发展的驱动因素、社会生活丰富的组成要素、社会自然和谐的促成要素、社会文明进步的构建要素。

休闲生活对于青年大学生群体而言可能更具有某些特殊的必要性。一方面，合理的休闲规划有助于大学生身心健康的保持、个性的充分发扬（兴趣爱好获得充分展示的机会）以及知识结构的进一步完善；另一方面，合理的休闲规划对大学生健全人格的养成、社会化顺利实现也具有重要作用（李庆峰，2003）。另外，休闲与创造力也存在密切的联系。在谈及休闲娱乐的一种重要方式游戏时，荷兰著名学者约翰·赫伊津哈（Huizinga，1938，2007）在其所著的《游戏的人》中就从游戏的角度阐述了游戏与人的文化进化的相关性，他认为，游戏作为文化的本质和意义对现代文明有着重要的价值。除去过度沉迷等一些消极方面外，游戏的积极方面表现为：人只有在游戏中才最自由、最本真、最具有创造力，游戏是一个阳光灿烂的世界（杨秀丽、李淼焱和毛惠媛，2004）。因此，大学生休闲价值观是一个值得研究的现实课题。

一、休闲价值观概念及其结构

（一）休闲价值观概念

1. 休闲概念界定

休闲（leisure）一词的英文源自古希腊字源 Schole（或 skole），原意是指一种解放、自由自在的状态，或免于被占有的心态与情境；也被认为源于拉丁文 licere，其含义为"被允许"（to be permitted），意指摆脱生产劳动后的自由时间。总之，休闲的本意可以理解为一种精神上毫无束缚、自由解放的状态（叶智魁，1996）。我国学者杨秀丽、李淼焱和毛惠媛（2004）认为中国古代圣贤对汉字"休闲"二字也有极精辟的阐释："休"，会意字，从人从木，指以木而休，强调人与自然的和谐；"闲"意指娴静、思想的纯洁与安宁。从词义的组合上，就表达出了休闲所特有的文化内涵和价值意义。马惠娣（2004）则简明扼要地认为休闲本质上就是"以欣然之态，做心爱之事"。

在学术和实践层面，很多学者也提出了自己对休闲概念的理解。杜马兹迪埃（Dumazedier，1974）将休闲看作一项活动，认为休闲就是脱离工作、家庭以及社会的义务，个人依其意愿，为了放松、消遣或增加知识自发参与的（社会）活动，以及自由地实现其创造力。纽林格（Neulinger，1981）认为休闲不是一件事而是一种体验，一个过程，一个进行中的心灵。戈德比（Godbey，2003）认为休闲是"从文化环境和物质环境的外在压力中解脱出来的一种相对自由的生活，它使个体能够以自己所喜爱的、本能地感到有价值的方式，在内心之爱的驱动下行动，并为信仰提供一个基础"。彼佩尔（Pieper，1998）强调，休闲是人的一种思想和精神的态度，它不是外部因素作用的结果，也不是空闲时间所决定的，更不是游手好闲的产物。休闲有三个特征：第一，休闲是一种精神的态度，意味着人所保持的平和、宁静的状态；第二，休闲是一种为了使自己沉浸在"整个创造过程中"的机会和能力；第三，休闲是上帝给予人类的"礼物"。澳大利亚统计局在"澳大利亚文化和休闲分类体系"中对休闲进行了如下定义：休闲是人们丰富生命、提高生活品质、完善自我、满足个性偏好、追求生存意义的活动，并不必然与大量的货币支出、昂贵的商品购买、炫耀性的目的相关联。梁颖（2000）在《娱乐设施经营管理》一书中则提出，休闲是"有计划地暂时停止日常工作，以可以安排参加各种与本职工作完全不同或者毫无关系的活动来摆脱日常工作、劳动带来的工作精神压力，并利用这些活动与日常工作之间的极大差异性来恢复体力和精神以弥补智力磨损，获得新的知识和新的灵感，增强创造力。"总之，休闲的含义与自由的时间、特定的活动及过程、愉悦的心理感受和体验等紧密相关。

2. 休闲价值观概念界定

从国内外相关文献来看，尚未发现有非常权威和共识性较强的对休闲价值观概念的界定，现有界定多属于从哲学、文化层面出发进行的一些理论思考。

凌小萍和张荣军（2018）在探讨休闲价值和劳动价值的辩证关系时提出了自己对休闲价值观的理解，认为休闲价值观是人们对休闲的基本看法和态度，具体包括人们对休闲的目的、功能、意义的认识，对休闲的评价和态度，并认为休闲价值观对人们的休闲态度、休闲行为具有一定的导向和支配作用。不同的或相同的国家在不同的历史发展阶段休闲价值观会呈现出不同的特点。休闲价值观可以从侧面反映经济社会发展的水平，体现人类社会的文明程度。

台湾学者黄胜雄（2000）认为休闲价值观本质上是个体对休闲活动的一种价值（机会成本）判断。他认为人们之所以会选择不同的休闲活动，原因是每一个人对休闲在自己心目中的价值判断有所不同，休闲活动对其意义不同，通过休闲活动得到的满足程度不同。所进行的选择是与其他活动的机会成本相互比较后所进行的决策。

我国学者杨秀丽、李森焱和毛惠媛（2004）认为休闲是现代社会的产物，"自由、快乐、承担社会责任"应该是 21 世纪人类的休闲价值观念。

周玲强和范平（2005）认为休闲价值观是指人们对于休闲价值的基本观点，并认为中国传统休闲价值观是以我国传统的道德思想为价值取向的，而西方休闲价值观则是以享乐主义为核心特征。

也有学者从内容层面描述了休闲价值观的内涵。如吴文新（2007）将休闲价值观的内涵概括为：和谐、欢畅、自然、明觉；将科学、文明、健康和自由定义为休闲价值观的通俗表述。尹菲（2009）认为在传统中国社会，将内圣外王和逍遥隐逸作为休闲价值理想，天人合一作为休闲价值观取向，将贵和尚中作为休闲价值观原则。

（二）休闲价值观结构研究

关于休闲价值观的结构，目前学术研究领域已经有一些初步探讨，主要有内容领域分析和元结构分析两种视角。

1. 内容领域分析视角

休闲价值观涉及的内容领域，可以从传统文化和现代科学研究两个方面来看。传统文化视角的探讨往往侧重描述休闲的一种理想状态或目标状态，比如将"体静心闲"作为休闲活动的价值追求，认为只有置身静境，让身体处于安静状态，才能达到内心清明澄澈并最终实现休闲的目的（李田和黄安民，2011；胡驰，2014）。

现代科学研究则更多从休闲的功能出发对休闲价值观的结构进行了分析探讨。如王卉（2018）在探讨将体育作为一种重要的休闲活动时，认为体育的休闲价值可以分为四种：体育休闲教育价值、体育休闲竞争价值、体育休闲娱乐价值、体育休闲经济价值。苏小桅（2010）编制的休闲价值观工具则将休闲价值观分为自我发现、社会发展、自我冒险、修养提高、人际关系、压力缓解、身心健康七个维度。其中，"自我发现"维度主要涉及能力的锻炼和培养；"社会发展"维度主要涉及促进社会经济和社会稳定发展；"自我冒险"维度涉及的是自我冒险倾向的满足；"修养提高"涉及的是个人品德修养的提高和人生观的提升方面的内容；"人际关系"维度涉及的是人际关系和生活步调改善方面的内容；"压力缓解"涉及的主要是缓解生活和工作压力等内容；"身心健康"维度涉及改善身心健康方面的内容。

功能视角的结构探讨除了以上一些实证研究结果外，也有一些理论层面的分析。如寇宇（2019）就提到了休闲的生理健康价值、精神健康价值、审美价值、伦理价值和经济价值。廖小平等（2011）分析了休闲的"个体价值"和"社会价值"，认为休闲的"个体价值"有"消除疲劳""获得快乐"和"成为人"三个主要方面，而"社会价值"有"经济价值""政治价值""生态价值"和"文化价值"四个方面。刘慧梅（2011）则认为休闲价值观主要包括两个方面：一是指休闲本身的价值、休闲对个体生命的意义，尤其指休闲与工作之间的辩证关系；二是指休闲的具体行为和活动中应遵循的道德和准则，这种意义的休闲价值观与休闲伦理概念相近。前者是宏观意义上的休闲价值观，后者是具体的、微观的狭义休闲价值观。

2. 元结构分析视角

所谓元结构分析视角，指的是从学理层面对"价值观"构成进行分析。如克拉克洪等（1961）认为，价值观是一种具有模式化（等级次第）的原理，是认知、情感和（行为）方向性因素三者的相互作用。据此，我们认为可将休闲价值观结构划分为休闲认知、休闲情感和休闲行为意向三个方面。其中，休闲认知包括个体从个人和社会两个层面对休闲功能和意义的认识、信念；休闲情感是指个体对休闲的感受以及对于休闲活动及体验的喜好和厌恶程度；休闲行为意向则是指个体参与休闲活动的倾向。从这一视角，我们也可以将休闲价值观界定为：个体对休闲活动意义和价值的认识、情感体验以及参与倾向。

二、研究方法

（一）研究对象

被试是来自四所大学的大一至大四各年级不同专业的学生。共发放问卷800 份，收回问卷757 份，删除无效问卷30 份，保留有效问卷727 份。样本分布情况如表3 – 13 所示。

表3 – 13 　　　　　　　　被试分布情况（n = 727）

项目		人数（人）	百分比（%）	累计百分比（%）
性别	男	366	50.3	48
	女	361	49.7	100
学科	文史类	272	37.4	37.4
	理工类	213	29.3	66.7
	艺术类	242	33.3	100
年级	大一	213	29.3	29.3
	大二	180	24.8	54.1
	大三	191	26.3	80.3
	大四	143	19.7	100

（二）研究工具

本节除调查了大学生的休闲价值观外，还调查了休闲满意度、休闲参与等变量。

1. 大学生休闲价值观问卷

休闲价值观问卷以克拉克洪等（1961）关于价值观结构的分类为理论框架，并在参考相关资料的基础上自编而成。问卷共计22 个题项3 个维度，分别为休闲认知（6个题项）、休闲情感（8个题项）、休闲行为意向（8个题项）。该问卷采用李克特六点量表计分方式，分值由"1 = 非常不同意"到"6 = 非常同意"。各维度得分加总后，计算其平均数，即为该维度的得分。

本问卷的内部一致性系数及结构效度如表 3 – 14 和表 3 – 15 所示。

表 3 – 14　　　　　　　　　　休闲价值观问卷信度检验

维度及总量表	题项数	Cronbach's α
休闲认知	6	0.84
休闲情感	8	0.86
休闲行为	8	0.92
总量表	22	0.94

表 3 – 15　　　　　　　　　　验证性因素分析的拟合指数

项目	χ^2	df	χ^2/df	GFI	AGFI	NFI	NNFI	CFI	IFI	RMR	RMESA
数值	385.70	206	1.87	0.89	0.87	0.80	0.86	0.88	0.88	0.05	0.039

2. 休闲满意度量表

休闲满意度测量采用比尔德和拉吉卜（Beard & Ragheb，1980）编制的休闲满意度量表的修订版，该量表共计24个题项6个维度，分别为心理层面（题项1~4）、教育层面（题项5~8）、社会层面（题项9~12）、放松层面（题项13~16）、身体（生理）层面（题项17~20）和美感层面（题项21~24）。量尺采用李克特五点量表计分，"从来没有"计1分、"很少如此"计2分、"偶尔"计3分、"常常如此"计4分、"经常总是"计5分，总分越高，表示个体在休闲活动中的满意程度越高。修订后的量表各因子内部一致性 Cronbach's α 系数在 0.83 ~ 0.90 之间，总量表的 α 系数为 0.93，符合心理测量的要求。

3. 休闲参与量表

休闲参与的测量采用郑顺璁（1990）修订自拉吉卜（Ragheb，1980）的相关量表，该量表通过主观分类法编制而成，共包含六类活动。量尺采用李克特五点量表计分，具体计分方式为"从未参与"计1分、"很少参与"计2分、"偶尔参与"计3分、"有时参与"计4分、"经常参与"计5分，得分较高表示其参与该项休闲活动的频率较高，反之则较低。总量表在本节中的Cronbach's α 值为0.74，六个分量表的 Cronbach's α 值依次为：大众媒体类（0.88）、文艺活动类（0.86）、体育活动类（0.83）、社交活动类（0.81）、户外活动类（0.72）和喜好活动类（0.71），这表示本量表具有较好的信度，符合心理测量学的要求。

三、研究结果与分析

（一）大学生休闲价值观特点

1. 大学生休闲价值观总体特点

休闲价值观项目描述性统计分析调查结果如表3-16所示。由表3-16统计结果可知，在休闲价值观中，休闲认知得分最高（$M=5.53$），其次为休闲情感（$M=5.43$），得分最低的是休闲行为（$M=5.20$）。认知、情感和行为层面的平均得分皆显著高于中值3.5，可见大学生的休闲价值观总体上是非常积极的。这说明大学生对休闲活动的认同程度很高，情感体验积极，并愿意经常参加各类休闲活动。

表3-16　　　　　　　休闲价值观项目描述性统计分析结果

维度	题项数	被试数	M	SD	排序
休闲认知	6	727	5.53	0.44	1
休闲情感	8	727	5.43	0.48	2
休闲行为	8	727	5.20	0.70	3
整体休闲价值观	22	727	5.38	0.48	

2. 大学生休闲价值观的性别差异特点

大学生在休闲价值观的性别差异调查结果如表 3－17 所示。由表 3－17 可知，在整体休闲价值观上，男、女大学生存在差异，男生的得分要显著高于女生（$M_男 = 5.49$，$M_女 = 5.28$，$p < 0.01$）；此外，不同性别大学生在休闲价值观各维度上也存在显著差异，t 检验结果表明，男生在休闲认知维度上的得分要显著高于女生（$M_男 = 5.61$，$M_女 = 5.45$，$p < 0.01$）；男生在休闲情感维度上的得分显著高于女生（$M_男 = 5.51$，$M_女 = 5.33$，$p < 0.01$）；男生在休闲行为意向维度上的得分要显著高于女生（$M_男 = 5.34$，$M_女 = 5.06$，$p < 0.01$）。以上结果表明男生对休闲价值的三个维度认同更高。

表 3－17　　　　　　　大学生在休闲价值观的性别差异

维度及总量表	男		女		t	p
	M	SD	M	SD		
休闲认知	5.61	0.43	5.45	0.42	5.04 **	0.00
休闲情感	5.51	0.47	5.33	0.47	5.10 **	0.00
休闲行为意向	5.34	0.58	5.06	0.77	5.55 **	0.00
整体休闲价值观	5.49	0.45	5.28	0.49	5.93 **	0.00

注：* 表示 $P < 0.05$，** 表示 $P < 0.01$，*** 表示 $P < 0.001$。

（二）大学生休闲满意度特点

大学生休闲满意度描述性统计分析调查结果如表 3－18 所示。由表 3－18 可知，大学生整体休闲满意度的平均数为 3.69，高于中值。就各维度而言，放松层面（$M = 4.53$）得分最高，其次为生理层面（$M = 3.55$），得分较低的为心理层面（$M = 3.53$）、教育层面（$M = 3.53$）、社会层面（$M = 3.53$），得分最低的为美感层面（$M = 3.45$）。统计分析结果表明，大学生对于休闲活动能够达到身心放松层面最为满意，其次为生理层面的满意度，而对于美感层面的满意程度较低。

表 3 - 18　　　　　　　大学生休闲满意度描述性统计分析结果

维度及总量表	题项数	被试数	M	SD	排序
心理层面	4	727	3.53	0.44	4
教育层面	4	727	3.53	0.44	5
社会层面	4	727	3.53	0.44	3
生理层面	4	727	3.55	0.47	2
放松层面	4	727	4.53	0.44	1
美感层面	4	727	3.45	0.52	6
整体休闲满意度	24	727	3.69	0.43	

（三）大学生休闲参与特点

大学生休闲参与量表共有六个维度：大众媒体、社会交往、户外活动、体育活动、文艺活动和喜好活动。大学生休闲参与描述性统计分析结果如表 3 - 19 所示。由表 3 - 19 可知，大学生整体休闲参与的平均数为 2.86，即大学生整体的休闲参与介于"很少参与"到"偶尔参与之间"。就各类具体活动而言，大众媒体类的参与频率最高（$M = 4.33$），体育运动类次之（$M = 3.38$），接下来依次为社会交往（$M = 3.35$），户外活动（$M = 2.33$），喜好活动（$M = 2.31$），参与频率最低的活动为文艺活动（$M = 1.45$）。

表 3 - 19　　　　　　　大学生休闲参与描述性统计分析结果

维度及总量表	题项数	被试数	M	SD	排序
大众媒体	5	727	4.33	0.63	1
社会交往	6	727	3.35	0.44	3
户外活动	6	727	2.33	0.43	4
体育运动	5	727	3.38	0.43	2
文艺活动	4	727	1.45	0.41	6
喜好活动	4	727	2.31	0.40	5
整体休闲参与	30	727	2.86	0.33	

（四）相关分析

1. 休闲价值观与休闲参与之间的相关

休闲价值观与休闲参与相关分析结果如表 3-20 所示。由表 3-20 可知，大学生休闲价值观与休闲参与之间存在显著正相关关系（$r = 0.75$，$p < 0.01$），并且休闲价值观与休闲参与各层面之间也存在显著正相关关系（$r = 0.49 \sim 0.61$）。休闲参与各层面与休闲价值观相关系数最高者为社会交往层面（$r = 0.61$），最低者为喜好活动层面（$r = 0.49$）。

表 3-20 休闲价值观与休闲参与相关分析结果

维度		休闲参与	大众媒体	社会交往	户外活动	体育运动	文艺娱乐	喜好活动
休闲价值观	r	0.75**	0.50**	0.61**	0.57**	0.58**	0.56**	0.49**
	p	0.00	0.00	0.00	0.00	0.00	0.00	0.00

注：* 表示 $P < 0.05$，** 表示 $P < 0.01$，*** 表示 $P < 0.001$。

2. 休闲满意度与休闲参与之间的相关

休闲满意度与休闲参与相关分析结果如表 3-21 所示。由表 3-21 可知，大学生休闲满意度与休闲参与之间具有显著正相关关系（$r = 0.86$，$p < 0.01$），并且休闲满意度与休闲参与各层面之间也存在显著正相关关系（$r = 0.56 \sim 0.67$）。在休闲参与各层面与休闲满意度相关系数最高者为社会交往层面和体育运动层面（$r = 0.67$），最低者为大众媒体层面（$r = 0.56$）。

表 3-21 休闲满意度与休闲参与相关分析结果

维度		休闲参与	大众媒体	社会交往	户外活动	体育运动	文艺娱乐	喜好活动
休闲满意度	r	0.86**	0.56**	0.67**	0.66**	0.67**	0.62**	0.58**
	p	0.00	0.00	0.00	0.00	0.00	0.00	0.00

注：* 表示 $P < 0.05$，** 表示 $P < 0.01$，*** 表示 $P < 0.001$。

四、讨论

（一）大学生休闲价值观总体状况

休闲价值观本质上是个体对休闲活动的认识看法、情感体验以及参与意向，从本节的研究数据的分析结果来看，无论是认知层面（$M = 5.53$）、情感层面（$M = 5.43$），还是得分相对较低的行为层面（$M = 5.20$），三个维度的平均得分都非常接近最高平均得分 6 分，远高于中值，这说明大学生对休闲活动价值持有非常正向和积极的判断，休闲活动是一种群体性的共性需求。对于这一结果的理解，一方面从大学生活现实来看，休闲可能已经成为许多大学生生活方式中的一种不可或缺的内容，通过学习之外的休闲活动不仅收获了成长和发展，也收获了快乐。另一方面从宏观社会发展来看，随着社会经济、技术的高速发展，人们物质生活水平的提高，闲暇时间的增多，休闲可能已经逐步成为一种我们整个社会的需求和时尚，这肯定也会影响身处校园的大学生群体。但如何正确处理好学习和休闲的关系、经济状况和身心特点等与休闲方式选择的关系等问题，还需要学校进行积极的教育和引导。

（二）大学生休闲价值观的性别差异分析

虽然大学生群体无论男女对休闲都持有积极的认识，但进一步研究结果表明，男女大学生在休闲认知、休闲情感、休闲行为意向以及整体休闲价值观上也存在显著差异，表现为男生与女生相比对休闲的认识和看法更为积极正向，对休闲活动的积极情绪情感体验更强，对参与休闲活动的意向也更积极坚定。从现实情况出发，有研究者曾认为，与男生相比，多数女生更看重学习，愿意将更多时间花在读书和学习上，这有可能会影响她们对休闲活动价值的认识和判断，还有可能与男女两性不同的性别特点有关，不同的性别特点可能会导致休闲活动类型选择、休闲意义和价值的看法、休闲体验等方面产生差异。

（三）大学生休闲满意度的现状分析

从研究结果看，在整体休闲满意度方面大学生对休闲活动的评价属于基本满意，整体休闲满意度平均值仅 3.69。各维度平均得分介于 3.45 至 4.53 之间，其中放松维度得分最高，美感维度得分最低。这表明大学生对休闲活动的放松和纾压功能更为满意，而对通过休闲满足审美性需求的满意度较低。因此，如何在通过参与休闲活动来帮助大学生实现放松、纾解压力与稳定情绪等功能的同时，进一步提升休闲活动的品质，满足大学生群体对休闲活动更高层次的需要，是社会和学校应该关注的一个重要问题。

（四）大学生休闲参与现状分析

研究结果表明，当前大学生休闲参与程度最高的活动类型是大众媒体类活动，体育运动次之，参与频率最低的活动为文艺类活动。这表明大学生目前的休闲活动（除体育运动之外）多集中于大众媒体类等多在室内进行且较为静态的休闲活动。对于教育部门来讲，可以鼓励或创造一定条件来增加大学生群体参与休闲活动的多样性和丰富性，推动大学生群体身心和谐健康发展。

（五）相关结果分析

初步研究结果表明，休闲价值观与休闲参与、休闲满意度与休闲参与之间存在显著的正相关关系。今后的研究可以更进一步对休闲价值观影响休闲参与的路径机制进行深入探究，以期获得更有解释力的理论模型和更有针对性的休闲价值观教育建议。

第四节 大学生性价值观研究

大学阶段是人生社会化的关键时期，不仅关系到专业知识、专业技能的系统学习，同时还关系到世界观、人生观、价值观的形成。作为价值观教育的一个具体领域或一种特殊的价值观教育类型，大学阶段对大学生进行正确、健康的性价值观教育也至关重要。

性是人的一种基本需要，大学生正处于青春发育后期，他们离开家庭，开始相对独立的生活。由于性机能趋向成熟、性意识形成，性心理逐渐苏醒，他们开始考虑交友择偶、友谊爱情、婚姻家庭等问题，对性也充满了好奇心和探究欲望。同时，与性相关的行为层面的问题也经常会引发一些实际的困扰甚至会影响身心健康。教育实践表明，许多高校针对大学生开设的性生理、生殖与健康、性心理、恋爱与婚姻等课程广受欢迎，这从侧面反映了大学生群体对此类问题的关注和这方面知识的需要。另外，目前，我们正处于全球化、价值多元化的时代，大学生作为一个视野开阔、思维活跃、思想开放的青年群体，容易受到各种价值观（包括性观念）的影响，也容易产生一些价值冲突或价值矛盾。在一定程度上可以说，大学生群体的性价值观反映了当代青年的性价值取向。因此，对这一群体性价值观的现状和特点、成因及教育对策进行深入探讨具有重要的现实意义。

一、性价值观的概念与结构

（一）性价值观概念

有关性价值观的研究社会学、教育学等学科涉猎较多，心理学视角的研究尤其是实证研究相对较少。性价值观是一种具体领域价值观或者说是社会总价值体系的一个组成部分，中国社会科学院社会学研究所"当代中国青年价值观念演变"课题组（1993）就将一般价值观分为生活价值观、自我价值观、政治价值观、道德价值观、职业价值观、婚姻和性价值观六种类型，婚姻和性价值观是其中之一。与此观点类似，刘电芝等（2004）认为性价值观是价值观的一个具体研究领域，对行为具有同样的导向作用，是性行为的内在依据，形成正确的性价值观对于人类而言至关重要。

在国内学术研究和相关实践领域，性心理是一个常被提及的概念，主要指与性征、性欲、性行为有关的心理状态和心理活动，也包括与异性有关的（如男女交往、婚恋等）心理问题，具体可包括性认知、性情感、性意志等内容（胡莉莉，2001）。与性价值观关系紧密且常被提及的另一个概念是性观念，但这也是一个比较含糊的概念，它总体上是指个体对与性有关的一切事物的认知混合体，包括个体的性知识、性态度、性道德、性价值观等一系列复杂的性心理，性价值观只是其中的一部分（潘绥铭和曾静，2000）。另外一个联系紧密的概念是性态度，研究者认为性态度是性行为的浅层导向系统，性价值观则是性行为的深层导向系统，西方文化背景下的性态度主要有四种：交易（business）、分享（communion）、生殖（procreation）、灵性（spiritualism）（Harold & Edward，2002）。

何谓性价值观？潘绥铭（1999）认为性价值观是人对自身和他人的性活动的主观感受和评价。其中性活动包括性行为，也包括非直接肉体接触但仍以获得性高潮或性感受为目标的行为。周运清（2005）认为性价值观是结合一定时期一定地域或国家的文化、伦理道德、风俗习惯的价值准则和法律规定所形成的对人类性活动的总体认识与态度。杨继宏（2007）认为性价值观是人的诸多价值观念中的一个重要方面，它包括了人们对性生理、性心理、性文化、性活动、性伦理、性法律等与"性"有关的多层面的价值判断与取向，对人的性行为有一定的导向和调节作用。还有研究认为性价值观的核心问题是对性问题的道德评价。

综合以上观点，本节认为周运清（2005）的定义既考虑到了性价值观形成的影响因素，又指出了其本质属性，具有一定的综合性和概括性，故而将性价值观定义为：结合一定时期一定地域或国家的文化、道德、风俗习惯的价值观准则和法律规定所形成的对人类性行为的总体认识与态度。

（二）性价值观的结构

关于性价值观的结构，现有研究结果也不尽相同。杨继宏（2007）认为，可以把大学生性价值观分为感性型性价值观、理性型性价值观、经济型性价值观。易遵尧等（2007）进行了一项有关大学生性道德价值观的研究，该研究认为当代大学生的性道德价值观是一个多层次多维度的体系，包括3个二阶因子和8个一阶因子。3个二阶因子分别是婚外性行为道德观、婚内性行为道德观、同性性行为道德观，与这3个二阶因子对应的8个一阶因子分别为"伦理原则、自愿原则、责任原则""感情观、贞操观、忠诚观"和

"自慰道德观、同性恋道德观"。刑利芳（2005）的研究表明大学生性行为价值观结构维度包括6个方面的内容，分别为爱情、家庭、愉悦、成长、名利和同伴。总体来看，对于性价值观结构的研究相对较少。李阳和李宏翰（2007）把性观念分为性思想开放性、性行为多样性、性交易接受性、性对象可选性和性知识丰富性。唐璐嘉和陈国典（2007）通过个案访谈，提出大学生性观念的五个因素分别是总体性观念、性意象、性爱观、性行为观和性现象观。

甘标（2008）的研究首先从理论层面将大学生性价值观分为四个维度：性爱观、贞操观、性现象观、性道德观。性爱观是指个体对性与爱关系的认识与态度；贞操观指个体对于女性守洁或男性自重的态度和看法；性现象观指个体对于同性恋、同居、自慰、一夜情、买性等性现象的看法和态度；性道德是指人类调节两性性行为的社会规范的总和。最后经过多次因素分析得到了一个由两个因子16道题目构成的大学生性价值观的正式问卷，这两个因子分别命名为性爱观、性道德观。其中，性爱观是指人们对于性和爱情关系的基本看法及所持有的态度评价；性道德观是指被个体认同和内化了的性行为准则和规范，是判断性行为的是与非、善与恶、美与丑的主观标准。

二、方法与工具

（一）被试

在六所山西高校共抽取大学生被试776人进行了调查，收回有效问卷736份，有效率94.8%。样本具体分布如表3-22所示。

表3-22　　　　　　　　　　　样本分布表　　　　　　　　　　单位：人

人口学变量	人数			总数
性别	男 359	女 377		736
专业	文科 365	理科 371		736
家庭结构	单亲 32	几代同堂 93	核心家庭 611	736

续表

人口学变量	人数				总数
恋爱次数	没有 314	一次 281	两次以上 141		736
年级	大一 116	大二 256	大三 204	大四 160	736
家庭所在地	农村 369	县乡 209	地市 120	省会 38	736

（二）研究工具

本节采用课题组自编的《当代大学生性价值观调查问卷》，问卷编制首先通过文献资料分析、开放式问卷调查，获取了当代大学生性观念方面的真实信息；其次对信息进行提取和专家评议，编制出了初始问卷；最后对初始问卷进行初测和正式施测。该问卷严格遵守了问卷编制的标准化程序，因素分析以及信度和效度检验证明其具有良好的测量指标，问卷各维度内部一致性系数均在 0.80 以上，总内部一致性系数为 0.93。问卷计分采用李克特 5 点量表形式，从"非常不同意"到"非常同意"，依次记 1~5 分。

问卷共包括情感维系、体验需求、方式满足、利益获取、行为认可五个维度。其中"情感维系"维度是指将性看作是对情感维系维护的纽带，共 9 个题项，具体题项如"性生活可以促进恋人之间的和谐""性能表达对男（女）朋友的爱意"等；"体验需求"维度主要是指将性看作一种时尚或体验，共 9 个题项，具体题项如"性是为了寻求一种新的体验""性是追求时尚的标志"等；"方式满足"维度主要是指对了解性、满足性需求方式途径的认同程度，共 6 个题项，具体题项如"通过色情文化了解性""通过特殊方式来寻求性快感"等；"利益获取"维度是指将性看作一种可以获取利益的工具性价值，共 6 个题项，具体题项如"性可以换取权利、金钱等利益""为改变现状，可以从事性工作"等；"行为认可"维度测量了对婚前性行为的接受程度，共 3 个题项，具体题项如"有婚前性行为是可以的""婚后才可以发生性关系"等。问卷合计 33 个题项。

（三）施测与数据处理

本节采用随机整群抽样法抽取被试，以班级为单位进行团体施测。通过辅导员组织，由心理学专业研究生充当主试，测试中使用统一的指导语。使用 SPSS 统计软件对数据进行统计处理。

三、结果与分析

（一）大学生性价值观的总体特点

性价值观五个维度的描述统计结果如表 3 – 23 所示。

表 3 – 23　　　　　　　　　性价值观五个维度的描述统计结果

维度	M	SD
情感维系	30.69	7.11
体验需求	18.22	6.56
利益获取	10.47	4.58
方式满足	14.82	4.97
行为认可	9.41	1.92

（二）大学生性价值观的性别差异

大学生性价值观的性别差异调查结果如表 3 – 24 所示。表 3 – 24 数据结果表明，男女大学生在性价值观五个维度的得分上均存在着显著差异，表现为男生五个维度平均得分均显著高于女生。这说明男生对五个性价值观维度的认同程度都高于女生。

表 3 – 24　　　　　　　　　　大学生性价值观的性别差异

维度	男		女		t	p
	M	SD	M	SD		
情感维系	32.98	6.60	28.50	6.92	8.97 **	0.00
体验需求	21.85	6.39	14.76	4.56	17.25 **	0.00

续表

维度	男		女		t	p
	M	SD	M	SD		
利益获取	11.80	5.22	9.23	3.44	7.85**	0.00
方式满足	17.35	4.54	12.40	4.12	15.52**	0.00
行为认可	10.04	1.73	8.78	1.90	9.41**	0.00
总体	94.03	18.40	73.67	15.98	16.05**	0.00

注：* 表示 $P < 0.05$，** 表示 $P < 0.01$，*** 表示 $P < 0.001$。

（三）大学生性价值观的年级差异

大学生性价值观的年级差异调查结果如表 3 - 25 所示，结果表明，不同年级大学生在整体上是存在显著差异的。在情感维系维度上，大一和大二、大三之间存在显著差异，其中大一得分最低，大二得分最高，说明大一学生对情感维系的认同度低于其他两个年级。在体验需求维度上，大一与大二之间存在显著差异，大一得分最低，大二得分最高，说明大二比大一对体验需求的认同度要高。在利益获取维度上，各年级之间不存在显著差异，说明在对待性和利益相互关系的时候，年级之间的差异是不显著的，其中大一对利益获取的认同度最低。在方式满足维度上，大一与大二、大三、大四间存在差异，大一得分最低，大二的得分最高，说明大一在该维度上比其他年级的认同度要低，大二认同度最高。在行为认可维度上，大一与大二、大三、大四之间有差异，大一得分最低，大二得分最高，说明在该维度上，大一学生的认同度最低，大二学生的认同度最高。

表 3 - 25　　　　　　大学生性价值观的年级差异

维度	大一		大二		大三		大四		F	p
	M	SD	M	SD	M	SD	M	SD		
情感维系	28.76[bc]	8.03	31.30[a]	6.73	31.16[a]	7.10	30.48	6.87	3.87**	0.01
体验需求	16.38[b]	5.59	19.56[a]	6.99	18.28	6.72	17.33	5.90	7.77**	0.00
利益获取	9.72	4.35	10.26	4.33	10.70	4.95	11.11	4.59	2.42	0.07

续表

维度	大一		大二		大三		大四		*F*	*p*
	M	*SD*	*M*	*SD*	*M*	*SD*	*M*	*SD*		
方式满足	13.08^{bcd}	4.97	15.28^a	4.99	15.00^a	4.96	15.09^a	4.78	5.82**	0.00
行为认可	8.80^{bcd}	1.97	9.57^a	1.98	9.45^a	1.81	9.49^a	1.88	4.63**	0.00
总体	76.74^{bcd}	20.24	85.98^a	20.01	84.59^a	20.10	83.50^a	18.58	6.06**	0.00

注：a 代表与大一的差异显著；b 代表与大二的差异显著；c 代表与大三的差异显著；d 代表与大四的差异显著。* 表示 $P < 0.05$，** 表示 $P < 0.01$，*** 表示 $P < 0.001$。

（四）大学生性价值观的恋爱次数差异

恋爱次数对大学生性价值观的影响的调查结果如表 3 – 26 所示，结果表明，恋爱次数不同的大学生性价值观存在显著差异。有两次及以上恋爱经历的大学生的平均得分显著高于没有和有一次恋爱经历的大学生。这表明有两次及以上恋爱经历的大学生对性价值观的五个维度均有更高认同。

表 3 – 26　　　　　　　　恋爱次数对大学生性价值观的影响

维度	没有		一次		两次以上		*F*	*p*
	M	*SD*	*M*	*SD*	*M*	*SD*		
情感维系	29.69^c	6.94	30.35^c	7.40	33.59^{ab}	6.21	15.57**	0.00
需求满足	18.06^c	6.21	17.48^c	6.35	20.09^{ab}	7.44	7.67**	0.00
利益获取	10.24^c	4.58	10.25^c	4.30	11.53^{ab}	5.00	4.51*	0.01
方式满足	14.46^c	5.00	14.28^c	4.74	16.70^{ab}	5.02	12.83**	0.00
行为认可	9.19^c	1.99	9.39^c	1.89	9.88^{ab}	1.78	6.26**	0.02
总体	81.64^c	19.33	81.74^c	19.61	83.61^{ab}	19.99	15.00**	0.00

注：a 代表与没有恋爱的差异显著；b 代表与恋爱一次的差异显著；c 代表与恋爱两次以上的差异显著。* 表示 $P < 0.05$，** 表示 $P < 0.01$，*** 表示 $P < 0.001$。

（五）大学生性价值观的学科差异

将大学生学习专业分为文科和理科两种，进行独立样本的 *t* 检验，结果如表 3 – 27 所示。

表 3 - 27　　　　　　　　大学生性价值观的学科差异

维度	文科		理科		t	p
	M	SD	M	SD		
情感维系	30. 17	7. 36	30. 97	6. 99	1. 46	0. 15
体验需求	16. 13	5. 56	19. 38	6. 80	7. 00 **	0. 00
利益获取	9. 69	4. 36	10. 93	4. 65	3. 56 **	0. 00
方式满足	13. 35	4. 71	15. 63	4. 95	6. 10 **	0. 00
行为认可	9. 02	1. 88	9. 61	1. 92	4. 07 **	0. 00
总体	87. 36	18. 93	86. 53	19. 98	5. 42 **	0. 00

注：* 表示 $P < 0.05$，** 表示 $P < 0.01$，*** 表示 $P < 0.001$。

表 3 - 27 数据结果表明，不同学科的大学生在情感维系维度上不存在显著差异，但在其他维度和总分上均存在显著差异。这说明在情感维系维度上文理科具有一致性，但是在体验需求、方式满足、利益获取、行为认可和总分上，理科生比文科生得分高，说明性价值观的这几个维度理科生总体比文科生认同度要高。

（六）大学生性价值观的家庭结构和家庭所在地差异

数据分析结果表明，家庭结构不同的大学生其性价值观差异不显著。家庭所在地对大学生性价值观总体上也不存在显著影响。

四、讨 论

（一）大学生性价值观的性别特征

研究结果表明，男生对情感维系、体验需求、方式满足、利益获取、行为认可各维度的认同程度要显著高于女生。这一结果可以从文化传统对性别角色的差异化要求进行理解。在中国传统文化中，在性问题上对男性要求相对比较宽容，对女性则要求严苛，比如男性可以有"三妻四妾"，但女性必须"从一而终"。尽管随着时代发展，性别平等的观念已经深入人心，但不可否认文化传统仍有其一定的影响力，这种影响往往通过父母、学校和大众传媒在个体社会化过程中潜移默化地进行。另外，也可以从生物属性（进化）、社会发展变迁等视角进行一定的解释。

（二）大学生性价值观的年级特征

年级之间性价值观的差异主要体现在大一与其他年级的差异上，表现为大一学生在各维度得分都较低，说明大一学生对性价值观各维度的认同度都较低。大一学生刚步入学校，对大学生活充满多种期待和向往，也需要一段较长的时间来适应大学生活，恋爱、爱情、性等问题可能尚未成为其生活中的核心主题。而且，家庭教育、中学教育对大一新生的延续性影响还比较大。进入大二，对大学生活已基本适应，也逐步形成了稳定的人际交往体系，对恋爱、爱情、性等问题的关注程度也在逐步增加，因此表现出他们在每个性价值观维度上得分都较高的现象。因此，从总体上看，大一和大二是大学生性价值观形成的关键时期，有必要在这一阶段对大学生进行正确的教育和重点引导。而大三、大四学生的性价值观已相对比较稳定。

（三）恋爱次数与大学生性价值观

研究结果表明，恋爱次数与大学生的性价值观之间存在关系，表现为恋爱次数越多对性价值观各维度总体认同度越高。恋爱次数多一定程度上代表着两性情感经验、性体验（如拥抱、亲吻等）的增加，这种经验的积累可能会影响对与性有关问题的认识。有研究表明，大学生的性价值观与其性伙伴数量有关，性伙伴数量越多的人越倾向于具有自由主义的性价值观。

（四）大学生性价值观的学科特征

研究结果表明，在除情感维系维度之外的其他性价值观四个维度上均表现为理科生认同度高于文科生的情况，且差异显著。关于学科差异，可以从知识结构或认知图式来加以解释。心理学相关研究表明，知识结构或认知图式的差异也会影响人们的价值观。不同的知识结构和认知图式会使个体选择不同的信息并且以不同的方式进行组织加工进而导致不同的行为方式，这种信息选择、组织加工以及行为方式的差异经过长期的积累便会沉淀为个体间有所不同的价值观念（Harold & Edward，2002）。此外，文科和理科不同的性别比也可能是导致学科差异的重要原因。从通常情况看，理科男生较多，文科女生较多，所以在分析不同学科之间的大学生性价值观差异时需要关注性别比这一结构性因素。

（五）家庭结构和家庭所在地与大学生性价值观

理论上讲，家庭构成、家庭教养方式会对个体的价值观（包括性价值观）产生影响。但本节的研究结果表明，从总体上看，家庭结构对大学生性价值观影响不大，这与以往的一些理论和实证研究结果并不完全一致。导致这一结果的原因可能与大学生群体多数人都是远离家庭在外地求学有关，在这种条件下，同伴群体的影响逐步增大，家庭因素的影响程度趋于减弱。

与此类似，本节的研究结果还表明不同家庭所在地（出生地）的大学生在性价值观各维度上不存在显著差异。这一结果与潘绥铭等（2000）的研究结果是一致的，他们发现无论大学生是来自农村还是大中小城市，都不会影响他们的性观念。对于大学生来说，他们所受的教育水平接近，而且在步入大学校门以后，"大学生"就是这一群体的隶属群体。通过身边同学的影响、老师的教育，大学生会逐渐形成一种共有的规范和评价体系，并把它内化为自身的行为标准，作为评价他人和自身的出发点。因此，虽然每个大学生的早期生长环境不完全相同，但他们的性价值观差异却并不显著。

第四章

大学生的保护性价值观和可交易价值观研究

　　价值观是个体或群体对什么是"值得的"问题的比较系统的看法，它反映的是行为主体与客体间的关系及取舍，是人们心目中用于衡量事物轻重、权衡得失的天平和尺子（杨德广，1998）。价值观研究可以采用一般价值观和具体领域价值观的分野，前者指个体或群体所拥有的综合性、基础性的价值观念，并不针对特定领域或具体情境，而是对不同领域或情境都具有一定的基础性指导作用。后者指个体或群体针对特定领域或具体情境所持有的价值观念，比如针对职业领域有职业价值观，针对婚姻家庭领域有婚姻家庭价值观，针对环境领域有环境价值观，针对财经领域有财经价值观等。具体领域价值观是对一般价值观研究的进一步深入，原则上只对具体领域行为有更好的解释力。这也正是我们第二、第三章所探讨的问题。

　　总体而言，以上分野的研究会清晰告诉我们个体或群体拥有什么样的一般价值观和具体领域价值观，以及这些价值观会对其一般态度和行为或特定领域的态度和行为产生怎样的影响和作用。但巴伦（Baron）等基于理性决策和非理性（道德）决策中价值观作用的差异于 1997 年提出了一个价值观研究的新视角和新框架：保护性价值观和可交易价值观。该框架试图回答在人们的价值观念体系中，有哪些价值符合理性决策原则，是可以进行交易的，而有哪些价值遵守的是非理性（道德）决策原则，是神圣的和保护性的，是不能用来进行交易的。这一框架和视角的研究对深入理解价值观的本质特征以及作用差异提供了新的思路和路径。

第一节　大学生保护性价值观研究

在大学生的价值观念体系中，有哪些价值是可以用来与其他价值（尤其是金钱物质价值）进行交易的？有哪些价值是不可以用来交易的，尤其是不能与仅具有经济价值的价值相交易？前者称之为可交易价值观，后者则称为保护性价值观或神圣价值观。探究这一问题的重要意义在于：在社会主义市场经济的背景下，有些价值之间的公平公正和自由交易，是市场发展的动力，会促进经济和社会的良性发展，是值得鼓励的。但有些价值的交易却与基本的人性、道德伦理、文化传统、底线原则相抵触和冲突，这些价值的交易可能会给社会带来消极后果甚至灾难。因此，大学生群体作为未来社会的中坚力量和优秀代表，了解他们价值观念体系中的保护性价值和可交易价值是十分有必要的。

一、保护性价值观概念及其结构

（一）保护性价值观概念

1. 何谓保护性价值观

保护性价值观（Protected Values，PVs）的概念最早由美国心理学家巴伦等（Baron et al. ，1997）提出，它是指具有以下性质的一些价值观念：人们拒绝将这些观念指向的客体与具有价值的其他客体互相交易，尤其拒绝与那些仅具有经济价值的客体相交易。这种价值观也被称为神圣价值观（Sacred Values）（Fiske & Tetlock，1997；Tetlock，Kristel，Elson，Green & Lerner，2000），所谓"神圣"，核心内涵就是强调其不可交易性。除巴伦等的研究外，价值观领域的其他研究者也对保护性价值观有所揭示，如施瓦茨（Schwartz，1986）就认为某些价值及行为是神圣不可侵犯的，不应该与其他任何东西进行交易。

如前所述，保护性价值观是基于人们在理性决策和非理性决策过程中所遵循的不同价值原则提出的。根据传统的理性经济学理论，各种价值之间是可以相互交换的，正如有人耗费很多时间和精力学习知识和技术、有人花费大笔金钱换取别人的新发明……这就是说，对于一定量的一种价值，一定存在着另外一定量的另一种价值可以与它大体上等值，此时我们可以称这两种价值是互为补偿性价值。而根据利益最大化原则，经济学家认为决策过程就是在不同价值间进行理性的价值量的估价权衡，以求达到最优的交换结果。然而不同于传统理性经济学的解释，人们发现除了那些可交易的价值外，在几乎所有人的价值体系中都还存在着一些绝对不能与其他价值进行交换的价值，例如无论经济利益多么巨大，都不能以损害人的基本权利、诚信品格、自然环境、历史文物等为代价（奚岩和何贵兵，2005）。

在巨大经济利益面前，人们为什么会拒绝这种价值间的交换呢？美国心理学家巴伦等人尝试用保护性价值观概念来说明这些无法用理性决策理论来解释的伦理不可接受现象，他们认为多数人都对某些事物抱有绝对的价值观，无论可以换得多大的其他价值，人们也不愿放弃这种价值。与此同时，特劳克等（Tetlock et al.，2000）在研究人的认知与行为决策的关系时也发现，人们的决策行为并不都是理性思考的结果，当面临多个选择时，人们似乎在努力保护一些神圣的观念，对那些侵害到神圣观念的行为采取拒绝和禁止的态度。巴伦等（1997）的研究进一步说明这种具有绝对地位的价值观是态度的一种极端的表达形式，它与那些指导人们行为的道德伦理规范有着密切的关系。一定程度上，保护性价值观与学界及日常生活实践中常常提及的"道德底线"概念有相同或相近的内涵，本质上都属于个体内在的，必须坚守不能突破的道德原则或伦理观念（何怀宏，1998）。

基于以上认识，本节将保护性价值观定义为：是个体或群体价值观念体系中所持有的一种不愿或完全拒绝将某些价值与其他价值（尤其是经济价值）进行交易的观念系统，对个体或群体决策、行为具有重要的定向和指导作用。

2. 保护性价值观的特性

如何判定一种价值是否是保护性价值呢？巴伦等（1997）假设，保护性价值观是从那些关注行为本身超过关注行为结果的道德规范中演化而来的，在此前提下，他们提出了保护性价值观的七种特性（奚岩和何贵兵，2005）。

（1）绝对性。"绝对性"（absoluteness）是指人们绝对不会用保护性价值与其他补偿价值（比如金钱）做交易，犹如日常生活中所说的"绝不用原则做交易"。举例来讲，对于一个将保护生态作为其保护性价值观的人，任何数额的金钱都不会使其妥协并放弃这一信念。这种绝对性并不是人们为夸大自己的信念强度而故作姿态，实际上更多体现为个体或群体将其当作一种看待世界和认识自己的原则。此外，绝对性还表明，当保护性价值观已经遭受侵害，再进行补偿是无济于事的。不可交易性和不可补偿性一并构成了绝对性特质。

（2）数量不敏感性。"数量不敏感性"（quantity insensitivity）是指保护性价值观针对的是行为本身，至于行为后果及其严重程度，保护性价值观关心得很少。若人们认为对某一种保护性价值观的侵犯是绝对错误的，那么这种侵犯的程度就不再被人们列入考虑范围，人们真正考虑的是侵犯行为本身。这种对侵犯程度的不敏感还会扩张到对行为数量的不敏感及对行为者数量的不敏感上，也即人们会认为侵犯行为发生一次和发生一百次同样恶劣（Ritov & Baron，1999）。换言之，不会认为保护性价值违反一次比违反多次更轻微。这基本上是一种"全"或"无"的判断。只要行为已经发生，那么情况就已经恶劣到了极点，无论在数量上是否还有继续增加的可能或事实。总之，这种数量不敏感性体现在几个方面：对行为结果的数量不敏感，对行为被执行次数的不敏感，对行为的执行者数量不敏感，等等。

（3）对象相关性。对象相关性（agent relativity）是指保护性价值观指向的只是与特定行为相关联的特定个人，而不是指向所有无关主体。具体表现为：保护性价值观与参与行为（而不是忽略）相关、与改变事态（而不是无动于衷）相关、与主动引起结果（而不是任由其发展）相关（Baron & Spranca，1997）。例如，父母应该照顾孩子，这是具有对象相关性的道德规则。此规则表明，甲有责任照顾好自己的孩子，乙也有责任照顾好自己的孩子，但甲没有义务去照顾乙的孩子，也没有义务去确保乙会照顾好自己的孩子。因此对于那些没有照顾好自己孩子的行为，保护性价值观的持有者认为如果这样的结果并不是由于自己的主动行为引起的，就不必为其担负责任。

也就是说做决定的人的参与行为是备受关注的。

（4）道德责任感。道德责任感（moral obligation）是指保护性价值观与道德观密切相连，而道德在本质上与习俗或者个人偏好不同，具有普遍性和客观性，往往会要求人们共同去遵守。它与人们实际上怎么想没有关系——即使心里不愿意，人们也应该尽力去执行。因此，人们总是会将自己持有的保护性价值观泛化到所有人身上，认为其他人即使他们自己没有这样的观念，也有责任按照这样的要求去做。

（5）拒绝。拒绝（denial）是指无法接受将自己的保护性价值与其他价值进行交易的事实。个体或群体会将自己持有的保护性价值观视为普遍的和客观的，这意味着人们甚至不会接受自己的保护性价值观指向的客体在现实中正在进行交易的事实。而且在观念中，人们往往会拒绝对保护性价值观指向的客体进行标价，尽管客体本身的价值常常是可以用数量来衡量的。

（6）愤怒。愤怒（anger）是指由于保护性价值观的道德色彩，当它被侵犯时，人们会表现出比个人偏好受到侵犯时更加强烈的愤怒情绪，甚至于仅仅是在头脑中想象这样的行为，也会让人感到气愤（Baron & Spranca，1997）。

（7）姿态。姿态（posturing）是指人们通过姿态来表现的并不是自己本来就不同意的观点，而是要用它来强调自己观念的受保护程度，它不是一种伪装。巴伦等（Baron et al.，1997）认为姿态虽然总是会随着保护性价值观而出现，但它不是后者产生的原因。姿态和保护性价值观之间没有高相关，人们在私人场合也会对保护性价值观表现出保护姿态。如环保人士不希望被卷入天然森林有多大经济价值的辩论。在他们看来，天然森林从根本上就应该获得保护，和经济价值大小没有关系。

对于保护性价值观的以上七种特性，巴伦等（1997）进一步指出，保护性价值观与人们所持有的一般价值观念有所不同，虽然一般价值观也可能具有以上七种特性中的若干种（如数量不敏感、对象相关性和道德责任感），但是受到保护的价值观念在各种特性上具有更高的水平。因此，这些特性可以用来区分保护性价值观和一般的价值观念。

3. 保护性价值观的判定标准

保护性价值观的判定除了依据以上七种特性之外，为便于实际操作，研究者还给出了另外两条判定标准：一是"绝对不愿采取行动违背某种价值观，无论行动将能得到多大的物质利益，或者不行动会造成多大的损失"；二是"绝对支持维护某种价值观的行动，无论支持它需要付出多大的代价，或不支持会带来多大的利益"。

在具体操作中，研究者往往收集的是被试对"无论带来多大的利益都应该禁止此种行为"该问题持赞同与否的反应信息。巴伦等（1997）认为被试中只要有人对某种价值给予绝对保护，那么这种价值观就属于保护性价值观，即使这类人再少，也应视为保护性价值观。而何贵兵和管文颖（2005）在对大学生保护性价值观的研究中，是以"选择保护的人数显著地高于选择不保护的人数"作为衡量是否保护性价值观的操作标准。

（二）保护性价值观结构

目前尚未有共识性较强的针对保护性价值观结构的深入研究。巴伦等（1997）也未具体谈到保护性价值观的类别划分问题，其调查问卷大致涉及自然资源保护、人权、科技与人性、家庭伦理等范畴。如巴伦等（1999）早先提到的保护性价值观包括自然环境、人类或动物的生命、人权、崇拜物、艺术作品以及其他创作等方面；后续研究又将其考察的 20 种价值观大致分为权利、对自然的偏爱、环境问题以及个人方面（Lim & Baron，2000）。也有研究者专门针对某一特定领域的保护性价值观进行了研究。例如对加拿大森林资源的保护性价值观研究（Mouzakiotis，2004），针对预防堕胎、保存物种两种保护性价值观进行的实验研究（Iliev，2013），对选取接种疫苗、安装过滤器减少 CO_2、颁布法规保护昆虫物种等行为情景作为保护性价值观研究的内容（Tanner & Medin，2004）等。

国内学者主要对管理情景中的保护性价值观类别进行了探索。何贵兵（2001）认为管理情景中的保护性价值观分类可以从诚信、生产与环境、管理程序、员工利益四个方面来考虑。奚岩和何贵兵（2005）在对管理领域中的保护性价值观的进一步研究中，又从价值主体（企业内、企业间、企业与社会）和价值内容（关于人、关于物、关于制度文化）两个维度将保护性价值观分为 9 类，并对其进行了验证。何贵兵等（2005）对大学生保护性价值观的研究显示，大学生的保护性价值观可以分为两类：与自然和人文环境相关的"自然环境和传统文化价值观中的保护性价值观"以及与人相关的"人伦人权和人及情感的保护性价值观"。朱秋飞（2007）则认为大学生的保护性价值观结构应从公民观、学习观、交友观、职业观等领域来考察。

二、研究方法

（一）研究对象

本节在六所高校共发放问卷 600 份，回收问卷 561 份，回收率为 93.2%，其中有效问卷为 488 份，有效率为 87.3%。被试选取考虑到了性别、年级、专业等人口学变量。

（二）研究工具

本节采用的调查工具为课题组自己编写的"大学生保护性价值观调查问卷"。该问卷包括七个因素。因素 1（F1）是"国计民生"，主要涉及国民政治、经济、生活方面的行为情景，体现的是个体作为公民对这些有关国计民生价值的保护性特点。具体题项如"地域偏见""种族歧视""隐瞒产品缺陷""制造假新闻"等；因素 2（F2）是"环境保护"，该因素中的行为情景都与环境保护密切相关，包括自然环境、人文古迹、社会公共环境甚至虚拟网络环境的保护等，大学生对这一类价值观的保护更多考虑的是行为结果对环境产生的影响。具体题项如"猎杀珍稀动物""在文物古迹上刻画""破坏森林""制造、传播计算机病毒"等。因素 3（F3）是"人际交往"，包含的行为情景涉及个体与他人、与群体组织之间的交往。具体题项如"泄漏公司机密""不按期还款""打同事小报告"等。因素 4（F4）是"人的自然本性"，该因素中的行为情景与人的自然本性相关，涉及人的性别、生死、容貌等方面。具体题项如"变性手术""巨额整容""药物提高智商"等。因素 5（F5）是"妇女儿童权益"，包含的行为情景涉及妇女和儿童的权利保护。具体题项如"B超检测胎儿性别""父母遗弃子女"等。因素6（F6）是"性保护"，该因素中的行为情景与性行为相关。具体题项如"为利益与他人发生性关系""婚外性"等。因素7（F7）是"爱国爱家"，该因素中的行为情景涉及爱国爱家的中国传统文化观念。具体题项如"不尊重国旗国歌""不认同中国人身份""不孝敬父母"等。问卷采用李克特5级量尺，1 = 坚决反对，2 = 比较反对，3 = 不确定，4 = 比较赞同，5 = 非常赞同。因素平均得分越低表明对该因素包含行为的反对程度越坚决，即对该价值的保护性程度越强。

该问卷的因素结构具有较好的信度和效度，各因素及总量表的内部一致性系数如表4－1所示。

表4－1　　　　　　　　总问卷和各因素的内部一致性信度系数

因素	F1	F2	F3	F4	F5	F6	F7
因素层面 α 系数	0.70	0.71	0.66	0.60	0.52	0.64	0.54
总量表 α 系数	0.86						

三、研究结果与分析

（一）大学生保护性价值观的总体特点

表4－2呈现了大学生保护性价值观七个因素的描述统计分析结果，由此可以看出大学生保护性价值观的总体特征。

表4－2　　　　　　大学生保护性价值观各因素描述统计分析结果

变量	国计民生	环境保护	人际交往	人的自然本性	妇女儿童权益	性保护	爱国爱家
M	1.27	1.25	1.61	2.58	1.72	1.56	1.31
SD	0.35	0.31	0.46	0.79	0.67	0.75	0.44

大学生保护性价值观的保护程度由高到低（即均值由低到高）依次排序为：环境保护、国计民生、爱国爱家、性保护、人际交往、妇女儿童权益、人的自然本性。这表明在大学生群体的价值观念体系中，有关环境保护、国计民生、爱国爱家等价值观更具有保护性、神圣性和非交易性，拒绝将这些价值与其他价值尤其是经济价值相交易的强度也最高。而涉及容貌、性别等改变的"人的自然本性"价值保护性程度相对较低。但总体来看，七个因素的平均得分都低于中值，说明这七项价值都具有不同程度的保护性。

（二）大学生保护性价值观的人口学特点

1. 大学生保护性价值观的性别差异

大学生保护性价值观的性别差异调查结果如表4-3所示。

表4-3 大学生保护性价值观的性别差异比较

变量		国计民生	环境保护	人际交往	人的自然本性	妇女儿童权益	性保护	爱国爱家
男	M	1.32	1.28	1.67	2.65	1.73	1.82	1.31
	SD	0.37	0.34	0.52	0.85	0.71	0.87	0.43
女	M	1.24	1.22	1.55	2.52	1.71	1.35	1.30
	SD	0.34	0.29	0.41	0.74	0.65	0.57	0.44
	t	2.49*	2.33*	2.93**	1.79	0.41	6.81**	0.98
	P	0.01	0.02	0.00	0.08	0.68	0.00	0.81

注：* 表示 $P < 0.05$，** 表示 $P < 0.01$，*** 表示 $P < 0.001$。

表4-3的结果表明，男女大学生在国计民生、环境保护、人际交往和性保护四个因素上存在显著差异，具体表现为女大学生在四项价值因素上的保护程度要显著高于男大学生。

2. 大学生保护性价值观的年级差异

大学生保护性价值观的年级差异比较调查结果如表4-4所示。

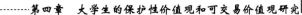

表4－4 大学生保护性价值观的年级差异比较

变量		国计民生	环境保护	人际交往	人的自然本性	妇女儿童权益	性保护	爱国爱家
大一	M	1.24	1.24	1.61	2.49e	1.76	1.63	1.21bde
	SD	0.32	0.30	0.48	0.81	0.70	0.80	0.35
大二	M	1.29	1.26	1.59	2.57e	1.72	1.54	1.31ade
	SD	0.40	0.36	0.48	0.79	0.72	0.73	0.50
大三	M	1.23	1.20	1.56	2.61	1.57	1.40	1.33d
	SD	0.29	0.21	0.34	0.69	0.49	0.64	0.35
大四	M	1.40	1.38	1.56	2.49	1.47	1.62	1.57abc
	SD	0.50	0.42	0.55	0.98	0.39	0.91	0.54
研究生	M	1.30	1.24	1.72	2.89ab	1.82	1.47	1.49ab
	SD	0.28	0.27	0.41	0.71	0.66	0.70	0.46
	F	1.39	1.27	1.05	2.67*	1.72	1.38	6.21**
	P	0.24	0.28	0.38	0.03	0.15	0.24	0.00

注：a 与大一的同类价值观差异显著；b 与大二的同类价值观差异显著；c 与大三的同类价值观差异显著；d 与大四的同类价值观差异显著；e 与研究生的同类价值观差异显著。* 表示 $P < 0.05$，** 表示 $P < 0.01$，*** 表示 $P < 0.001$。

表4－4的结果表明，大学生保护性价值观在"人的自然本性"和"爱国爱家"两项价值因素上存在显著的年级差异。具体表现为：第一，在对"人的自然本性"价值因素保护程度方面研究生群体显著低于大一和大二年级的学生；第二，随着年级的升高，对"爱国爱家"价值因素的保护程度总体上表现出略有降低的现象。

3. 大学生保护性价值观的专业差异

大学生保护性价值观的专业差异调查结果如表4－5所示。

表4-5 大学生保护性价值观的专业差异比较

变量		国计民生	环境保护	人际交往	人的自然本性	妇女儿童权益	性保护	爱国爱家
理工	M	1.28	1.27	1.62	2.6	1.78	1.67	1.31
	SD	0.36	0.33	0.49	0.84	0.71	0.84	0.42
文史	M	1.26	1.22	1.59	2.55	1.64	1.43	1.31
	SD	0.34	0.29	0.43	0.73	0.62	0.6	0.46
	t	0.41	1.58	0.66	0.65	2.28*	3.68**	0.14
	P	0.68	0.12	0.51	0.52	0.02	0.00	0.89

注：* 表示 $P < 0.05$，** 表示 $P < 0.01$，*** 表示 $P < 0.001$。

表4-5 的结果表明，专业不同的大学生在"妇女儿童权益"和"性保护"两项价值因素上存在显著差异。具体表现为文史类大学生对这两项价值因素的保护程度都显著高于理工类大学生。

4. 独生子女与非独生子女大学生的保护性价值观差异

独生子女与非独生子女大学生保护性价值观的差异比较调查结果如表4-6所示。

表4-6 独生子女与非独生子女大学生保护性价值观的差异比较

变量		国计民生	环境保护	人际交往	人的自然本性	妇女儿童权益	性保护	爱国爱家
独生	M	1.33	1.24	1.64	2.79	1.70	1.60	1.31
	SD	0.45	0.36	0.57	0.87	0.67	0.81	0.44
非独生	M	1.26	1.25	1.60	2.53	1.72	1.55	1.31
	SD	0.32	0.30	0.43	0.77	0.68	0.74	0.44
	t	1.57	-1.44	0.75	2.87**	-0.30	0.54	-0.03
	P	0.12	0.89	0.46	0.00	0.76	0.59	0.98

注：* 表示 $P < 0.05$，** 表示 $P < 0.01$，*** 表示 $P < 0.001$。

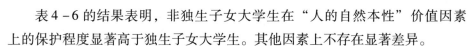

表4-6的结果表明，非独生子女大学生在"人的自然本性"价值因素上的保护程度显著高于独生子女大学生。其他因素上不存在显著差异。

除以上结果外，统计分析结果还表明：家庭结构、成长所在地、家庭经济状况不同的大学生，在保护性价值观七项因素上的保护程度并不存在显著差异。

四、讨 论

保护性价值观是个体或群体价值观念体系中不愿用来与其他价值（尤其是仅具有经济价值的价值）相互交易的那部分观念，它与道德规范、文化传统等紧密相关，是解释非理性决策情境或相关行为现象的重要构念，其属性和作用与我们日常实践中经常提及的"底线伦理"有相近或相似的内涵。

研究结果表明，从总体上看，大学生群体在国计民生、环境保护、人际交往、人的自然本性、妇女儿童权益、性保护、爱国爱家七项价值因素上都普遍具有保护性价值的属性特点，都体现出了坚守和拒绝交易的一面。但相对而言，环境保护、国计民生、爱国爱家等价值观更具有保护性、神圣性和不可交易性。这说明，在现代化进程和市场经济条件下虽然物质主义、重商主义影响巨大，但大学生群体在涉及人类生存环境、国计民生、家国情怀等方面仍具有鲜明的保护（神圣）性倾向。

大学生保护性价值观的性别差异表现为：女大学生在国计民生、环境保护、人际交往和性保护四个因素的保护程度上要高于男大学生。已有研究强调社会化过程对男性和女性有不同的定向作用（Gilligan，1982），女性通常表现出关怀和同情，注重对他人的理解与帮助，善解人意，乐善好施，渴望建立一种和谐的人际关系，因此对民生、社会、环保等问题相对会有更多关注。性保护因素的差异可能与传统性别角色的影响有一定的关联。

随着年级的升高，大学生保护性价值观是否会发生变化也是我们非常关注的一个问题，因为这在一定程度上可以反映出学校环境及教育对个体保护性价值观的影响，另外也可以对个体成熟在保护性价值观形成中的作用进行有效的考察。差异比较的结果表明，研究生阶段的学生在对人的自然本性方面的保护性程度显著低于大一和大二年级的学生；随着年级的升高，对爱国爱家方面的保护性程度也有所降低。这当然不能因此归咎于学校教育的问题，比较合理的解释是随着个体的成熟和社会阅历的增加，大学高年级学生及研究生对各种社会现象的接纳程度会更高，思想更趋于复杂多元，也较少会表达出绝对性的态度。

非独生子女大学生在变性、整容等人的自然本性上的保护程度明显高于独生子女的大学生。这可能是由于独生子女从小受到家庭的关心爱护较多，成长条件比较优越，表现出对与个人自身密切相关的生死、容貌等问题更加介意，因此对类似行为的拒绝和反对要低于非独生子女。真正的成因和机制尚待进一步深入探讨。

学科方面，在妇女儿童权益和性保护两个维度上，文史类大学生的保护程度要显著高于理工类的大学生。这可能由于文科学生所学习的人文学科，本身就是反映人与人、人与社会之间关系的学科。人文学科内容涉及人性发展更多，会更多直接关注人性情感，这无疑会对文科学生保护性价值观的形成和发展起到潜移默化的作用。

第二节 当代大学生可交易价值观研究

一、交易行为存在的普遍性与可交易价值观

交易行为（或交易活动）是人类社会生活中一种普遍的行为现象，在制度经济学创始人约翰·R.康芒斯（1962）看来，交易是人与人之间通过交往，非生产性获取资源的过程，是所有权的转移，交易活动与生产性活动一起构成了人类社会经济活动的两大方面。交易为什么会发生？彼德·布劳（1964）曾从社会交换动机角度出发将交易行为分成三种类型：追求内在性报酬（如乐趣、社会赞同、爱、感激等）的社会交换、追求外在性报酬（如金钱、商品、邀请、帮助、服从等）的社会交换、混合性的社会交换（同时追求内在报酬和外在报酬）。事实上，交易行为的发生对优化资源配置、提

高生产效率、解决分配不均、满足人们的多样化需求，甚至从根本上讲对社会分工协作制度的建立、人们特定的精神品质的塑造都起到了重要的积极作用。

但交易行为对个体乃至对社会的积极作用并不是必然发生的，需要受到制度、法律规范、文化习俗、道德伦理、原则立场的制约和监督。毋庸讳言，在当今中国社会，交易现象在发挥积极建设性作用的同时，其消极的一面也时有显现：一是交易的对象和范围日益扩大和泛化；二是在交易发生的整个过程中，道德伦理、规则制度、原则立场有时会出现缺位或制约作用出现下降的情况。如一些腐败官员通过手中的权力资源来交换金钱物质利益或美色，一些不法企业为了自己的私利可以虚假宣传、不顾消费者的生命安危，一些人为了成名可以不择手段。早些年曾有报道，某地区的一些大学男生通过捐献精子的补贴获益来购买最新款式的苹果平板电脑（iPad）或手机，某些大学女生通过成为他人的情妇来追求自己高消费的生活方式（菲奥娜·谭，2011），等等。虽然这些案例都是一些个案，且原因复杂，但确实也在一定程度上反映出我国社会存在着一些交易泛化现象，交易行为中可能存在丧失底线这样一个事实。

社会心理学研究表明，行为背后往往有个体价值观念体系的影响，在人们的交易行为背后是否也存在一套可交易价值观体系呢？关于这一问题，美国社会心理学家巴伦等（Baron，1988；Baron & Spranca，1997；Ritov & Baron，1999；Baron & Leshner，2000；Baron & Ritov，2004）进行了较为深入的探讨，他们认为，在人们的价值观念体系中存在着两类观念：一类是保护性价值观；另一类则是可交易价值观。

所谓保护性价值观是指人们拒绝将自己价值观念体系中的某些价值观念所指向的客体与具有价值的其他客体互相交易，尤其拒绝与那些仅具有经济价值的客体相交易。对保护性价值进行交易在伦理上具有不可接受性，会引发人们的拒绝和愤怒。比如，一个将生命视为保护性价值的个体，会拒绝拿生命和其他价值进行交易，同样，一个将尊严视为保护性价值的个体也会拒绝拿尊严去换取其他价值，尤其是仅具有经济效用的价值。而可交易价值观是指人们的价值观念体系中存在的另一类别观念系统，它是人们愿意用自身拥有的某种价值去换取其他价值的价值观体系，或者说，是个体愿意让渡某些利益以获得其他等值或更大利益的价值观体系。拿这类价值去与其他价值进行交易往往不存在道德伦理上的困扰。比如，一项技术专利拥有者可以通过交易自己的专利技术来获取相应的物质或经济利益。

但问题的复杂性在于，受文化传统、社会思潮等因素的影响，在人们的决策过程中，除了有些价值交易明显属于伦理不可接受的范畴（拒绝交易），显然属于保护性价值，而另一些价值交易明显属于伦理可接受范畴（允许交易），显然属于可交易价值外，更多的价值因素处于模糊地带。这类价值间的交易往往要看补偿性价值究竟有多大、有多重要，如果补偿性价值足够大和重要，即便存在伦理上的困惑和烦扰，人们也有可能做出进行交易行为的决策。比如，持环境保护性价值观的人可能会因为极大的利益诱惑而放弃自己的价值，从而会牺牲环境来换取足够大的物质经济利益（奚岩，2005）。

大学生作为青年群体中具有意识先行性的代表以及未来中国社会的重要建设力量，在当今社会具有怎样的可交易价值观呢？他们对不同价值因素可交易程度有何认知？对不同价值因素间进行交易有何认知特点？这些是本节试图探讨的问题。本节的研究结果将对深入了解这一群体的价值观状况以及进行相应的价值观教育提供指导，对社会其他群体的价值观教育也将具有重要的启示和参照意义。

二、大学生对自我可交易价值的认知

交易的发生需要持有有价值的交易物，虽然这种交易物并非一定是客观存在的金钱物品。关于个体有价值的交易物包含哪些内容是一个值得深入探讨的问题。我们在理论分析和实证调查的基础上对个体所拥有的有价值的交易物进行了研究和探讨。

（一）自我价值结构与问卷编制

1. 理论基础

属于个体有价值的所有物有哪些？美国著名心理学家威廉·詹姆斯

（Willam James，1950）的自我分类框架给了我们重要启示。詹姆斯将自我分为经验自我和纯粹自我。纯粹自我属于主体我（Ｉ），是指感知主体自身，由不断更迭和传递其内容的当下思想构成，不属于个体交易物范畴，这里不多加论述。和个体拥有价值交易物紧密相关的是经验自我。在詹姆斯看来，经验自我指人们感受到的一种对象，这种对象是与世界其他对象一样的存在物。詹姆斯具体将经验自我分为物质自我（material self）、社会自我（social self）、精神自我（spiritual self）。物质自我的核心部分是躯体自我（身体），也包括从属于我的各种客体（躯体外自我）；社会自我主要指"从他人那里得到的承认"，即个体在他人心目中的形象，具体包括个体所拥有的社会地位、身份角色等；精神自我指一个人的心理能力和性情，具体如我们所感知到的内部的心理品质，包括能力、态度、情绪、兴趣、动机、意见、特质以及愿望、理想、信念、价值观等。

2. 问卷编制

以詹姆斯的经验自我分类为基础，结合开放式问卷、访谈及专家组讨论，我们编制出了可交易价值观初测问卷，问卷内容由个体所认同的价值所有物构成，共包含31项价值因素。经过初测，对问卷结果中反映出的内容及形式上的问题，在研究者与课题组成员进行讨论后予以修改，修改重点是对词条进行反复斟酌与取舍，最后删掉了表意不明的如"资源""躯体""兴趣""性别"等价值，将"情感"细分为亲情、友情、爱情三类，把"知识""经验"等词条予以合并，这样问卷由原先的31项价值词条调整为28项。之后进行了第二次测验。第二次测验结果基本令人满意。然后再对形式加以修改，使之更方便被试的填答及收回后的数据录入，由此确定了最终施测问卷。问卷中28项价值因素分别是：智慧、知识经验、个性、物质财产、技能、爱情、尊严、工作成果、信仰、梦想、青春、外貌、友情、生命、金钱、家庭亲情、性、时间、健康、荣誉、地位、创造力、权力、责任、影响力、信息、自由和经历体验。要求被试在每个价值词条的对应栏内填写愿意交易的程度：1 = 非常不愿意，2 = 比较不愿意，3 = 不确定，4 = 比较愿意，5 = 非常愿意。

3. 28 项价值因素与詹姆斯经验自我三分类的对应及调整

詹姆斯将物质自我分为躯体自我和躯体外自我，这里仍引用原分类。只是将其精神自我类别又分为能力知识自我和个性品质自我两类（这也是常见的对心理品质的划分方法），将社会自我类别分为人际情感自我和身份地位自我。28 项价值因素与自我价值各类别的对应关系如表 4-7 所示。

表 4-7　　　　　　　　　个体自我价值结构

自我价值					
物质自我价值		精神自我价值		社会自我价值	
躯体物质 自我价值	躯体外物 质自我价值	能力知识 自我价值	个性品质 自我价值	人际情感 自我价值	身份地位 自我价值
生命 外貌 健康 性 青春	金钱 物质 财产 时间 工作成果	技能 知识经验 信息 经历体验 创造力 智慧	个性 责任 尊严 梦想 信仰 自由	爱情 友情 家庭亲情	权力 地位 影响力 荣誉

（二）调查被试

被试取自一所综合大学、两所理工大学、一所财经大学、一所师范大学，共五所院校。共调查大学生 450 人，收回有效问卷 431 份，有效率 95.78%。被试具体分布如下：性别方面，男 228 人（占 52.9%），女 203 人（占 47.1%）；年级方面，大一 140 人（占 32.5%），大二 134 人（占 31.1%），大三 107 人（占 24.8%），大四 50 人（占 11.6%）；学科方面，文科 113 人（占 26.2%），理科 174 人（占 40.4%），工科 144 人（占 33.4%）。

（三）28 项价值因素可交易程度调查结果

按照愿意交易程度的平均值将 28 项价值因素由高到低排序，分数越高表示愿意进行交易的程度越高。具体结果如表 4-8 所示。

表4-8　　　　　　　　　　28项交易价值的排序

均分排序	项目	平均数 M	标准差 SD	均分排序	项目	平均数 M	标准差 SD
1	金钱	3.65	0.91	15	创造力	3.09	0.64
2	物质财产	3.48	0.71	16	责任	3.05	0.72
3	信息	3.44	0.74	17	信仰	3.03	0.84
4	技能	3.31	0.65	18	智慧	2.97	0.71
5	影响力	3.30	0.66	19	性	2.96	1.17
6	工作成果	3.28	0.70	20	梦想	2.81	0.74
7	权力	3.27	0.70	21	青春	2.75	0.69
8	地位	3.25	0.76	22	自由	2.50	0.79
9	知识经验	3.21	0.63	23	爱情	2.43	0.69
10	荣誉	3.20	0.67	24	友情	2.36	0.69
11	经历体验	3.20	0.76	25	健康	2.35	0.71
12	个性	3.18	0.75	26	尊严	2.21	0.71
13	时间	3.13	0.76	27	生命	2.01	0.79
14	外貌	3.12	0.75	28	家庭亲情	1.90	0.71

　　表4-8数据结果显示出如下特点：第一，大学生28项自我价值根据愿意进行交易的程度由高到低分别是：金钱、物质财产、信息、技能、影响力、工作成果、权力、地位、知识经验、荣誉、经历体验、个性、时间、外貌、创造力、责任、信仰、智慧、性、梦想、青春、自由、爱情、友情、健康、尊严、生命和家庭亲情。第二，本问卷调查为5级评分，如果将3分作为中值的话，各项价值平均数高于3分才算愿意交易或倾向愿意交易。可见，从"金钱"到"信仰"的17项自我价值大学生愿意交易或倾向愿意交易，但愿意交易的强度并不高。从"智慧"到"家庭亲情"的11项价值交易意愿强度逐渐降低，总体上属于不太愿意交易的价值，但也没有达到绝对不愿意交易的程度。

　　将28项交易价值愿意交易程度按类别排序如表4-9所示。

表 4 - 9   28 项交易价值按类别排序

百分比排序	躯体物质价值	躯体外物质价值	能力知识类价值	个性品质价值	人际情感类价值	社会地位身份类价值
1	外貌 (3.12)	金钱 (3.65)	信息 (3.44)	个性 (3.18)	爱情 (2.43)	影响力 (3.30)
2	性 (2.96)	物质财产 (3.48)	技能 (3.31)	责任 (3.05)	友情 (2.36)	权力 (3.27)
3	青春 (2.75)	工作成果 (3.28)	知识经验 (3.21)	信仰 (3.03)	家庭亲情 (1.90)	地位 (3.25)
4	健康 (2.35)	时间 (3.13)	经历体验 (3.20)	梦想 (2.81)		荣誉 (3.20)
5	生命 (2.01)		创造力 (3.09)	自由 (2.50)		
6			智慧 (2.97)	尊严 (2.21)		

注：表中数据为平均数。

表 4 - 9 的结果是将表 4 - 8 的结果根据自我价值结构进行了归类，从中可以看出：第一，躯体物质价值类别除"外貌"一项价值外，其他价值总体属于不太愿意交易范畴，"生命""健康"两项价值交易意愿强度相对最低；第二，躯体外物质价值类别，4 项价值平均得分都高于 3 分，总体上属于愿意交易的价值范畴；第三，能力知识类价值，除"智慧"一项外，其他 5 项价值都属于愿意交易价值，"信息"交易强度最高；第四，个性品质类价值，"个性""责任""信仰"3 项价值平均得分高于 3 分，属于倾向愿意交易的价值（责任、信仰 2 项价值倾向愿意被交易的结果值得深入探讨），"梦想""自由""尊严"3 项价值平均得分低于 3 分，属于不愿意或不太愿意交易的价值；第五，人际情感类价值，3 项价值平均得分都低于 3 分，显示这一类别大学生交易意愿都很低；第六，社会地位身份类价值，4 项价值平均得分都高于 3 分，属于倾向愿意被交易的价值。影响力、权力、地位、荣誉愿意被交易这一结果也值得进一步深入探讨。

三、大学生自我价值类型间交易特点

（一）大学生不同类型价值因素具体交易特点

本节被试同属前述研究中的 431 名被试，只是在问卷调查设计中除要求被试对 28 项价值因素中每项价值愿意交易程度进行五级评分外，还要求被试对每项价值与其余 27 项价值各自比较，对愿意拿该项价值与其他各项价值进行交易的程度进行评价，评价量尺仍为五级评分。在统计分析中，被试填答"比较愿意"和"非常愿意"被统计为"愿意交易"，填答"非常不愿意"和"比较不愿意"被统计为"不愿交易"，则各项价值"最愿意与之交易"和"最不愿与之交易"的前 15% 价值项目及相应被试百分比如表 4 - 10 至表 4 - 15 所示。

1. 躯体物质自我价值因素的交易特点

表 4 - 10　　　　　　　　躯体物质自我价值的交易特点

躯体物质价值项目	最愿意与之交易（前15%）				最不愿与之交易（前15%）			
	1	2	3	4	1	2	3	4
外貌	生命	家庭亲情	健康	尊严	性	金钱	信息	物质财产
（%）	70.9	68.9	66.0	60.9	61.8	54.3	47.8	45.0
性	生命	健康	自由	智慧	金钱	信息	信仰	权力
（%）	57.0	54.6	51.7	50.7	52.3	49.5	46.5	46.4
青春	家庭亲情	生命	健康	友情	性	金钱	地位	物质财产
（%）	63.1	61.7	52.8	46.9	72.1	68.6	63.0	62.8
健康	家庭亲情	生命	尊严	友情	金钱	性	地位	物质财产
（%）	45.1	42.7	34.5	34.4	80.4	77.3	73.3	72.6
生命	家庭亲情	尊严	友情	爱情	物质财产	金钱	地位	性
（%）	45.5	29.7	25.3	23.8	85.8	84.8	84.1	83.8

注：表中数据为愿意交易和不愿交易的百分数，下表同。

由表 4－10 的结果可以看出，大学生群体最愿意让渡躯体物质价值（外貌、性、青春、健康、生命）来交易的价值范畴是人际情感类价值（爱情、友情、家庭亲情）、同属一个价值范畴的部分躯体物质价值（生命、健康）、部分个性品质类价值（尊严、自由）；最不愿意让渡躯体物质价值来交易的价值是躯体外物质价值范畴中的部分价值项目（金钱、物质财产）、地位身份类价值范畴中的部分价值项目（地位、权力）、同属一个价值范畴中的"性"价值项目、能力知识类价值项目中的"信息"。

2. 躯体外物质自我价值因素的交易特点

由表 4－11 的结果可以看出，大学生群体最愿意让渡躯体外物质价值（金钱、物质财产、工作成果、时间）来交易的价值是躯体物质价值范畴中的部分项目（健康、生命）、人际情感类价值范畴的"家庭亲情"价值项目、个性品质价值范畴中的部分价值项目（自由、尊严）；最不愿意让渡躯体外物质价值来交易的价值是躯体物质价值范畴中的部分价值项目（性、外貌）、个性品质类价值范畴中的部分价值项目（信仰、尊严、个性）、同属一个价值范畴中的"金钱"价值项目、能力知识类价值项目中的"信息"、人际情感类价值范畴中的"爱情"价值项目、身份地位类价值中的"权力"。

表 4－11　　　　　　　　躯体外物质自我价值的交易特点

躯体外物质价值项目	最愿意与之交易（前15%）				最不愿与之交易（前15%）			
	1	2	3	4	1	2	3	4
金钱	健康	智慧	生命	自由	性	信仰	爱情	尊严
（%）	81.5	79.1	78.9	77.3	55.0	33.2	30.6	27.3
物质财产	健康	生命	家庭亲情	尊严	性	个性	信仰	信息
（%）	79.1	78.3	75.7	71.0	49.8	32.0	31.8	28.1
工作成果	生命	家庭亲情	健康	尊严	性	个性	外貌	信仰
（%）	73.4	72.9	69.9	65	57.5	40.2	38.5	36.5
时间	健康	家庭亲情	生命	尊严	性	金钱	权力	外貌
（%）	63.3	63.3	61.7	57.9	62.5	53.5	42.7	41.8

有两项具体结果值得关注：第一，大学生群体愿意用"金钱"与"自由"交易（用金钱换自由），但不愿意用"金钱"与"尊严"交易（用金钱换尊严）；第二，大学生群体愿意用物质财产和金钱换取"家庭亲情"，但不愿以此来换取"爱情"。

3. 精神自我价值中能力知识类价值因素的交易特点

由表 4－12 的结果可以看出，大学生群体最愿意让渡能力知识类价值（信息、技能、知识经验、经历体验、创造力、智慧）来交易的价值是躯体物质价值范畴中的部分项目（生命、健康）、人际情感类价值范畴的"家庭亲情"和"友情"价值项目、个性品质价值范畴中的"尊严"价值项目；最不愿意让渡能力知识类价值来交易的价值是躯体物质价值范畴中的部分价值项目（性、外貌）、个性品质类价值范畴中的部分价值项目（信仰、个性）、同属一个价值范畴中的"信息"价值项目、躯体外物质价值项目中的"金钱"和"物质财产"。

表 4－12　　　　　　　　　能力知识类价值项目的交易特点

能力知识类价值项目	最愿意与之交易（前 15%）				最不愿与之交易（前 15%）			
	1	2	3	4	1	2	3	4
信息	生命	家庭亲情	健康	尊严	性	金钱	外貌	信仰
（%）	74.2	71.4	69.7	68.9	47.8	33.4	29.2	27.4
技能	生命	家庭亲情	健康	友情	性	信仰	个性	外貌
（%）	74.6	74.3	71.6	67.8	57.7	39.0	38.8	36.3
知识经验	生命	家庭亲情	健康	友情	性	个性	外貌	信仰
（%）	72.9	71.4	71.2	65.5	59.1	47.7	44.3	42
经历体验	生命	家庭亲情	健康	友情	性	金钱	信息	物质财产
（%）	70.6	65.0	65.0	60.9	56.9	42.5	41.0	37.6
创造力	生命	家庭亲情	健康	尊严	性	外貌	金钱	物质财产
（%）	65.3	65.0	61.9	61.0	60.0	45.3	43.9	42.6
智慧	家庭亲情	生命	健康	尊严	性	外貌	金钱	个性
（%）	67.1	64.5	62.2	57.0	64.7	54.6	54.2	53.5

4. 精神自我价值中个性品质类价值因素的交易特点

由表 4 – 13 的结果可以看出，大学生群体最愿意让渡个性品质类价值（个性、责任、信仰、梦想、自由、尊严）来交易的价值是躯体物质价值范畴中的部分项目（生命、健康）、人际情感类价值范畴的"家庭亲情"和"友情"价值项目、同类价值范畴中的部分价值项目（尊严）；最不愿意让渡个性品质类价值来交易的价值是躯体物质价值范畴中的部分价值项目（性、外貌）、躯体外物质价值范畴中的部分价值项目（金钱、物质财产）、能力知识类价值范畴中的"信息"价值项目、地位身份类价值项目中的"地位"和"权力"。

表 4 – 13　　　　　　　　个性品质类价值项目的交易特点

个性品质类价值项目	最愿意与之交易（前15%）				最不愿与之交易（前15%）			
	1	2	3	4	1	2	3	4
个性	生命	家庭亲情	健康	友情	性	金钱	物质财产	地位
（%）	70.7	69.5	68	62.7	59.5	48.7	41.6	41.5
责任	生命	家庭亲情	健康	友情	性	金钱	物质财产	权力
（%）	63.6	60.6	55.8	53.7	57.3	53.8	45.1	44.4
信仰	生命	家庭亲情	尊严	健康	性	金钱	物质财产	外貌
（%）	61.7	59.5	54.2	53.7	64.1	52.3	48.0	46.8
梦想	家庭亲情	生命	健康	尊严	性	金钱	物质财产	信息
（%）	58.8	58.3	51	48.6	68	58.3	56.6	55.4
自由	生命	家庭亲情	友情	尊严	金钱	信息	性	权力
（%）	50.7	48.7	38.0	35.6	70.9	67.7	67.0	66.1
尊严	家庭亲情	生命	健康	友情	性	金钱	信息	地位
（%）	45.1	40.0	31.6	27.1	82.0	80.1	77.3	76.9

5. 社会自我价值中人际情感类价值因素的交易特点

由表 4 – 14 的结果可以看出，大学生群体最愿意让渡人际情感类价值（爱情、友情、家庭亲情）来交易的价值是躯体物质价值范畴中的部分项目（生命、健康）、同类价值范畴中的"家庭亲情"和"友情"价值项目、个性品质价值范畴中的部分价值项目（自由、尊严）；最不愿意让渡人际情感类价值来交易的价值是躯体物质价值范畴中的"性"价值项目、地位身份类价值范畴中的"地位"价值项目、躯体外物质价值范畴中的"金钱、物质财产"价值项目、能力知识类价值项目中的"信息"。

表 4 – 14　　　　　　　　人际情感类价值项目的交易特点

人际情感类价值项目	最愿意与之交易（前15%）				最不愿与之交易（前15%）			
	1	2	3	4	1	2	3	4
爱情	生命	尊严	健康	友情	金钱	性	信息	物质财产
（%）	42.3	36.7	33.7	27.7	76.6	72.5	70.3	70.0
友情	家庭亲情	生命	尊严	健康	金钱	物质财产	性	地位
（%）	43.3	39.6	32.8	29.6	77.0	74.3	74.0	73.0
家庭亲情	生命	自由	尊严	健康	金钱	物质财产	地位	性
（%）	16.4	14.3	14.0	10.9	86.2	84.8	84.4	83.8

6. 社会自我价值中的地位身份类价值因素的交易特点

由表 4 – 15 的结果可以看出，大学生群体最愿意让渡地位身份类价值（影响力、权力、地位、荣誉）来交易的价值是躯体物质价值范畴中的部分项目（生命、健康）、人际情感类价值范畴中的"家庭亲情"和"友情"价值项目、个性品质价值范畴中的部分价值项目（自由、尊严）；最不愿意让渡身份地位类价值来交易的价值是躯体物质价值范畴中的"性"价值项目、躯体外物质价值范畴中的"金钱、物质财产"价值项目、能力知识类价值项目中的"信息"。

表 4-15 地位身份类价值项目的交易特点

地位身份类价值项目	最愿意与之交易（前15%）				最不愿与之交易（前15%）			
	1	2	3	4	1	2	3	4
影响力	生命	健康	家庭亲情	尊严	性	金钱	物质财产	信息
（%）	72.4	67.9	67.6	64.5	53.5	41.5	32.4	31.9
权力	生命	健康	家庭亲情	尊严	性	金钱	信息	物质财产
（%）	75.2	70.0	68.6	62.8	51.8	40.3	37.2	35.3
地位	生命	健康	家庭亲情	自由	性	金钱	物质财产	信息
（%）	73.7	69.9	68.7	65.1	52.3	41.1	37.6	37.3
荣誉	生命	家庭亲情	健康	友情	性	金钱	物质财产	信息
（%）	72.4	68.1	65.0	64.3	60.9	52.4	39.0	38.8

（二）大学生价值交易的总体特点

1. 28 项价值最愿意交易的平均百分比

28 项价值最愿意交易的平均百分比如表 4-16 和表 4-17 所示。

表 4-16 28 项价值最愿意交易的平均百分比

均分排序	项目	愿意交易的平均百分比（%）	均分排序	项目	愿意交易的平均百分比（%）
1	金钱	79.20	15	智慧	62.70
2	物质财产	76.03	16	时间	61.55
3	技能	72.08	17	责任	58.43
4	信息	71.05	18	信仰	57.28
5	工作成果	70.30	19	青春	56.13
6	知识经验	70.25	20	梦想	54.18
7	地位	69.35	21	性	53.50
8	权力	69.15	22	自由	43.25
9	影响力	68.10	23	健康	39.18
10	个性	67.73	24	友情	36.33
11	荣誉	67.45	25	尊严	35.95
12	外貌	66.68	26	爱情	35.10
13	经历体验	65.38	27	生命	31.08
14	创造力	63.30	28	家庭亲情	13.90

表 4-16 的结果是在 28 项价值最愿意交易 （前 15%） 的具体结果基础上，算出各项价值愿意交易的平均百分比，不包含具体愿意交易价值对象信息，试图粗略描绘大学生 28 项价值交易的总体特点。

由表 4-16 中结果可以看出：在不考虑具体与哪些价值进行交易的前提下，第一，有 70% 以上的人愿意把金钱、物质财产、技能、信息、工作成果、知识经验作为交易物与其他相应价值进行交易；第二，有高于 50% 低于 70% 的人愿意把地位、权力、影响力、个性、荣誉、外貌、经历体验、创造力、智慧、时间、责任、信仰、青春、梦想、性作为交易物与其他相应价值进行交易；第三，愿意把自由、健康、友情、尊严、爱情、生命、家庭亲情作为交易物与其他相应价值进行交易的百分比都低于 50%。表 4-17 则是在表 4-16 基础上按自我价值类别划分呈现的结果。

表 4-17　　　　　28 项价值按类别划分最愿意交易的平均百分比

百分比排序	躯体物质类价值	躯体外物质类价值	能力知识类价值	个性品质类价值	人际情感类价值	社会地位身份类价值
1	外貌 (66.68%)	金钱 (79.20%)	技能 (72.08%)	个性 (67.73%)	友情 (36.33%)	地位 (69.35%)
2	青春 (56.13%)	物质财产 (76.03%)	信息 (71.05%)	责任 (58.43%)	爱情 (35.10%)	权力 (69.15%)
3	性 (53.50%)	工作成果 (70.30%)	知识经验 (70.25%)	信仰 (57.28%)	家庭亲情 (13.90%)	影响力 (68.10%)
4	健康 (39.18%)	时间 (61.55%)	经历体验 (65.38%)	梦想 (54.18%)		荣誉 (67.45%)
5	生命 (31.08%)		创造力 (63.30%)	自由 (43.25%)		
6			智慧 (62.70%)	尊严 (35.95%)		

2. 6 类价值交易的共同特点

表 4-18 是在 6 类价值最愿意交易和最不愿意交易的具体结果的基础上进行概括分析。结果表明，大学生所有 6 类价值最愿意与之交易和最不愿意

与之交易的对象都有一些共同特点：第一，6 类价值类型中无论哪一种，通过交易大家都愿意交易到的价值对象是生命、健康、尊严、家庭亲情、友情、自由。可见，这几项价值具有神圣性和保护性；第二，6 类价值类型中无论哪一种，多数大学生都倾向于不愿意与金钱、物质财产、性、地位、权力、外貌、信息等价值进行交易。

表 4 – 18   6 类价值交易的共同特点

价值类型	最愿意通过交易获得的价值	最不愿意与之交易的价值
所有 6 类价值类型	生命、健康、尊严、家庭亲情、友情、自由	金钱、物质财产、性、地位、权力、外貌、信息

四、由大学生可交易价值观特点看大学生价值观教育

巴伦（Baron）等的保护性价值观和可交易价值观概念框架试图说明，在人们的价值体系中有些价值应该具有保护性和神圣性，是不能用来进行交易的，拿这些价值来进行交易会给个体带来更多精神和道德上的痛苦及情绪情感方面的困扰。但有些价值是可以进行交易的，无论是出于满足补偿性需求还是出于追逐利益最大化，只要在公平自愿的原则下，价值之间的交易就是正常和健康的。但问题在于，现实生活中如何去确定保护性价值和可交易价值之间的边界，如何在文化、潮流、世俗化、物质主义的影响下去坚守这一边界。

分析大学生可交易价值观的调查结果，以下几个方面值得关注。

第一，躯体外物质价值（金钱、物质财产、工作成果、时间）总体上属于愿意交易的价值类别。这说明大学生群体对躯体外物质价值项目的可交易性持有正确的认知，因为诸如"金钱"本身即为交易媒介。

第二，躯体物质价值（外貌、青春、性、健康、生命）除"外貌"一项外也都属于不太愿意交易的价值类别。这说明大学生群体对生命、健康、性、青春等躯体物质价值具有不同程度的保护性。而采用躯体物质价值"外貌"与其他价值进行交易在当今社会似乎确实具有一定的普遍性。

第三，能力知识类价值（技能、信息、知识经验、经历体验、创造力、智慧）除"智慧"一项外也总体上属于愿意交易的价值类别。这一结论也符合正常的可交易价值伦理，利用技能、信息、知识经验、经历体验、创造力换取金钱物质价值或其他价值总体上不违背道德伦理。但需要注意的是，涉及企业机密、诚信等方面的信息则会牵涉伦理道德问题。

第四，个性品质类价值中的"个性""责任""信仰"属于愿意或倾向愿意被交易的价值，而"梦想""自由""尊严"属于不愿意被交易的价值。尽管本节并没有设置具体情境，但"责任""信仰"等价值项目愿意被交易还是需要认真讨论和思考，也需要进行针对性的价值观教育。

第五，人际情感类价值（友情、爱情、家庭亲情）都属于不愿意被交易的价值。许多研究也都证明了人际情感类价值属于保护性价值观范畴。

第六，社会地位身份类价值（地位、权力、影响力、荣誉）总体上属于愿意或倾向愿意被交易的价值。这也是值得警惕和需要进行教育的地方。利用地位、权力、影响力、荣誉去换取其他价值的现象虽然在当今社会也确实会在一定范围内存在，但如果属于不正当范畴就应该杜绝，也说明在大学阶段开展有针对性的价值观教育至关重要。

第七，6类价值类型中无论哪一种，通过交易大家都愿意交易到的价值对象是生命、健康、尊严、家庭亲情、友情、自由。说明这些价值品质是大家珍视的价值品质，具有保护性，具有强烈的追求欲望和动机。

第八，6类价值类型中无论哪一种，多数大学生都倾向于不愿意与金钱、物质财产、性、地位、权力、外貌、信息等价值进行交易。说明用其他价值去换取金钱、物质财产、性、地位、权力、外貌、信息等价值总体上不太被青年大学生群体所认可。这从侧面说明了当代大学生群体的价值观总体上是积极和健康的。

总之，本节的研究结果可为大学生价值观教育的针对性和有效开展提供一些启示和帮助。

第五章

价值观教育基本问题
与青少年价值观教育

第一节　价值观教育基本问题[*]

在社会心理学研究领域，价值观的研究始终是诸多研究者关注的焦点之一，这是因为个体和群体的价值观状况不仅反映着个体、群体乃至一个社会、一个时代的精神风貌，更重要的是它还可以对个体和群体的行为乃至社会未来的发展方向起到导向、规范、解释和预测作用。价值观研究者所面临的课题众多，例如，首先要能科学地揭示一个群体、一个社区、一个民族的主体价值观和主流价值观现状及其变迁；其次要能很好地揭示这些价值观的形成机制和变迁机制，即这些价值观是受哪些因素影响，通过何种渠道和途径形成和变化的；再次可能还需要研究价值观形成后对人们的行为以及社会发展的影响机制，即研究价值观与行为之间错综复杂的关系，要能揭示二者间存在的某种规律来。最后在上述研究的基础上，还要能够深入探讨价值观的教育问题，即如何促使个体、群体来养成正确的价值观。本节主要想就最后一个问题进行一些讨论。

把价值观的教育问题作为本节探讨的重点主要是考虑到价值观研究的实际和现实社会的需要两个方面。目前有不少研究者重点关注价值观的现状调

---

[*] 本节内容原文发表于《教育理论与实践》2002 年第 4 期，在原文基础上进行了修订。

查，这在一定程度上对了解某一特定时期内某一群体价值观的特点——即我们所说的群体或社会主流价值取向是有很大帮助的。还有一些研究在探讨作为当今中国社会主导价值观的社会主义核心价值观体系如何有效成为群体或社会的主流价值观的问题。在一些情况下，主流价值观和主导价值观可能并不完全一致，要改变两者间的差异状况，价值观教育就成为重要的途径之一。我们怎样把我们所赞许和期望的价值观让社会成员所接受所拥有，尤其是青少年所接受和拥有，就成了一个非常值得探讨的课题。

一、价值观与价值观教育

学科不同、视角不同，对价值观的定义也会存在差异。从心理学视野来看，价值观概念的界定往往与个体的行为紧密相连，不完全是一个形而上的哲学命题。如布雷思韦特和斯科特（Briithwaite & Scott，1990）就认为："价值观是深植人心的准则，这些准则决定着个人未来的行为方向，并为其过去的行为提供解释"。罗克奇（Rokeach，1951）则认为价值观是一般的信念，它具有动机功能而且不仅是评价性的，还是规范性的和禁止性的，是行动和态度的指导，是个人的，也是社会的现象。施瓦茨（Schwartz，1998）是活跃于西方价值观研究领域的著名社会心理学工作者，他在多年研究的基础上认为"价值观是合乎需要的超越情境的目标，在一个人的生活中或其他社会存在中起着指导原则的作用"。哈斯塔德等（Halstead et al.，2000）认为价值观一词被用来表示人们所倾向的原则和基本的信条，这些原则和信条被用作人们行为的指导，也是人们判断某些行为是否是好的或值得的标准。

在西方学者哈斯塔德等（Halstead et al.，2000）看来，价值观教育也是一个十分复杂的概念，难以精确地界定，也没有一种被大家所公认的解释。价值观教育往往与精神教育、道德教育、社会教育、文化发展教育、人格品质教育、美德教育、态度发展教育、个体资格教育等概念有着不同程度的关联。广义的价值观教育除包括和平、爱、平等、自由、公正、正义、幸福、安全等全人类共同价值观念教育之外，在实践中更强调公民价值观和道德价值观的教育。我国学者李斌雄（2001）认为，价值观教育是对受教育者的价值理论教育、价值观念培养、价值心理引导和价值活动调控，其中作为价值观念的理想信念教育是其核心。就上述两种对价值观教育的阐述来看，前者侧重对价值观教育所包含内容的描述，而后者则侧重从价值观的养成过程来考量。事实上，就目前我国价值观教育发展的现状来看，作为教育活动一部分的价值观教育，理应在价值观教育目标、价值观教育内容、价值观教育的方式方法、价值观教育的结果评价方面都进行科学客观地考察，但重中之重或最紧迫的问题是要解决"为什么要教""能不能教""教什么"和"怎么教"等价值观教育的基本问题。

二、价值观教育的意义

关于价值观教育的意义，我们认为首先是社会发展的需要，即目前我国社会的高速发展（社会转型）和国际形势的变化对价值观教育提出了新的要求。我国学者李斌雄（2001）从新科技的发展、可持续发展战略、经济全球化、政治多极化、文化融合与文化冲突、青少年的心理特点等多个维度探讨了目前我国强化价值观教育的重要意义。其次是政治的需要，沈湘平（2001）在谈到哈贝马斯的合法性问题时认为"现代社会的合法性要借助于意识形态的辩护，意识形态差异的核心是价值观的冲突，促进合法性的信仰有赖于价值观教育"，言外之意，任何一个国家、一个政府、一种意识形态在为自己的合法性辩护时都会通过价值观的教育来进行。最后，价值观是教育者、受教育者及其家庭对学校的期望和要求。戴维等（David et al.，1997）的一项调查研究认为，多数英国人相信对青年人进行价值观教育是非常重要的。在他们对 79 名在职教师和 54 名未来教师的调查中发现，95% 的被试相信在今天的学校里应该教给学生正确的价值观。另外，最有力的例证是一系列的盖洛普民意调查，在至少 20 年的调查中，接近 80% 的英国成年人被调查者相信学校应该关心他们学生的价值观和道德发展。劳顿等（Lawton et al.，1992，1995）在研究中也提供了美国一些主要的成年人机构，如政府立法机构、国家青年组织、女性组织对价值观教育关心程度的资料，这些组织

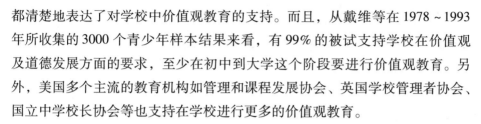

都清楚地表达了对学校中价值观教育的支持。而且，从戴维等在 1978～1993 年所收集的 3000 个青少年样本结果来看，有 99% 的被试支持学校在价值观及道德发展方面的要求，至少在初中到大学这个阶段要进行价值观教育。另外，美国多个主流的教育机构如管理和课程发展协会、英国学校管理者协会、国立中学校长协会等也支持在学校进行更多的价值观教育。

三、价值观教育与德育及道德品质教育的关系

要有效开展价值观教育，有必要对价值观教育、德育和道德品质教育这三个关系密切的概念进行一些辨析。

在我国教育领域，正如檀传宝（2000）认为，除智育、美育、体育、劳动技术教育外，几乎所有的教育内容都被归结为德育，正所谓"'德育'是个筐，什么东西都可以往里头装"，致使德育内容严重泛化。目前我国的德育广义上包括了思想教育、政治教育和道德品质教育，甚至还有法制教育、心理健康教育等。价值观教育也被理所当然地包容在德育的教学范畴中。狭义的德育是指专门的道德品质教育。檀传宝（2001）认为道德品质教育应该是学校德育的根本。

关于现阶段我国德育的三个主要方面思想教育、政治教育和道德品质教育之间的关系，有研究者作了专门的探讨。廖小平（1998）认为，思想教育重在使人们掌握认识世界的思想（思维）方法，提高思考、分析问题的水平和综合驾驭问题的能力，力求使主观与客观实际相符合，同时提高创造性思维水平。同时，不能把思想教育混同于道德教育，也不能把思想教育简单等同于政治教育。政治教育是指有目的地形成人们一定的政治观点、信念和政治信仰的教育，涉及政治制度和意识形态认同等核心主题。道德教育是通过（外在的）社会舆论和（内在的）内心信念规范人们的行为、确立道德理想的过程。它一般要经由他律（如社会规范、法纪约束、文化传统等）向自律（如良心发现、慎独自身等）的转变过程。道德教育的最高宗旨应是确立高尚的道德境界、铸塑伟岸的道德人格。三种教育形态的协同作用将会产生巨大的教育效果，即思想教育可以帮助人们校正政治倾

向，提高道德境界；政治教育可以帮助人们树立良好的思想意识和道德理想；道德教育可以帮助人们纯化思想意识、坚定政治信念。但三种教育决不能互相混用或互相代替，因为思想表现好的人不一定就政治进步、道德高尚，政治进步的人不一定就思想表现好、道德高尚，道德高尚的人不一定就政治进步、思想表现好等。所以把这三方面内容同归属于德育范畴是有问题的。

事实上，价值观教育与德育和道德品质教育之间的关系更加难以区分，这在西方教育和心理学界也是如此。道德教育（moral education）和价值观教育（values education）经常混用，有时甚至称为道德和价值观教育。从心理学的研究结果来看，价值观教育和道德品质教育的外延和内涵是不一样的，价值观教育的外延要明显大于道德品质教育的外延。就以往研究来看，道德价值观仅被看作是多种价值观类型之一（黄希庭，1995；中国社会科学院社会学研究所"当代中国青年价值观演变"课题组，1993）。我国台湾学者黄光国（1995）借鉴罗克奇的框架将价值观分为工具性价值观和终极性价值观两类，其中前者包括道德价值观和能力价值观，后者包括个人价值观和社会性价值观。可见，多数学者认为道德价值观是价值观的一种类型，所有的道德问题理论上讲都是涉及价值的问题，但不是所有的价值问题都是道德问题。比如审美和经济就不易简单地用道德法则来衡量。我们也决不能用道德品质的教育来代替价值观的教育。广义的德育尽管已包括了思想教育和政治教育，但仍然是一个外延小于价值观的概念。

通过以上对几个概念的辨析，我们认为在我国教育领域（包括学校教育和社会教育）采用价值观教育概念是十分必要的，一定程度上可用"价值观教育"概念来代替"德育"概念。这是因为，第一，从我国多年来的教育实践看，"德育"一词并不能完全涵盖它所包含的内容，给人以明显的"名不副实"的感觉；第二，把原本不属于德育的内容强行塞入德育的教学体系中，容易造成把所有问题道德化；第三，"价值观教育"的提法也更容易与国际相关教育领域的研究和实践并轨；第四，"价值观教育"的提法更容易使研究内容客观化、研究手段和方法科学化。

四、价值观教育的可行性

这是一个既复杂但又必须面对的问题。总的来讲，关于这个问题的争论很多，各种观点也层出不穷，但从争论的实质看，可以分成三种派别。

第一，认为价值观是个体和群体自由选择的结果，并不能依靠灌输和强制的手段来获得。从国外价值观教育的发展脉络来看，这种观点的主要代表是于 20 世纪 60 年代兴起，以拉斯思（Raths）、西蒙（Simon）和哈明（Harmin）等为代表的价值澄清学派（values clarification）。这个学派的早期观点认为，教师、咨询者、父母、领导者决不能企图在青年人中直接劝导和慢慢灌输自己的价值观，因为这将会妨碍青年人正在发展的那些真正属于他们自己的价值观，价值观教育者的任务仅仅是为个体价值观的选择和确认提供一种情境或机会（Krischenbaum，2000）。

价值澄清理论的心理学基础无疑有着很明显的人本主义倾向，"以人为中心"或"以学生为中心"是价值澄清学派的理论和实践的重要指导原则。但就具体的理论假设来看却主要是这样两个方面：首先，"价值澄清理论把青年人具有一定的传统的价值观基础认为是理所当然，即假设人们自身有足够的正派、善良和仁慈，能够直觉地理解正确和错误、公平与公正，有识别自身深奥情感的人格力量、能够对不同的选择进行检验直至最后做出好的且负责任的选择"。事实上，关于学生在入学之前就拥有一定的价值观基础以及学校价值观教育的任务等问题，哈斯塔德和马克等进行了专门的研究，认为儿童是在已具备了一系列来自他们学前经历中的价值观的基础上进入学校的。学校的角色是这样两个方面：一是通过提供在社会上流行的各种价值观（如公平的机会、对多样性或差异的尊重）的进一步剖析来建立和补充儿童已经开始发展的价值观；二是帮助学生反思，使他们明确和应用他们正在发展的价值观。卡根等（Kagan et al.，1987，1992）则对早期儿童价值观的获得途径进行了探讨，认为在生活中，儿童开始学习价值观的时间非常早，最初不仅从家庭，也从媒体、同伴、游戏群体、护理者那里来学习，另外还有他们所处的社区以及一些其他机构。有证据表明儿童在生命中的头两年就可能发展了一种道德感知。其次，价值澄清理论的研究者认为，任何个体将来总会不可避免地暴露于不同的选择面前，需要面对不同的价值观念，需要做出不同的抉择，与其将来不知所措无法应对现实，倒不如在学校教育阶段就让他们尝试自己做出选择会对将来的发展更加有利。

第二，认为价值观主要是通过教育获得的，这种观点在西方 20 世纪 60 年代价值澄清理论兴起之前以及在 80 年代人格品质教育兴起之后都得到了相当程度的肯定。在我国传统至今的道德教育或笼统的德育基本上也对此持肯定的态度。赞成者的一种观点认为，价值观与其他科学知识有着共同的特点，即客观性和科学性。尽管不同的民族、不同的文化、不同的时代价值观的呈现会有所差异，但所遵崇的主要价值观以及价值观的评价标准基本上还是相同的和稳定的。如果这种观点成立的话，价值观就是可以教育的。

事实上，价值观可以通过教育获得的主要佐证来自价值观教育的实践。我们必须承认价值观教育本身是一个客观进行的过程，即不管你是否愿意，是否用"教育"来称谓，价值观教育都在实践中永不停息、潜移默化地进行着。美国人本主义教育中心主任柯申鲍姆（Krischenbaum）在谈到自己由价值澄清理论的倡导者到品格教育的倡导者的转变过程时认为，一个很重要的促成因素是自己女儿的诞生，也就是自己成为一个父亲后在教育女儿过程中的亲身经历。他当时虽然仍坚持"强加我们自己的价值观在青年人身上将扼杀他们的独立性"的观点，但在现实中教育自己的女儿时，却感到自己无时无刻不在向女儿灌输自己的价值观，比如"我非常高兴你和小朋友分享你的玩具"，另外，自己有意让女儿接触什么样的榜样人物、允许或不允许女儿看什么电影、在与女儿看电视节目时对主人公言行的评价等，事实上都在灌输自己所崇尚的某种价值观念。另外一个有趣的例证是柯申鲍姆引用马克·吐温的一句名言，"当我是一个十几岁的少年时，我不敢相信自己的父亲有多么的愚蠢，但成年后，我对父亲在自己成熟过程中所起的作用印象深刻"，即认为自己很多积极的价值观和人格品质来自父亲对自己的影响。家庭教育如此，学校教育也同样如此。杰克逊（Jackson，1992）认为："儿童的价值观将会被他们的教师在人际关系、态度、教学风格方面的榜样作用有意无意地所影响"，卡尔（Carr，1993）认为："有些教师虽然没有把扮演道德榜样作为自己角色的一部分，但因为价值观内含在教学活动中，学生要想完全避免教师价值观的影响似乎是不可能的"，事实上，杰克逊（Jackson，1993）的研究表明："教师所拥有的自信心、信赖、友谊以及上课是否准时、备课是否认真等教学风格，甚至是面部表情和手势都在潜移默化地影响着学生的价值观"。正像柯申鲍姆所说，"价值澄清法的步骤和策略中也隐含着公民价值观和道德价值观的教育。举例来讲，我们教育学生彼此用尊敬的态度来听，事实上我们就正在教一种尊敬的价值观；我们教团体成员要考虑别人的观点，事实上我们就正在教学生要拥有公平的价值观和移情。尽管我们并没有明确地去教尊敬、公平、移情或同情心以及其他道德价值观，但它们都是隐性课程的一部分"。从以上研究者的角度来看，片面否定价值观教育的可行性是在自欺欺人，也是毫无意义的，我们现实生活中每个人可能都在试图传播和接受某种价值观念。

第三，价值观教育的综合观点。柯申鲍姆在描述自己由一个价值澄清理论的倡导者转变为一个品格教育理论的倡导者的经历时，还提到另外一个促发因素——在以色列的讲学。当他在以色列一个培训机构讲授价值澄清理论时，一个学员向他提出了这样的问题："如果（价值观）由价值澄清法来获得，你认为我们的青年人中有多少人会自愿到军中服役？"，在另外的场合还有人问到"如果让青年人自己选择价值观，他们可能会选择吸毒"。这些问题的出现使柯申鲍姆理解到价值澄清理论片面强调价值观形成过程中个体自我的满意程度是有局限的，如果过度提倡价值观的自我选择，"在培养出一个甘地的同时也会培养出一个希特勒"。价值观教育不仅应考虑到个体的自我需求和满足，还必须考虑到国家对国民的责任以及对国民的要求，比如爱国主义、奉献精神的培养对任何一个国家来讲都是十分重要的。所以，他越来越主张一种综合的价值观教育方法。如果我们通过灌输教给或告诉青年人一些东西，他们也许会记住某一些；如果我们能够演示（或证明）我们正在教的一些东西，他们将会记住更多；但是如果我们在教和演示的同时还给他们一个独自处理那些信息的机会，使他们能理解出一个自己的含义，他们将会记住更多并保留更长时间，而且对他们的行为也将会有一个更加深远的影响，价值观教育一定是综合性方法效果更好。还有研究者（Glaser，1978）

认为，青年人的价值观选择必须建立在有一定的正确价值观基础之上，而这种基础是通过教育得到的，并不是天生就有的。通过传统的教育使青年人发展正确与错误的意识、良心、同情心、责任心，这是青年人能做出正确价值选择的基础，否则，在一个具有反社会人格的团体中强调价值观的自我选择是无意义的，甚至是非常有害的。我国学者檀传宝（2000）在谈到德育方法问题时也认为，单个方法都有其优势，也有其缺陷，但综合运用则可能互相支撑，完成道德教育的使命。正如苏联教育家马卡连柯所说，具有决定意义的不是孤立的教育手段，而是和谐地组织起来的手段体系。

第二节　青少年价值观教育*

　　价值观教育是青少年思想道德教育的重要组成部分，但它与思想教育和道德品质教育又存在较明显的差异。有很多问题往往是价值（值不值得）的问题，但不一定是思想或道德的问题。

　　如前文所述，思想教育重在使人们掌握认识世界的思想或思维方法，提高思考、分析问题的水平和综合驾驭问题的能力，进而提高人们的创造性思维水平。道德品质教育则重在高尚道德情操、健康个性特质、良好行为准则的养成，是通过社会舆论和内心信念来规范人们的行为、确立道德理想的过程。而价值观教育重在使受教育者在结合自身需要的基础上形成什么是值得和什么是不值得的正确观点和看法，比如，确立什么样的目标是值得和正确的？为了实现这一目标采用什么样的手段是值得和正确的？在确立目标和使用手段过程中要遵循哪些规范是值得和正确的？

　　价值观教育与道德品质教育的主要区别在于前者遵循的是"值不值得"的标准，而后者遵循的是"应不应该"的标准。前者侧重从个体自身角度来思考问题，后者则侧重从外在社会要求的角度来思考问题。

---

　　* 本节内容原文发表于《人民教育》2005年第18期，在原文基础上进行了修订。

一、青少年价值观教育是一种方向性教育

价值观是否需要教育，这既与价值观自身的特点有关，也与受教育者的特点、教育的功能、社会背景等因素有关。

（一）价值观的功能与青少年价值观教育

从知识层面看，价值观与科学知识、技能不同，某种意义上说前者是一种方向性教育，而后者则是一种手段性教育。如果知识教育和能力养成教育是为个体生存、发展提供手段的话，价值观教育则是在为个体应该如何生存发展，怎样才能更好地生存发展规定着方向。进一步讲，科学知识教育只能帮助我们认识现有的世界是什么样子，但不能告诉我们世界应该、最好是什么样子，价值观教育则可以帮助我们在科学知识、技术的基础上设计出我们最理想、最美好的生活家园。

从文化层面看，价值观是一种文化的核心，文化的冲突说到底是价值观的冲突，文化的认同说到底是价值观的认同。世界著名跨文化与管理专家霍夫斯泰德（Hofstede，1987）认为文化是一个人群的成员赖以区别于另一人群成员的共同思维方式，而价值观是文化的核心组成部分。李炳全（2007）也认为，价值观是文化的重要组成部分和文化的最突出、最鲜明的体现，并认为在某种程度上，价值观可用来界定文化本身，价值观方面的差异尤其是少数的积聚起来的"核心"价值的差异，可为我们思考、理解和解读文化差异提供一定的结构和框架。因此，文化传承、文化教育的核心和本质是价值观的传承，尽管随着时代的发展和变迁，诸如象征物、礼仪等文化的一些表层符号会有调整和变化，但价值观作为文化的深层、核心构成要素却会保持相对稳定，这也构成了文化间差异的重要基础。

从社会层面看，社会的变革和进步不仅体现在科学技术、生产技术、商业贸易等层面，也体现在价值观念的变革层面，甚至某种程度上讲，价值观念的变革是社会变迁的先导。因此，要把握时代发展的脉搏，要与时俱进，都需要从学习或养成符合时代精神的价值观念入手。美国著名社会学家英格

尔斯（Inkeles，1985，1992）就认为"落后和不发达不仅是一堆能勾勒出社会经济图画的统计指数，也是一种心理状态"，并通过对新经验、变革取向、意见的增长、信息、时间性、效能、计划、信任感、专门技术、教育与职业意愿、了解生产等12个变量的测量来描述人的现代化特征。可见，价值观及其变革对社会发展和进步的重要作用。

从个体层面看，价值观既是个体的选择倾向，又是个体态度、观念的深层结构，它主宰了个体对外在世界感知和反应的倾向，因此是重要的个体社会心理过程和特征（王俊秀和杨宜音，2011）。价值观对个体行为具有重要的启动、维持、解释、预测、导向作用，这是由价值观念在个体精神体系或人格体系中的核心位置所决定的。有研究认为，虽然需要、动机、情绪、兴趣、态度等也都具有价值心理成分，但这些成分都需要接受价值观念的统领，这种统领作用在个体所遇重大事件及其解决过程中会体现得更加明显。另外，就个体的心理健康问题来讲，拥有正确积极的价值观是心理健康的前提条件和重要保证，虽然事后的咨询和治疗可以在一定程度上解决个体的心理问题，但形成正确积极的价值观对个体心理健康具有更根本性的作用。目前，有些心理健康教育模式由事后的咨询治疗模式向事前的正确价值观养成转变就能很好地说明这一点。

（二）青少年的身心特点与价值观教育

2020年第七次全国人口普查显示，我国青年人口总量为4.01亿人，占总人口比例为28.42%。少年儿童人口总量为2.53亿人左右。关于青少年群体的身心特点有很多学者已作过专门的论述，普遍的看法是生理和心理尚处于形成阶段，价值判断和价值甄别能力还没有完全成熟，所谓"性犹湍水也，决诸东方则东流，决诸西方则西流"。西方有学者也反对对青少年价值观形成采取放任式的做法，认为放任价值观的自然形成是危险的，放任式的做法"在出现一个甘地的同时也会出现一个希特勒""如果放任的话有些青少年会选择吸毒"。因此，针对青少年群体的身心特点，在尊重他们能力的基础上进行必要的价值观教育是十分重要的。

（三）我国现实社会特点与青少年价值观教育

事实上，价值观教育的必要性与目前我国社会发展的多元化特点紧密相关。改革开放以来，伴随着全球化趋势，经济制度的变革、科技发展与信息渠道的多样化，价值观也呈现出明显的多元化特点。一方面，热爱祖国、积极向上、团结友爱、文明礼貌是当代我国青少年精神世界的主流。另一方面，物质主义、个人主义、享乐主义、拜金主义、道德上的功利主义，甚至是封建色彩浓厚的旧价值观念也同时并存。假如青少年缺少了主流核心价值观念的引导，就常常会茫然而无所适从，直接影响青少年的身心健康。从这一点来看，必须对青少年及时进行正确价值观的引导和教育，必须引导未成年人保持蓬勃朝气、旺盛活力和昂扬向上的精神状态。

（四）价值观存在的形式与青少年价值观教育

价值观具有相对的独立性和客观性。如果把价值观作为一个客体来考察，一个社会存在主导价值观、主流价值观、主体价值观三种形式。主导价值观是指国家、政府根据社会制度、国家发展状况鼓励社会成员所拥有的价值观体系，如社会主义核心价值观体系；主流价值观是指在特定的时代背景、特定经济发展条件以及特定的文化状态下社会多数成员所具有的价值观体系，如社会普遍性的物质主义倾向；而主体价值观针对单独的个体价值观而言，具有复杂多元的特点。这三种形式的价值观总体上的协调一致是社会和谐发展、个体身心健康的基本条件之一。但事实上，三者之间经常会出现不协调、不同步的情况，因此，价值观教育也就具备了某种必然性。

（五）教育者的责任与青少年价值观教育

从教育自身的性质来看，它也肩负着价值观教育的重任，所谓"传道、授业、解惑"中的"传道"是也。虽然国内外价值观教育研究领域存在许多不同的观点和争论，但教育是一种培养人的事业，是一种培养未来人才的事业，而人的培养无论如何也不应该仅仅是知识技能的传授，健康的个性、正确的价值观养成理应是其分内之事和无法回避的责任。

二、青少年价值观教育内容确定的标准

青少年价值观教育的内容应该如何来确定呢？就目前价值观教育研究领域的探讨来看，以下问题值得关注。

（一）精英标准与底线标准的结合

所谓精英标准，也有人称作先进性标准，意指对青少年的价值观要求应该向精英看齐，向社会的先进者看齐，先进者具有怎样的价值观，青少年也应该或最好习得什么样的价值观。所谓底线标准，也有人称作广泛性标准或合格公民标准，也即针对青少年群体的身心特点来讲，重要的不是一开始就要求向精英看齐，而是要首先具备一个合格公民的标准——能使青少年成为一个合格的公民即是价值观教育的成功。赞同底线标准者的理由十分明显，如果连一个合格的公民都做不到，又怎么能树立起崇高的理想信念呢？

精英标准主要强调价值理想、价值信念的教育。比如，学校教育要把实现中华民族伟大复兴的共同理想和坚定信念的培养作为青少年价值观教育和思想道德教育的重要内容。具体而言，我们社会的一些榜样人物、优秀人物身上所具备的特质或品质应该可以看作一个精英标准。底线标准则主要强调个体基本素质、价值规范的养成、爱国主义等方面的公民教育内容。有研究者指出，价值观教育的底线标准或公民教育标准应该是：爱国，遵纪守法，尊重人关心人，不做有损于国家统一、民族团结、经济发展、社会进步的事。公民教育的内容在国内外都有一些共同的特点。如法国的公民教育课程包括三个阶段的内容：第一阶段是使学生明白自己的身份，明确作为一个具有个性的人，相对于共和国应该担当起什么责任，逐步形成对公民身份的认同；第二阶段是使学生了解共和国的基本价值观念，如平等、自由、团结、安全、正义等，并在日常生活中逐步树立起这些观念；第三阶段是使学生对共和国的体制、机构有一个基本了解，懂得社会的权利是如何分配的。另一项有关英国教师的调查显示，教师们认为学校必须要教的价值观有：责任感、尊敬、诚实、正义和公平、关爱和信赖、文化多样性价值、公民美德和公民意识、

对人本性价值的宽容、正当的生活立场、正当的选择立场，等等。

实际上，就价值观教育内容的确定而言，我们认为不存在笼统意义上的上述哪一个标准更合理的问题，因为价值观本身是一个相对客观、完整的体系，在这一体系里既应有底线标准，也应包括精英标准，而且两者之间往往存在着内在的联系。我们认为，在确定价值观教育内容时要兼顾精英标准和底线标准，而在评价阶段则适合以底线标准为主要内容。这是因为精英标准作为一种理想、一种追求是重要的，对尚处于价值观形成阶段的青少年群体的理想信念确定尤其重要。但在对青少年价值观评价时则应考虑到这一群体的身心发展特点，底线标准的内容更具有基础性。事实上，当今我们国家所倡导的社会主义核心价值观体系"富强、民主、文明、和谐；自由、平等、公正、法治；爱国、敬业、诚信、友善"就是精英标准和底线标准很好结合的一种体现。

（二）民族精神和时代精神的结合（稳定性内容和可变性内容的结合）

一个国家、一个民族有其特有的社会历史发展脉络，有其对公民素质的基本要求，有其特有的民族精神和国民性特点，因此，青少年价值观教育的内容有些方面应该具有一定的稳定性，诸如中华民族传统文化中的一些积极进步的理念，中国近现代革命以及新中国成立以来中华民族所倡导的勇敢进取、自强不息、自力更生、勤俭、平等的精神，这些内容无论时代变化有多么迅速，都必须保持相对的稳定，因为这是中国文化的根本所在，是作为一个中国人理应习得的优秀品质和核心观念。但是，时代在变化，社会在进步，一些新的适应时代潮流和社会发展的价值理念也在应运而生，因此，价值观教育的内容也存在着一个与时俱进的问题。比如，自主、自立、自强、竞争、效益、风险、敢于探索、勇于创新等适应市场经济的观念，尊重儿童，两性平等，对特殊群体如艾滋病患者的尊重，对个性化群体必要的尊重，对依靠正当手段先富裕起来的人的尊重，对弱势群体的尊重，对生活方式自由选择权的尊重，对自然环境的珍惜和关爱，正当的消费观念，科学技术和人文精神并重的观念，等等。所有这些新的价值理念也应成为我们现时代青少年价值观教育的重要内容。

（三）全面生活领域的价值观教育和主导生活领域价值观教育的结合

价值观念是一个体系，它涉及人们生活的方方面面。在以学习为主导性任务的青少年阶段，是否也要进行其他非主导性生活领域的价值观教育呢？研究表明，经验对个体成长或个体行为选择有着重要的意义和价值。理论上讲，任何高尚的、积极的价值观念和道德观念只有当进入个体的经验、习惯领域时，才能更为自然、直接有效地发挥作用。青少年虽正处于学习阶段，但像爱情的观念、婚姻的观念、家庭的观念、性观念、经济观念、独立的观念、审美的观念、挫折的观念等也应该得到适度的教育，毕竟青少年的未来是要走向社会，毕竟我们无法自始至终为青少年提供一个绝对单纯的环境，因此，较为全面的生活领域的价值观教育将会为他们日后走向社会以至尽快融入社会提供一些帮助。

关于价值观念的完整体系，国内外专家学者已有不少论述。如奥尔波特等（1960）基于德国教育家斯普兰格人格类型提出的理论、审美、经济、政治、社会、宗教6种价值观类型；西南师范大学黄希庭（1989）则将价值观分为政治观、道德观、审美观、宗教观、职业观、婚恋观、自我观、人生观、幸福观、人际观10类。上海师范大学古人伏等学者（1998）则进行了更为具体的探讨，认为价值观的基本建构可以看成这样一些系列：就个体而言，有勤劳、俭朴、自信；就个体与集体关系而言，有关心、尊重、合作、守信；就个体与社会关系而言，有正义、公平、公正、责任；就个体与国家关系而言，有忠诚、遵纪守法、义务、奉献。事实上，除此之外，就个体与自然关系而言，有和谐、热爱生命等；就个体与外来文化关系而言，有宽容、接纳、尊重、欣赏、自重等。我国的社会主义核心价值观体系则包括三个主要层面：富强、民主、文明、和谐是国家层面的价值目标；自由、平等、公正、法治是社会层面的价值取向；爱国、敬业、诚信、友善则是公民个人层面的价值准则。

三、青少年价值观教育的具体内容

这是我们特别需要区隔的一块内容，也是避免价值观教育泛道德化的重要步骤。就西方的价值观教育来看，爱、平等、自由、公正、幸福、安全、主客观之间的良好适应是最基本的价值观教育内容，也是价值观教育的最高理想。但就具体的价值观教育实践来看，却更强调从公民教育和道德教育入手。哈斯塔德等（2000）认为，在英国，公民教育是价值观教育的一个主要渠道和途径，他们所倡导的公民教育主要包括希望、勇气、自尊、自重、诚实、信任、友谊、庄重等。戴维等（1997）的一项对教师的调查也证明了这一点。教师们认为学校必须要教的价值观有：责任感（89%）、尊敬（88%）、诚实（86%）、正义和公平（79%）、关爱和信赖（75%）、文化多样性价值（72%）、公民美德和公民意识（63%）、宗教多元性价值观（53%）、对人性价值的宽容（33%）等。

如前文所述，党的十八大以来，社会主义核心价值观体系已成为我国价值观教育的指导性内容框架，该框架分别从国家层面（富强、民主、文明、和谐）、社会层面（自由、平等、公正、法治）和个人层面（爱国、敬业、诚信、友善）构建了完整的价值观教育内容体系。学术领域也有一些相关的探讨，兰久富（2001）提出价值观教育的内容可分为公共价值观教育和私人价值观教育，前者包括公德观念、诚信观念、科学观念、民主观念、集体主义观念、爱国主义观念等，后者包括审美观、爱情观、择业观等，并认为公共价值观教育是整个价值观教育的核心。另外也有研究认为，我国目前的价值观教育不仅要在内容上做出区分，更要在教育实践中结合受教育者的年龄及心理发展特点，也要考虑价值观教育的阶段性。所以有人提出了"底线伦理"的概念，价值观教育首先要从培养一个合格的公民开始着手，然后再培养更高层级的价值观。

四、青少年价值观教育的原则、途径和方法

价值观教育的途径和方法问题一直是中西方价值观教育研究领域探讨的重点之一，也是难点之一。其重要之处在于无论价值观教育多么重要、价值观教育的内容多么系统清晰，最终还必须通过某种途径和方法让受教育者接受、领会，否则价值观教育的重要性仍然只能停留在理论探讨层面；其困难

之处在于价值观教育和一般的知识、能力教育不完全相同，它是一种精神培育，我们较为熟悉和行之有效的知识能力教育的途径与方法并不一定完全适合价值观的教育。那么，价值观教育应该如何进行呢？我们可以从原则、途径和方法三个方面加以探讨。

（一）价值观教育的原则

价值观教育途径、方法的综合。国内外许多研究者认为，对于价值观教育，综合性的方法要好于单一性的方法。美国著名价值观教育研究者柯申鲍姆（2000）就曾说，"价值观教育一定是综合性的方法效果更好""如果我们的目的是促进青少年形成信赖、尊敬、责任感、关爱、公平、良好的公民意识等核心价值观念，我们就应该欢迎所有能达到目标的最好的方法"。就不同方法之间的综合运用，他也提出了自己的看法：通过讲授，学生可能会记住一些有关的价值观的知识；通过演示和榜样宣传，学生可能会记住更多；如果在以上基础上还能给学生提供一个自己处理信息、形成概念和判断的机会，学生将会记住更多价值观知识，而且保留时间将更长，对其行为的影响也会更大。我国学者檀传宝（2000）也认为：单个的方法都有其优势，也有其缺陷，但综合运用则可能互相支撑。

不同价值观教育者之间的有效整合。与价值观教育途径、方法、技术的综合相比，不同价值观教育者之间的有效整合就显得更为重要。青少年正确价值观的养成不单单是学校的责任，也不单单是家庭的责任，而是政府、社会、学校、家庭的共同责任，是教育政策决策者、教育理论研究者、教育实践工作者、大众传媒机构等的共同责任。价值观教育的有效性在很大程度上取决于这些价值观教育者之间的沟通和协作。

重视受教育者在价值观教育中的主体地位。价值观教育的最终目标是使受教育者养成积极正确的价值观，因此，受教育者毫无疑问应该是价值观教育的主体。价值观教育要求外在的价值观念和教育方法与受教育者之间有一个很好的契合，这样的教育才会卓有成效。脱离主体需求或者超越主体生理心理发展特点的价值观教育往往收不到很好的教育效果。这种脱离，既包括价值观教育内容的脱离，更包括价值观教育方式方法的脱离。因此，教育者在价值观教育中应始终树立受教育者主体性的意识，"以学生为中心""以人为本"的价值观教育思想应充分体现在价值观教育的过程中。

知行统一。正确价值观念的形成固然重要，但价值观教育的真正落脚点是青少年的行为层面。而且，从价值观念的形成角度来看，有益的实践活动也是十分重要的。因此，正确价值观念的引导和积极的价值实践活动两者紧密结合，即知行统一，理应是价值观教育实施的重要原则之一。

（二）价值观教育的途径

价值观教育途径的探讨通常有教育者、教育过程和教育内容三种视角。教育者视角是针对学校、家庭、社会三种主要教育形式而言。学校作为专门的价值观教育机构，价值观教育可以采用专门的价值观教育课程（如思政类课程）、贯穿于其他专业类课程中的价值观教育（如课程思政，在专业课程中融入思政元素）、潜课程、价值实践活动等途径来进行。家庭的价值观教育除一定的知识传授外，更应重视身教的重要性，家长对子女价值观养成的期望以及身体力行的榜样作用是最为有效的途径。由于价值观的多元化以及信息渠道的多样性，社会因素对青少年价值观的影响越来越大，在某种程度上，社会途径的价值观教育成了直接影响学校价值观教育和家庭价值观教育成败的关键因素。就社会视角的价值观教育来看，重要的是积极健康的社会风气的形成，能够为青少年群体构筑起一个良好的社会环境。而这种良好环境的建立不仅要靠政府的力量，也要靠各种社会群体组织的力量，更要靠各种传播媒介的力量。

教育过程视角是指要针对不同的教育对象选择不同的切入点进行教育。研究表明，个体的价值意识包含两个不同的层次：一是心理层次，包括需要、动机、兴趣、情绪、情感等；二是观念层次，包括理想、信念、信仰等。心理层次是观念层次的基础。我们在选择价值观教育途径时不能一味省略心理层次，直接从观念层次入手，这样的切入方式往往有抽象说教之嫌，比较有效的方法应该是从心理层次入手，即从引导青少年的需要取向、兴趣培养、高级情感养成等开始，最后逐步形成青少年正确的理想、信念和信仰。

教育内容视角是指教育者在选择价值观内容时可以有不同的侧重点。比如，既可以从行为培养塑造入手，也可以从健康人格品质教育入手；既可以从道德价值观教育入手，也可以从公民价值规范教育入手。总之，针对受教育者的特点选择恰当的切入点，价值观教育才会更为有效。

（三）价值观教育的方法和技术

关于价值观教育的具体方法和技术，西方学者曾进行了较为系统的整理，有些方法和技术对我们的价值观教育也有一定的启示和参考价值。这些方法和技术可以分为四类：第一类是注重知识的传授和学习，如正确价值观念的讲授和专门的学习；第二类是强调正确群体规范形成在价值观教育中的作用，如公正团体（如建设一个积极健康的班级，通过班级文化对个体价值观产生影响）、班级规则的形成等；第三类是注重学生思维或反思能力的培养，如提高思辨能力、批判性推理、学生主导的研究、问题解决等；第四类也是应用比较多的一类是丰富多彩的价值实践活动，如小组讨论、课外活动、圆桌时间（强调教育者和受教育者之间的平等）、故事及个体经历叙事、同伴仲裁（让大家来评判一件事情的对与错）、角色扮演、戏剧演出、模拟议会、教育性游戏、模拟练习、合作学习、任务主导活动、主题日活动等。

我国的价值观教育有着悠久的历史和传统，也形成了一些卓有成效的教育方法。在传统教育中比较多地强调正确价值观念的讲授和学习，但从倡导素质教育理念以及课程改革实践来看，价值观教育方法也日渐丰富，如启发式教学法、思维训练法（讲授法、谈话法、讨论法）、情感陶冶法、理想激励法、榜样引导法、行为训练法、修养指导法、班级文化建设、价值实践活动等方法，都在不同程度上得到了运用。

总之，只有充分认识到价值观教育的重要性，并能够选择正确适当的价值观教育内容，采取合理的价值观教育途径和方法，我们的青少年价值观教育才能更为有效。

第六章

我国青少年价值观教育实证研究

心理学取向的价值观研究成果最主要的应用领域之一就是价值观教育实践，尤其是作为青少年价值观教育实践的参考和指导。本章主要介绍了我们涉及青少年价值观教育实践的四项实证研究，分别探讨了学生、家长、教师不同主体对价值观教育内容、方法、途径的认知特点及其契合性问题；我国大学专业课程教学中的价值观教育问题；流行歌曲对青少年价值观的影响、大学生价值观与其压力应对和心理健康的关系。

第一节 青少年价值观教育内容、方法和途径的多主体认知研究

一、引言

青少年价值观教育的有效性从根本上讲取决于相关多元主体间的沟通和协作，重在形成合力，2024 年教育部等 17 部门联合印发的《家校社协同育人"教联体"工作方案》就对这种多主体协作机制给予了高度重视和明确要求。但在具体价值观教育实践中，我们很容易就会发现存在较多的有效协作缺乏或协作失败的情况，影响了价值观教育的实际效果。比如，学校的要求和国家的要求不相统一，学校对开展价值观教育的重视程度不够，在教育内容设置和教学资源安排上缺乏制度化的设计，致使学校的价值观教育可能存

在避实就虚的情况，当然，国家层面相关的价值观教育政策和制度安排是否真正符合学校教育实际，是否有配套的其他相关支持性政策也是需要深入探究的课题。

学校和家庭之间也存在明显的不统一情况，其表现不仅仅是重视程度的差异，更在于学校所进行的价值观教育可能与家庭、家长对子女所进行的价值观教育有所脱节，这种情况的存在给青少年的价值观养成和践行带来不少问题和困惑。相关研究表明，在代际传递过程中，父母会区分他们自己所持有的价值观和期望子女获得的价值观，父母不仅要考虑自己的价值取向，还要考虑他们对文化规范的理解，即他们想要子女接受的价值观（Benish - Weisman et al.，2013；Tam & Chan，2015）。也就是说，父母不仅要传递他们自己认同的个人价值观，而且要传递他们自己虽然不认同但认为具有重要社会规范性的价值观。比如，父母将"诚实"看作是一项积极的个人品质，认为应该传递教育给自己的孩子，但父母结合自己的人生经验阅历又认为"诚实"可能会吃亏，为避免孩子遭受损失或伤害，就可能会教育传递"圆滑"的品质。又如父母自身虽然并不赞同一味的金钱物质取向，但又认为物质主义是当今社会的主流取向之一，在教育孩子时也会将这种实用主义倾向的价值传递给自己的孩子。这种现象一方面说明了社会环境、社会规范对价值观教育的重要影响，另一方面也说明了家庭价值观教育的复杂性，导致学校价值观教育与家庭的价值观教育出现分离，直接影响学校教育的效果。

当然，价值观教育过程中存在的这种多主体之间的复杂性和矛盾性，不仅仅是表现在政府和学校、学校和家庭、学校与社会（如传播）、家庭与社会这些宏观主体之间，也具体表现在学生和教师、学生和家长、教师和家长等微观主体之间。理想且高效的价值观教育应该是不同主体之间的良好沟通和充分协作。

除以上讨论的不同主体间的协作之外，价值观教育的有效推进还有赖于价值观教育内容、途径和方法之间的合理匹配。不同的价值观教育内容可能适宜的教育途径和方法不尽相同，比如有些价值理念运用讲授的方法效果很好，但有些理念如果采用价值澄清的逻辑和步骤可能会收到更好的教育效果。

总之，本节的目的就是试图深入探讨价值观教育过程中不同主体、不同环节之间的有效协作问题。

二、研究方法

（一）研究目的和思路

本节首先采用访谈法、问卷调查方法了解了在校青少年学生、家长和教师、教育专家等对价值观教育内容、方法、途径，以及价值观教育重要性等问题的认识。在此基础上采用多元尺度分析统计方法对量性调查结果进行处理，获得了价值观教育内容和教育方法的分类框架。具体研究分为三个部分：研究一，对学生、家长、教师、教育专家等进行了价值观教育的访谈，收集质性访谈资料，并根据访谈分析结果整理出价值观教育内容、价值观教育方法各自包含的重要项目；研究二，结合本节的研究特点，采用多元尺度分析方法对问卷调查获得的价值观教育内容项目和教育方法项目进行维度划分，以便于进一步整理分析数据材料；研究三，采用自编的《青少年价值观教育问卷》进行了大样本施测，将不同主体有关价值观教育诸方面的期盼和对现状的认知状况进行了比较分析，最终得出结论并提出了价值观教育建议。

（二）具体研究方法

1. 研究一：价值观教育内容和方法的质性（访谈）研究

（1）研究目的。通过对不同主体的访谈，了解青少年价值观教育的现状，收集整理访谈资料，形成价值观教育内容、价值观教育方法题项。

（2）研究被试及取样。本节被试包括初中、高中和大学的在校学生，家长及教师，教育专家等主体。其中初中生3人，初中家长3人，初中教师3人；高中生4人，高中家长3人，高中教师3人；大学生22人（含焦点组被试8人），大学家长4人，大学教师5人；教育专家3人。

（3）研究工具。研究工具为针对不同教育主体所编制的《青少年价值观教育访谈提纲》。

（4）研究步骤与程序。第一，对被试进行半结构访谈，访谈采用了现场录音、录像和笔录等形式；第二，访谈结束后进行访谈资料的编码整理，形成价值观教育内容、价值观教育方法题项。

2. 研究二：价值观教育内容和方法的结构研究

（1）研究目的。本节采用多元尺度分析方法对获得的价值观教育内容、教育方法题项进行了分析处理，找出了各自的分类结构。

多元尺度分析（multidimensional scaling analysis，MDS）又称多维尺度法或多维标度法，它是多元分析的一个新分支，是主成分分析和因素分析的一个自然延伸，由托格森（Torgerson，1952）最早提出，在许多领域都有成功的应用。它利用客体之间的相似性数据，假定相似性数据和距离数据之间存在线性关系，将相似性数据转换成距离数据，从而建立起与客体集合相应的被试心理空间。客体集合中的每一点都与心理空间中的某一点对应，这样就可以通过心理空间的维度、客体在各个维度上的坐标去揭示事物之间的相互关系，以确定引起心理活动的因素个数，对各个因素命名，或对客体进行分类。此外，它还可以利用平面距离来反映研究对象之间的相似程度。只要获得了两个研究对象之间的距离矩阵，我们就可以通过相应统计软件做出他们的相似性知觉图。

（2）研究被试及取样。本节共抽取被试139人，包括54名本科生、12名硕士研究生、30名中学生、28名学生家长、15名教师。

（3）研究工具。将通过访谈获取的价值观教育内容项目53条、教育方法项目39条作为材料，形成《价值观教育内容、方法分类调查问卷》，邀请被试对内容、方法项目分别进行归类，并为该条目归类的确定程度进行6点式评分，如将"礼貌"归入某一类后"非常肯定"打6分，"比较肯定"打5分，直至"非常不肯定"打1分。

（4）研究步骤与程序。第一，形成《价值观教育内容、方法分类调查问卷》；第二，进行问卷施测和回收；第三，对问卷数据进行计算机录入，将每个被试结果转换成53×53和39×39的相异矩阵。相异矩阵的建构遵循下述原则：如在分类中两个词不在一类中，就在这两个词的交叉点上记作0，否则记录评分值。运用SPSS统计分析软件对其进行多维标度分析。最终得到价值观教育内容、方法的分类结构。

3. 研究三：价值观教育内容、方法和途径的多主体认知研究

（1）研究目的。从多主体、多层面对价值观教育的现状认知（现实中的价值观教育如何）和理想认知（理想中的价值观教育应该如何）进行了大范围调查，了解了不同年龄阶段青少年对价值观教育内容和教育方法的需求，以及其与家长、教师认知的契合性程度，为促进和提高价值观教育有效性提供了实证数据支持。

（2）研究被试及取样。本节采用分层随机抽样，被试选取涉及 9 所中学、8 所大学的初中、高中、大学在校学生及其家长、教师等样本，共发放问卷 3000 份，回收 2886 份，回收率 96.2%。样本总体情况如表 6-1 所示。

表 6-1　　　　青少年价值观教育调查抽样总体情况　　　　单位：人

变量	学生						家长	教师
	一年级	二年级	三年级	四年级	五年级	总计		
初中	232	134	459	—	—	825	88	94
高中	532	152	102	—	—	786	70	95
大学	295	157	173	147	6	778	70	80
合计						2389	228	269

此外，本节样本抽取还考虑到学生城乡、性别、是否重点学校等特点，大学生的专业差异特点，教师所教专业、性别和教龄以及家长性别等特点。抽样具体情况如表 6-2 所示。

表 6-2　　　　青少年价值观教育调查样本来源具体情况

变量	组别	初中		高中		大学	
		n	%	n	%	n	%
学生性别	男	385	46.7	332	42.2	296	38.1
	女	440	53.3	454	57.8	482	61.9

续表

变量	组别	初中		高中		大学	
		n	%	*n*	%	*n*	%
城乡	农村	535	64.9	305	38.8	223	28.7
	城镇	98	11.9	31	3.9	195	25.1
	城市	192	23.2	450	57.3	360	46.2
是否重点校	是	460	55.8	482	61.3	—	—
	否	365	44.2	304	38.7	—	—
专业	文	—	—	—	—	335	43.1
	理	—	—	—	—	125	16.1
	工	—	—	—	—	111	14.2
	医	—	—	—	—	207	26.6
教师所授科目	文	66	70.2	55	57.9	48	60.0
	理	17	18.1	32	33.7	25	31.3
	艺体	11	11.7	8	8.4	7	8.7
教师性别	男	36	38.3	46	48.4	43	53.8
	女	58	61.7	49	51.6	37	46.2
家长性别	男	44	50.0	34	48.6	38	54.3
	女	44	50.0	36	51.4	32	45.7

（3）研究工具。依据研究一所收集题项形成《青少年价值观教育调查问卷》，问卷分四个部分，第一部分为价值观教育基本问题，了解被试对价值观重要性等问题的认识；第二部分为价值观教育内容部分，含53个价值条目，每个价值条目请被试根据理想中的重要性和认知到的社会、家庭、学校等不同途径中实际的重要性进行7等级评分（由1到7表示从"非常不重视"到"非常重视"）；第三部分为价值观教育方法部分，含39个方法条目，也是请被试根据每个条目的理想重要性和现实重要性分别进行7等级评分（由1到7表示从"非常不好"到"非常好"）。

（4）研究步骤与程序。第一，形成《青少年价值观教育调查问卷》；第二，统一培训主试，对学生被试进行团体施测，对教师、家长被试采用团体施测和个别施测相结合的方法；第三，对回收问卷数据进行计算机录入，并使用 SPSS 软件进行统计处理。

三、研究结果与分析

（一）价值观教育多主体认知的访谈结果

根据访谈提纲的结构，将访谈结果及其分析归为以下四个方面。

1. 不同主体对价值观教育重要性的认知

学校价值观教育的有效性首先体现为不同主体对价值观、价值观教育、价值观教育的重要性等问题有足够的认识和理解。为此设计了以下访谈问题，并对受访者的回答进行了相应的归类分析。

访谈者（下面简称"访"）：你认为价值观教育重要吗？有什么看法都可以谈谈。

（1）认为价值观教育非常重要。

大学生 J：价值观当然很重要了，如果一个人没有价值观，也就没有是非判断能力，别人要他作恶事就跟着做，那不就坏了。我是学理工科的，一般工科院校对这方面的教育并不充分，不过据我所知，许多综合类大学学习风气、生活风气可能比理工类的更差……

大学教师 H：我觉得这个很重要，我是教数学的。我经常和学生们说，人生就像一个坐标，你出生时是坐标原点，知识、能力是坐标长度，长度越长能力越强，你的人格品质是坐标的方向，它标志着你向善还是向恶。很容易看出来，如果是恶的长度越长越不好，所以并不是要一味地学知识，做人更重要。

教育专家 B：价值观是人格的核心，对人的心理健康成长，对社会发展，对人与人之间的和谐都是有帮助的，社会、学校目前的价值观教育，我个人认为，还是不够的，主要是教育体制的问题吧，尤其是高考（指挥棒的作用），不过前些年搞素质教育和高校扩招，某种程度上有利于价值观教育。

【分析】许多人能够对价值观教育给予足够的重视，一些教师能够主动对学生进行教育，但不少学生仍认为教育者做得还不够，无论是在内容方面还是在方法方面。可见，当前的价值观教育离人们心目中的理想标准还有不小的距离，对于如何缩小这一差距各类教育主体还有许多扎实的工作要做。

（2）认为价值观教育不重要，或认为重要但对其内含理解不够准确清楚。

初中生 A：重要呀，从小老师就总这么和我们说，要有正确的人生观、价值观……嗯，不过具体怎么重要我也说不清，这个东西好像说不清吧。

大学生 G：……老师就是天天抓我们跑早操，不许挂科，遵纪守法，哪有什么价值观教育（指学生个性发展方面）……

学生家长 B：价值观这个东西从来也没想过，太说不清了，平时好像没有特别注意对孩子这方面的教育，不过道德规范呀什么的，我们经常和孩子说。

高中教师 E：说句实话，价值观教育（对于）学校来说可有可无，上级主管单位没办法考察，你说教了就教了，没教就没教。尤其我们高中部，老师们根本没空讲这个，要升学率呀，只有高考才是唯一的指挥棒！……再者说，学生高考差，就没生源，老师都要下岗……

【分析】访谈中有相当一部分人对价值观教育意识淡薄，有不少人对价值观内含理解有限，对价值观教育为何重要也缺乏深刻认识。教师主体如高中教师虽然理解价值观的内涵和教育的重要性，但迫于高考压力的现实环境和考评导向，也很难对价值观教育予以足够的重视。

2. 不同主体对价值观教育内容的认知

应该教什么样的价值观是价值观教育的基本问题之一，对这一问题的回答和反应有利于我们了解在价值观教育内容方面不同主体的关注重点和理想诉求。基于价值观体现于个体需要与各种外在事物的关系之中，我们分别从人与自我、人与人关系、人与国家社会、人与文化等方面设计了相关访谈问题，对访谈结果的整理分析如下。

（1）个人品质。

访：你认为哪些个人品质最为重要？

初中生 B：我觉得一个人善良是最重要的了，要做一个好人，从小父母就这么教育我。

高中生 E：我觉得应该达观一点，人生不如意的事情会有很多，如果不保持乐观的心态，什么事都干不成。还有要自尊、自强，我快高考了，保持这些积极的心态我觉得是最重要的。

访：您平时最注重加强孩子哪些个人品质的教育？

家长 D：很多，人品很重要，如善良、正义、谦虚，我们平时都注意到，从小就和他讲。

访：您对学生注意哪些个人品质的教育？

大学教师 G：如何做人，这个比学会做事要重要，许多老师都会将这些教育融入授课过程中，比如，严谨的教学风格、谦虚的处事，学生应该会潜移默化地学到许多。

【分析】将所有访谈结果进行编码整理，结果表明：快乐、善良、自尊、自立、自强、积极乐观、整洁、谦虚、顽强、正义、心理健康、知足等被认为是非常重要的个人品质。

（2）社会规范。

访：你认为个人和国家、社会应该是一种什么样的关系？你是怎么做的？

大学生 J：热爱祖国，这是一个公民最基本的品质。从小看电视最讨厌的就是汉奸了，比小日本还可恶，一个连自己祖国都不爱的人，是不会爱任何人的。再说小一点，还应该爱集体、爱社会、爱他人。人活的不能太自私。

访：您平时对孩子进行了哪些人与国家、社会关系的教育？

大学教师 G：举个例子，前些年世界杯足球赛，我们班有好多男生是球迷，学生们非常着迷，那年正好中国队第一次参加，一些学生就逃课看球，说也不顶事。我就把我的课程改了时间，和世界杯错开了，还组织大家一起看球赛，开赛之前大家一起起立唱国歌，真的让我很感动。我这么做挺好，这样学生自发的爱国热情，比说一万遍都有用。

初中家长 F：国家，这个应该学校教育挺多的，我平时说得多的可能就是教孩子遵纪守法吧，别破坏公物，别闹事。现在孩子难管了，尤其初中生，正是叛逆的时候。

【分析】将所有相关访谈结果进行编码整理，结果表明：爱祖国、爱社会、集体荣誉感、公正、遵纪守法、宽容、民族自尊心等社会规范被认为是人与国家和社会关系中最重要的品质，应该加强教育。

（3）友谊人际。

访：你觉得人与人之间是一种什么样的关系？你平时处理人际关系有什么原则？

初中生B：人与人之间要平等，要有诚信，只有以诚相待，你去包容别人，人家才会接受你。

高中生D：要学会用欣赏的眼光去看待他人，看待事物，不能总挑刺，那样是交不到真心朋友的。

访：您平时对孩子都进行了哪些人际关系方面的教育？

家长H：要有礼貌，尊重别人，别人才能喜欢你，这一点我们从他小的时候就一直说，与同学的关系很重要，我家孩子初中时有一阵子和一个同学闹矛盾，特别影响心情，也影响学习。这一点对孩子来说比其他事情都重要。

【分析】将所有相关访谈结果进行编码整理，结果表明：礼貌、平等、合作、友爱、尊重、诚信、顺从、包容、赞赏、友谊、接纳等品质是人与人关系中最重要的品质，应加强教育。

（4）家庭爱情。

访（大学生团体访谈）：请谈谈你们对婚恋、家庭持有哪些看法？

学生G：爱，我觉得爱是我活着的意义，如果没有爱，爸妈都不要你了，没有一个亲人朋友，活着多孤独呀，真的难以想象。

学生L：刚才那个同学说的是接受爱，我觉得给予别人爱也很关键。有的时候爱人比被爱更让人觉得开心。要有爱心，爱父母、爱孩子、爱爱人，我觉得爱是核心，爱心能感化一切。而且爱还伴有一个词同时存在，就是责任心。爱要勇于承担责任，不光是家长，还有孩子，也应该承担起爱的责任。嗯，我觉得现在对这方面的教育太少了，许多人缺少责任心。

学生H：我来说说另一个方面吧，家庭中有一个很重要的品质，孝敬，这一点非常重要，尊老爱幼是我们中华民族的传统美德。

访：请您谈谈我们目前对孩子的婚恋、家庭观方面的教育。

专家 C：我们的教育向来回避爱，尤其是关乎个人的私人的爱，因为中国的传统是要深沉，对于爱和感情，不轻谈。但是爱、婚恋，还有家庭这些观念应该拿出来讨论，给孩子们澄清，这些是需要思考的，无论你得出什么样的结论。目前，在高校因为恋爱问题寻求心理帮助者的比例相当大，我相信真正需要帮助的人数会更多。如果我们提早注意就会减少一些学生的心理困扰。至于家庭方面，一些家长还使用"棍棒教育"，尤其在一些边远山村，爱子之心还是难于启齿的，这也是我们传统的文化使然。

【分析】将所有相关访谈结果进行编码整理，结果表明：爱、责任心、孝敬、浪漫主义、稳定生活等品质是爱情、婚姻、家庭关系中重要的价值内容。

（5）文化观念。

访：你对传统和外来文化持有什么观点？有哪些观念给你的印象最深？

大学生 M：和平、安全。早些年提奉献提得很多，有一首歌叫《爱的奉献》，当时传唱得挺多，现在好多人谈感恩，也有首歌叫《感恩的心》。这些印象比较深。

高中生 F：传统文化有报应、因果循环、来世吧，我周围有信教的人，他们总会说到这些。我们宿舍有人就在墙上挂着"忍"字，这个应该算是传统文化吧？

访：您有没有给学生讲过如何看待文化？都有哪些？

大学教师 H：有，但并不很多。尊重不同的文化，这一点说得还是比较多的。此外，现在不是讲建设和谐社会吗，人与自然的和谐，文化的和谐相处也是非常重要的，不过这个方面说得还是比较少。

【分析】将所有相关访谈结果进行编码整理，结果表明：和平、安全、自由、忍、和谐、尊重、宽容、欣赏、自重等品质是人与文化关系中重要的价值内容。

价值观教育内容访谈最终题项整理。通过对以上价值观教育内容多主体访谈结果的分析整理，获得了53个价值观教育内容题项，分别为：自信、执着、求知、严谨、智慧、有理想、有钱、务实、节俭、爱、有成就感、勤奋、责任心、孝敬、浪漫主义、缘、创新、敬业、稳定的生活、内心和谐、快乐、善良、乐观、知足、整洁、谦逊、坚强、与自然的和谐、报应、礼貌、尊重、平等、合作、友谊、诚信、顺从、接纳、赞赏、圆滑、宽容、集体荣誉感、热爱祖国、公正、遵纪守法、运气、互利、和平、安全、自由、自尊、正义、奉献、忍。

3. 不同主体对价值观教育方法、途径的认知

在确定了价值观教育要教什么之后，怎么教就成了影响价值观教育有效性的核心问题。不同主体从各自情况出发会对价值观教育的方法、途径形成怎样的认识和理解，是本节所重点关注的。对访谈结果的整理与分析如下。

（1）灌输式。

访：你在学校、家庭、社会等各方面受到上述价值观教育（指价值观教育内容的访谈）时长辈们都用了什么样的方式？

初中生 A：说服教育呗，我去上网我妈就总去网吧找我，回去就唠叨，真烦……其实他要不这么唠叨可能我也不会这么爱去上网。

访：那你期望妈妈怎么做？

初中生 A：我也不知道。

访：如果妈妈少唠叨点，多带你出去转转你觉得好吗？

初中生 A：那当然好了，那样长见识，也开心，还能学到好多，不一定非要上网。你们说的价值观也能教育了。

访：您认为目前我们对孩子进行价值观教育大多采取什么方式？

教师 B：还是说服教育比较多。学校也怕学生们出事，不过我们也不知道什么办法好。这个不像数学、语文，一学就会，不好教育呢。

【分析】价值灌输是价值观教育中必不可少的教育方法。目前教师、家长进行价值观教育时大多还是采用灌输的方式，然而只有言语传授的价值观教育效果往往不甚理想。灌输只能在一定程度上影响人们的认识，却难以在根本上改变人们的观念。灌输的结果必然是造就无责任的人或只对外部负责却不对自己负责的人（石海兵，2005）。

（2）互动式。

访：除了说服教育还有什么方式？

大学生 H：我们有一些社团活动，还有学生会，同学们在一起耳濡目染，

相互能学会很多。不过，现在社会风气并不是很好，也可能是我偏激，这种同学之间的传染效果很好，可内容就不一定好了。有一句俗语说得好，好事不出门坏事传千里。此外，老师在生活中对我们的点滴照顾，这样的教育还是很有效果的。有的老师人很好，我们班同学都很尊重他。

访：您认为价值观教育用什么样的教育方法更合适呢？

专家A：我们的教育大多是灌输式的，灌输并不是一点用处都没有，不过要学会如何去用，抱着一个方法用多了孩子就会烦了，往往事倍功半。我觉得互动式的教育还是比较好的，教育，特别是思想道德教育，要以人为本，本着学生能够接受的方式，互动就是要让学生动起来，发挥主动性，他们就会有兴趣，也能真正起到效果。

【分析】互动式教学是近年来教育研究和实践领域提及较多的教学形式，互动式教学的优点之一是能更大程度地调动学生的主动性和积极性，激发学生的思考和兴趣，在教育实践中往往也会收到良好的效果。本次价值观教育访谈中，不同主体对学生、家长、教师共同参与的方式评价也较高，较能认同这一教育方法。但我们也应该认识到，互动式教学方法实施起来会有一定的难度，需要更多的时间和物力，需要有更好的设计和安排。

（3）社会实践。

访：你能设想一下，有什么好的办法既进行了价值观教育又能让自己开开心心的。

初中生A：我希望学校能多组织点课外的活动，别总是考试。看看电影、出去旅游一下，老师顺便就教育了多好。妈妈能带我出去玩玩，开阔一下眼界，别没事就唠叨。

大学生N：我觉得应该让学生走向社会，我上大学以来一直在外面做家教，虽然不是像真正工作那样接触社会，但还是能对自己有所锻炼，知道如何与人相处，这可和与同学朋友相处不同。还学会了自己理财，虽然我们家条件还可以，我现在也知道父母赚钱辛苦了，开始节俭了。多接触社会还是比较好的，国外小孩从小就可以自己赚零花钱。

【分析】社会实践是一种能激发青少年主动积极参与的教育模式，容易使学生自发地接受教育，得到价值感悟。访谈中大多数学生也都提出了渴望与社会接触或是能够参与一些感兴趣的社会活动，他们非常乐意接受这种教育形式。

价值观教育方法和途径访谈最终题项整理。通过对以上价值观教育方法途径多主体访谈结果的分析整理，获得了 39 个价值观教育方法题项，分别为：学校播放影视材料、课外读物、修养指导、校风校训的熏陶、教师讲授的材料、家长言传、专题讲座、父母参与的活动、叙述价值观故事、旅游感悟、家庭聚会、日记、实践活动、打工、班会、戏剧表演、宿舍聊天、老乡会、教师人格影响、与父母讨论、模拟法庭、理想激励、课间与老师谈话、辩论会、启发法、老师参与的活动、书面作业、角色扮演、同学课余讨论、同学间影响、榜样示范、游戏、父母讲故事、课外读物、社团活动、行为训练、相关研究和制作、朋友聚会、家长身教。

4. 不同主体对价值观教育实施的综合建议

为了深入了解不同主体对价值观教育的认识特点，除价值观教育重要性、价值观教育内容、价值观教育方法途径等本节核心问题的深入访谈外，我们还通过价值观教育开展的适宜阶段、存在的现实问题、改进的措施和建议等访谈问题，了解了不同主体对价值观教育具体实施的一些认识和建议。

访：你认为进行价值观教育必要吗？什么阶段更合适？

大学生 J：当然有必要，我觉得初中阶段最重要了，学业压力不像高中那么大，也正是成长的关键阶段。

访：您期望你自己的孩子在初、高、大学各个阶段应该形成什么样的价值观？

家长 E：初中阶段应该有一定的规范，小时候不打好做人的基础，长大了管不了了。高中还是以学业为重吧，少进行这方面的教育。毕竟考上大学以后才有好工作。初中教育好了就行。大学阶段应该多与社会接触，开阔一下视野。

访：您认为目前我们的价值观教育存在哪些问题？

高中教师 E：在我们高中很少进行价值观或者说道德品质的教育，学生、家长们也很理解，毕竟高考很重要，也是为了学生考虑。许多任课老师抢班会的时间给学生进行辅导，这些老师很敬业，我们能批评他们吗？对学生的思想教育只能放在平时，或者课间班主任有意无意中去说说，不可能占用太多时间。只要学生不出问题，顺利地参加高考就好。这也是全校上下拧成一股绳。我们这还算不错，那些县城的学校可能这种情况就更严重。

大学教师H：在大学里，老师和同学接触的机会比较少，老师往往讲完课就走了，专职的学生辅导员对学生的了解也不深，不是他们工作不深入。有的系一个辅导员要管近千名学生，这么多学生就连叫上名字都很困难，而且辅导员的确需要专人担当，不能随便找个人兼职，你知道，做兼职一般都不重视的。

访：您认为当前的价值观教育应该如何改进？

专家A：首先是重视问题，不论是从社会、学校还是家庭，真正对价值观教育的重视还不够，别看都说得很重要，事实上，每个人都会被包裹在我们的教育体制之下，高考是教育的重中之重，一切活动围绕它进行。我觉得加强价值观教育根本上还是要靠教育政策的改变，淡化高考，就可以抽身进行价值观教育、素质教育、人格教育。当然，也有许多是教育无法改变的，比如说，社会风气的影响。这一点上，媒体的作用最大，不论是图书、电视还是网络，他们的传播速度是惊人的，很容易改变一个人的价值观念。还有，要知道，孩子听老师、家长身边的人讲道理不容易接受，可是要是看到网上说什么，自己喜欢的明星说什么他们可愿意听了。当然，最重要的还是家长、老师的言传身教了，要"以学生为本"，了解他们所想，顺应他们喜欢的方式。

【分析】事实上，有关价值观教育适宜在哪个年龄阶段开展并不是一个新问题，在学术研究领域也已经有了比较共识性的看法。研究者多认为在12～24岁这一人类个体社会化关键阶段进行价值观教育是适宜的，这一所谓的社会化关键阶段实际上就涵盖了从初中到大学的整个教育过程。低于这一年龄段因心智发展水平接受价值观教育可能存在一定的困难，而高于这一年龄段则因个体价值观已基本成型难以再发生改变。但这种阶段划分并不具有绝对性，只是从适宜性、有效性视角提出的建议。另外，有关价值观教育实施中遇到的其他具体问题，如高考指挥棒的影响、大学环境中师生互动的减少、家庭和学校之外的社会因素（如社会风气、传播媒介等）对价值观教育的巨大影响等，确实是只有通过不同主体之间的有效协作才能解决的问题。

（二）多元尺度分析结果及分析

1. 价值观教育内容的多元尺度分析

价值观教育内容词条的分类结果如表 6 – 3 所示，显示被试将 53 个内容词条分成 5、6、7、8 类的最多，占 72%。平均分类数为 6、7 类。分类结果经多维标度法处理后，表明价值观教育内容词条应采用二维度解，在对规定的两维空间中进行 9 次迭代后，压力值（S-stress）变化小于 0.001，达到收敛标准，根据 Kruskal's 压力公式计算 Stress 值为 0.170。总变异中能够被相对空间距离所提示的比例 RSQ 值为 0.890。Stress 值较小，模型的拟合效果较好。

表 6 – 3   价值观教育内容词条分类记录（n = 139）

分类数目	频次	百分比（%）
2	12	9
3	9	6
4	12	9
5	21	15
6	29	21
7	34	24
8	16	12
9	4	3
10	2	1

价值观教育内容词的心理空间如图 6 – 1 所示。53 个价值观教育内容条目大致可划分为 7 个类型。类型 1 为"事业学业"，包括的具体词条有：有成就感、勤奋、自信、执着、创新、敬业、求知、严谨、智慧、有理想；类型 2 为"物质利益"，包括的具体词条有：有钱、务实、运气、互利、节俭；

类型 3 为"私人情感"，包括的具体词条有：爱、责任心、孝敬、浪漫主义、缘、稳定的生活；类型 4 为"自身修为"，包括的具体词条有：内心和谐、快乐、自尊、正义、善良、乐观、知足、整洁、谦逊、坚强；类型 5 为"人际关系"，包括的具体词条有：礼貌、尊重、平等、合作、友谊、诚信、顺从、接纳、赞赏、圆滑；类型 6 为"群际关系"，包括的具体词条有：宽容、集体荣誉感、热爱祖国、公正、遵纪守法；类型 7 为"超群际关系"，包括的具体词条有：和平、安全、自由、奉献、忍、与自然的和谐、报应。需要说明的是，"互利""报应"两个词条归类不明显，研究者根据其意义分别将其归入物质利益和超群际关系两类中。

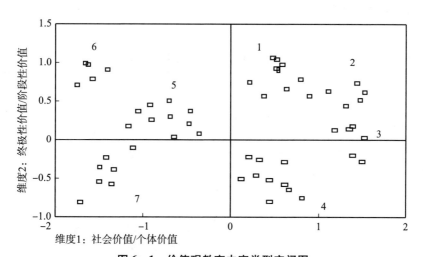

图 6-1　价值观教育内容类型空间图

注：1 表示事业学业，2 表示物质利益，3 表示私人情感，4 表示自身修为，5 表示人际关系，6 表示群际关系，7 表示超群际关系。

价值观教育内容词条的语义空间包括两个维度。在第一个维度方向上，事业学业、物质利益、私人情感、自身修为四类内容在第 I 和第 IV 象限上，人际关系、群际关系和超群际关系三类在第 II 和第 III 象限上，也就是说左侧是与社会价值有关的内容，右侧基本属于个体价值。在第二个维度方向上，纵轴从上到下，为事业学业、物质利益等与个体日常生活密切相关的阶段性价值到超群际关系、自身修为等终极性价值。

上述由多元尺度分析方法获得的分类结构与访谈编码归类的个人品质、社会规范、友谊人际、家庭爱情、文化观念的类别虽然在命名上无法取得一致。但两种分类均呈现了个体水平与社会水平两大类价值观念，其分类核心思想基本一致，故后续研究将采用多元尺度分析的分类框架呈现研究结果。

2. 价值观教育方法的多元尺度分析

价值观教育方法词条的分类结果如表 6 – 4 所示，显示被试将 39 个方法词条分成 3、4、5 类的最多，占 69%。平均分类数为 4、5 类。分类结果经多维标度法处理后，表明价值观教育方法词条应采用二维度解，在对规定的两维空间中进行 8 次跌代后，压力值（S-stress）变化小于 0.001，达到收敛标准，Stress 为 0.158，值比较小，RSQ 达到了 0.908，此模型的拟合效果较好。

表 6 – 4　　　　　　　价值观教育方法词条分类记录（n = 139）

分类数目	频次	百分比（%）
2	13	9
3	27	19
4	24	17
5	46	33
6	16	12
7	5	4
8	8	6

图 6 – 2 为价值观教育方法类型心理空间图，空间包括两个维度：维度 1 为"单向/多向"，横轴从左到右，左侧的价值观教育方法主要表现为信息从信息源传到信息接收者的单向传递，右侧为多个信息源互动的模式。维度 2 为"教育方式/教育主体"，纵轴从上到下，上面是榜样、同辈等教育主体，下面是教育方式。此外，二维图显示了 39 个价值观教育方法词条的分类情况，空间图显示清晰，大致划分为 5 个类型。

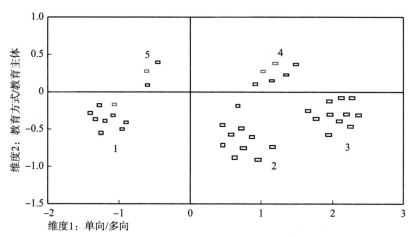

图6-2 价值观教育方法类型空间图

注：1表示传授式，2表示实践感悟，3表示教学互动，4表示同辈影响，5表示榜样教育。

类型1为"传授式"，包括的具体词条有：教师讲授的材料、家长言传、叙述价值观故事、父母讲故事、学校播放影视材料、课外读物、修养指导、校风校训的熏陶、专题讲座；类型2为"实践感悟"，包括的具体词条有：父母参与的活动、课外读物、社团活动、相关研究和制作、书面作业、旅游感悟、家庭聚会、日记、实践活动、打工；类型3为"教学互动"，包括的具体词条有：班会、戏剧表演、与父母讨论、模拟法庭、理想激励、课间与老师谈话、辩论会、启发法、老师参与的活动、行为训练、角色扮演；类型4为"同辈影响"，包括的具体词条有：同学课余讨论、同学间影响、游戏、朋友聚会、宿舍聊天、老乡；类型5为"榜样教育"，包括的具体词条有：教师人格影响、家长身教、榜样示范。以上的分类与访谈编码归类的灌输式、互动式、社会实践的划分基本保持一致。后续的研究将采用这一分类框架呈现研究结果。

（三）价值观教育内容、方法和途径的多主体认知研究

1. 多主体对价值观教育内容的认知

（1）学生、家长、教师对理想中价值观教育内容认知的契合性。所谓理

想中的价值观教育内容是指主体希望学校价值观教育教什么的认知判断，而
所谓契合性是指不同主体（学生、家长、教师）在希望学校价值观教育教什
么的认知判断上一致性程度的高低，一致性越高契合性就越高，一致性越低
契合性就越低。原则上讲，契合性高代表了不同主体在价值观教育内容方面
的目标和态度具有高度共识，会减少主体间的矛盾和冲突，也有利于提高价
值观教育的效果。

学生、家长、教师对理想价值观教育内容认知的契合性如表6-5所示。
表6-5结果显示，学生、家长、教师理想中的价值观教育内容较为一致，他
们对将事业学业、自身修为、群际关系作为价值观教育内容不存在显著差异，
这三类内容平均得分也普遍较高，显示了不同主体对这三类价值的普遍重视。
在金钱物质类别，与其他类别相比三类主体的平均得分都较低，说明大家对
将物质主义取向作为价值观教育的主要内容支持度相对较低。教师对金钱物
质取向的理想重要程度评分还要显著低于学生和家长。另外，在私人情感、
自身修为、人际关系、超群际关系等价值类别均显示学生与家长、教师两者
或其中一者存在显著差异，具体表现为学生对这些价值类别的理想重视程度
要高于家长和教师。这一方面体现了在理想价值观教育内容方面可能存在代
际差异，家长和教师认为更加重要的价值在学生看来可能没有那么重要；另
一方面也体现了学生群体实际上对价值观教育有较强烈的需求，有他们认为
需要强化的价值观教育类别或领域。

表6-5　　　学生、家长、教师对理想价值观教育内容认知的契合性

维度	学生		家长		教师		F	df	p	多重比较
	M	SD	M	SD	M	SD				
事业学业	6.28	0.69	6.20	0.71	6.24	0.73	1.37	2590	0.26	
金钱物质	5.50	0.87	5.48	0.84	5.29	0.85	5.21	2639	0.01	3-1，3-2
私人情感	6.05	0.78	5.90	0.72	5.70	0.89	20.30	2625	0.00	1-2，1-3
自身修为	6.25	0.70	6.10	0.73	6.09	0.87	7.45	2590	0.00	1-2，1-3
人际关系	5.88	0.71	5.78	0.73	5.73	0.79	5.03	2595	0.01	

续表

维度	学生		家长		教师		F	df	p	多重比较
	M	SD	M	SD	M	SD				
群际关系	6.21	0.84	6.09	0.88	6.21	0.88	1.65	2674	0.19	
超群际关系	5.79	0.74	5.72	0.78	5.58	0.83	7.41	2613	0.00	1-3

注：1 表示学生，2 表示家长，3 表示教师。

（2）学生、家长、教师关于现实价值观教育内容认知的契合性。现实价值观教育内容认知上的契合性是指不同主体（学生、家长、教师）对当前实施的价值观教育内容进行认知判断的一致性程度。学生、家长、教师对现实价值观教育内容认知的契合性如表 6-6 所示。表 6-6 结果表明，学生、家长、教师对目前正在实施的价值观教育内容在认知判断上存在显著差异，主要体现为学生和家长对 7 类价值观教育内容的满意程度要高于教师主体，尽管所有价值类别的平均得分都低于前述的理想评分。这可能是教师对价值观教育重要性认识相对深刻，期望值也更高，对学校开展价值观教育的实际情况了解也更多。当然，也有可能是学生和家长对价值观教育要求相对更低，起码与知识和能力教育相比是如此。

表 6-6　　学生、家长、教师对现实价值观教育内容认知的契合性

维度	学生		家长		教师		F	df	p	多重比较
	M	SD	M	SD	M	SD				
事业学业	5.85	0.86	5.86	0.86	5.60	0.84	7.01	2418	0.00	1-2, 2-3
金钱物质	5.32	0.91	5.23	0.90	5.08	0.80	7.05	2528	0.00	1-3
私人情感	5.48	0.94	5.40	0.93	5.15	0.93	11.31	2508	0.00	1-2, 2-3
自身修为	5.67	0.93	5.62	0.90	5.28	0.96	14.07	2421	0.00	1-2, 2-3
人际关系	5.54	0.88	5.39	0.84	5.10	0.89	22.37	2436	0.00	1-2, 2-3, 1-3
群际关系	5.72	0.93	5.77	0.84	5.24	1.10	23.74	2574	0.00	1-3, 2-3
超群际关系	5.43	0.92	5.33	0.93	5.03	0.89	15.40	2471	0.00	1-3, 2-3

注：1 表示学生，2 表示家长，3 表示教师。

2. 多主体对价值观教育方法的认知

（1）不同主体对价值观教育方法认知的契合性。方法认知上的契合性是指学生、家长和教师在有关价值观教育方法上是否存在一致性的认识以及一致性程度的高低。学生、家长、教师对价值观教育方法认知的契合性如表6－7所示。表6－7结果显示，学生、家长、教师在关于理想中价值观教育方法的认知判断上契合性较好，仅榜样示范、同辈群体两种教育方法类别上呈现出主体间的显著差异，表现为学生群体比家长和教师群体更加认可这两种方法类别。这说明榜样示范和同辈群体教育这两种方法路径在学生看来更加有效，也更乐于接受。但在现实教育方法的认知判断上，三类主体的契合性相对不够理想，具体表现为在价值传授、教学互动、榜样示范三种方法路径接受程度上，学生的评分显著低于家长和教师。这说明学生对于这些方法实际使用的认可程度并没有家长和教师想象的那样高，效果那样好，教师、家长认可并经常使用的教育方法在效果方面并没有赢得学生的更加积极和正面的评价。这一结果也再次提醒我们，在价值观教育方法选择上应充分考虑学生的理解和接受情况，提高契合度并最终提高价值观教育的效果。

表6－7   学生、家长、教师对价值观教育方法认知的契合性

维度		学生		家长		教师		F	df	p
		M	SD	M	SD	M	SD			
价值传授	理想	5.60	0.94	5.66	0.81	5.63	0.84	0.49	2374	0.61
	现实	4.54	1.18	4.75	1.04	4.80	0.99	6.89	2497	0.00
实践感悟	理想	5.60	0.94	5.63	0.86	5.60	0.85	0.10	2337	0.90
	现实	4.27	1.35	4.40	1.29	4.31	1.18	0.76	2479	0.47
教学互动	理想	5.56	0.99	5.59	0.88	5.67	0.88	1.10	2502	0.33
	现实	4.16	1.37	4.41	1.15	4.68	1.14	14.87	2493	0.00
同辈影响	理想	5.61	0.95	5.40	0.95	5.41	0.95	6.87	2535	0.00
	现实	4.55	1.23	4.68	1.11	4.69	1.05	2.10	2312	0.12
榜样示范	理想	6.82	1.00	6.05	0.79	6.13	0.83	12.05	2576	0.00
	现实	4.83	1.31	5.25	1.17	5.30	1.15	19.04	2573	0.00

（2）理想和现实价值观教育方法认知判断的总体契合性。表 6-8 显示了整合所有主体数据后在方法认知契合性方面的特点，与预期一致，数据表明所有方法类别在理想价值观教育方法和现实教育方法的判断得分上差异均非常显著，理想方法得分均显著高于现实方法得分。这说明我们目前实施的价值观教育方法在类别和效果上与大家认知中的理想教育方法之间还存在差距，尚有更大的调整完善和提高空间。

表 6-8　　　　　理想和现实价值观教育方法认知判断的总体契合性

维度	理想		现实		t	df	p
	M	SD	M	SD			
价值传授	5.61	0.92	4.58	1.17	41.87	2292	0.00
实践感悟	5.60	0.91	4.23	1.35	48.10	2244	0.00
教学互动	5.58	0.97	4.21	1.35	49.32	2418	0.00
同辈影响	5.59	0.95	4.57	1.21	39.62	2267	0.00
榜样示范	5.86	0.98	4.89	1.30	36.56	2542	0.00

四、讨论

正如前文所述，对青少年进行价值观教育的重要性不言而喻，而价值观教育是否能取得良好的效果，取决于政府、社会、学校、家庭等不同教育相关主体的通力协作。本节的目的就是要揭示这种不同主体之间的协作情况。首先，通过访谈法深入了解了学生、家长、教师等不同主体对价值观教育重要性、教育内容、教育方法的理解和认识情况，形成了有关青少年价值观教育内容和教育方法的词条（项目）库；其次，通过多元尺度分析方法探索并形成了价值观教育内容、价值观教育方法两个词条库的类别结构；最后，利用这两个结构对大样本的多主体被试进行了调查分析，揭示了不同主体在青少年价值观教育内容、价值观教育方法认知上的契合性特点。

研究结果表明，学生、家长、教师等不同教育主体理想中的价值观教育内容较为一致，都认为事业学业、自身修为、群际关系等应成为价值观教育的重要内容，反映了不同主体在价值观教育目标方面的一致性。但比较而言，不同主体对现实价值观教育内容认知一致性较差，主要表现为教师群体对现实青少年价值观教育的认可程度和满意程度较低。另外，研究还发现，不管何种主体，对现实价值观教育内容的认知评价都低于理想的评价，说明现实和理想之间还存在不小的差距。总之，价值观教育内容认知契合性方面的研究结果提示我们，要加强不同主体尤其是学生和家长对价值观教育重要性的认识，探讨主体间、理想与现实之间认知不一致的原因和机制，力争缩小认知差距提高契合性，最终提高青少年价值观教育的有效性。

价值观教育的有效性在很大程度上取决于教育方法的适宜性和针对性。研究结果表明，我国青少年价值观教育具体实践中所采用的方法较之学生、家长、教师的理想和期望都有不小的距离，对五种教育方法类别的现实重视程度均低于理想重视程度。具体表现为：实践感悟被认为是一种理想的教育方法，但不论是学校还是家长都很少采用这一方法来教育学生或自己的子女，即便采用也没有收获理想的效果。当然，这与该方法见效慢、组织实践活动复杂繁琐、需要一定的财力物资支持等原因有关。榜样示范方法，三类主体无论是理想评价还是现实评价上的契合性也都不够好。学生对这一方法期望高，但对实际应用评价较低，这说明如何结合青少年的身心特点树立榜样，如何才能发挥好榜样的真正示范作用仍需要进行更为扎实的研究工作。预防不良偶像对青少年价值观产生负面的引导。其他诸如同辈群体、教学互动、价值传授等方法路径也都存在主体间以及理想和现实之间的契合性问题，也都需要通过深入研究来加以改善。总之，开展青少年价值观教育，不仅要掌握各种方法的优势和特点，针对不同对象和不同情况选择采用最适宜的教育方法，还要尽可能学会不同方法的综合运用，取长补短，发挥方法的综合优势。另外，要使不同教育方法产生良好的教育效果，不仅需要有政策和制度上的支持也应该提供必要的物质条件支持，如各种学习资源和实践条件等。

第二节 大学专业课程教学中的价值观教育研究

一、引言

价值观是人格的核心，是人的态度体系中的核心组成部分，是个体精神世界的重要构念，对个体行为具有重要的解释、预测、导向作用。高等学校作为德才兼备高质量人才培养的重要场所，肩负有重要的价值观教育使命。在大学校园进行价值观教育有多种途径，课程教学是其中重要的途径之一。课程教学又可分为思政课教学和专业课程教学。目前在我国高等教育领域倡导"大思政课"概念，也即倡导除思政课作为价值观教育的主渠道外，专业类课程的教学（课程思政）也明确承担有价值观教育的重任。如赵婷（2023）就认为课程思政的核心就是"以课程为载体，以思政教育为灵魂，突出育人功能及价值取向，将思政理论有机融入自然科学、社会科学等课程，注重探索和剖析各个学科中与思政教育相关的内容和资源，更加强调系统性、整体性，更加注重以文化人、立德树人"。同样的观点还有"课程思政就是要把国家意识、政治认同、文化自信等思政教育元素与各类课程的知识技能的传授有机融合起来，在专业课教学中对学生进行思想道德教育和价值观引导，从而与思政课程共同实现立德树人的教育目标。"（王涛，2023）

重视课程思政，或重视专业课程教学中价值观教育的重要性，在我国学校价值观教育实践过程中也有比较长远的历史，比如传统教育思想中的"大学之道，在明明德"思想。近年来的相关观点，如华东师范大学叶澜教授在谈及新基础教育改革时就认为，当前我国基础教育中课堂教学的价值观需要从单一地传递教科书上的现成知识，转为培养能在当代社会中实现主动、健康发展的一代新人。除了强调基础教育课程教学除传授知识和技能外，还负有"情感、态度、价值观"教育的责任。

事实上，在专业课程教学中融入价值观教育并非我国的独创，这同样是西方学校价值观教育的主要路径之一。哈斯塔德等（Halstead et al., 2000）在对西方价值观教育途径和方法进行研究时就认为，西方学校的价值观教育主要是通过两种途径来进行：一种是贯穿在课程中的价值观教育，另一种则是通过学校生活进行的价值观教育。专业课程之所以能够和价值观教育进行有机融合是与价值观的本质属性分不开的，价值观的本质是关于"真、善、美"的评判，也是一种意义解释系统，任何学科或专业、任何知识或技术探讨的都不会仅是知识和技术本身，而是或多或少都会涉及价值判断和意义解释等问题。另外，以专业知识和技术教育为载体进行价值观教育，反而可能会具有一定的优势，比如有可能会使价值观教育更为扎实可靠和有说服力，或者使知识和技术的传授和学习能够更好地对接真实的人类社会实践。总之，有利于激发学生的学习兴趣并提高教育效果。余文森（2004）就指出价值观教育只有与知识、技能、过程、方法教育融为一体，才会更有生命力，"价值观教育是伴随着对该学科的知识技能的反思、批判与运用（过程方法）所实现的学生个性倾向性的提升。"

通过专业课程进行价值观教育，并非只有通过有意识地、显性地、有目的地将价值观融入课程教学目标，融入教学内容设计这一种途径才能实现，事实上，专业课程教师自身素质的隐性影响也是重要的途径之一。文喆（2003）认为，进行态度和价值观的教育活动，最重要的是教育者用自己的人生态度和价值选择去影响学习主体，是教育者通过身体力行的示范活动来证实言教的真实性与可行性，并积极创造有利于学习主体尝试选择、参与和体验的机会，让他们在这种尝试的实践行动中形成个性化的态度与价值认识，形成个人的态度与价值观。邵龙宝（1997）指出，价值观教育的可操作性还在于教师的治学态度、人格魅力、言谈举止对学生的影响。杰克森（Jackson，1992）就认为，学生的价值观会被教师在多方面的榜样作用有意无意地影响，比如教师所拥有的自信心、信赖、友谊等品质，以及上课是否准时、备课是否认真等教学风格，甚至是面部表情和手势等肢体语言都在潜移默化地影响着学生的价值观。总而言之，对于大学课堂教学中的价值观教育内容，根据国内外相关的研究，构想分为两部分：隐性教育内容和显性教育内容。

隐性教育内容即教师自身素质，不管教师是否意识到、愿不愿意，它对学生的价值观起着重要的潜移默化的影响作用。显性教育内容即教师在课堂中结合专业知识的传授对学生进行的价值观教育的内容。

本节拟通过实证视角探讨大学专业课程教学中的价值观教育问题，具体包括如下几个方面：一是采用访谈方法收集第一手信息了解大学专业课程任课教师自身素养（隐性课程）对大学生价值观的影响；二是采用已有大学生价值观结构框架考察大学课程教学中专业课程教师结合知识技能传授进行价值观教育的情况（显性课程）；三是探讨一套专家视角（采用专家评定法）的大学专业课程教师价值观教育的评价指标体系。

二、大学专业课程教学中教师自身素质对学生价值观的影响

（一）研究方法

1. 研究目的

分析并确定教师哪些方面的素质会对学生价值观形成产生重要影响。具体研究内容包括：教师对课程教学中自身素质影响学生价值观的认知；学生对课程教学中教师素质影响自己价值观的认知；教师和学生对课程教学中教师素质影响学生价值观的认知特点差异。

2. 研究方法

（1）研究对象。本项研究的被试包括访谈法被试和问卷调查被试两部分。

第一，访谈法被试。分为教师与学生两类。学生被试选取主要考虑了性别、年级及所学专业（文、理）因素，共选取被试 16 名；教师被试选取则主要考虑了性别、年龄及所教授科目（文、理）情况，共选取被试 12 名。

第二，问卷调查法被试。问卷施测对象主要来自三所不同类型高校（1 所理工类大学、1 所财经类大学、1 所职业学院）的教师和大学生，具体信息如表 6-9 所示。

表 6 – 9　　　　　　　　　　问卷施测被试情况一览

变量	组别	教师		学生	
		n	%	n	%
性别	男	68	40.7	280	39.7
	女	99	59.3	426	50.3
学生所学专业或教师任教科目	文科	80	45.5	351	49.7
	理科	90	51.1	350	49.9
	艺术体育	6	3.4	5	0.7
教师职称或学生年级	初级或大一	49	30.2	191	27.2
	中级或大二	61	37.7	295	42.1
	高级或大三	52	32.1	195	27.8
	大四	—	—	20	2.8

（2）研究程序。第一，根据以往相关研究文献和前期调研编制了访谈提纲（教师版和学生版）；第二，对教师被试和学生被试进行个体访谈；第三，对访谈资料进行整理分析，找出教师课程教学中潜移默化影响学生价值观的个体素质因素；第四，根据访谈获得的因素框架编制出"课程教学中教师自身素质影响学生价值观调查问卷"（教师版和学生版），问卷题项（学生版）如"教师的仪表（穿着打扮）对你的价值观的形成有怎样的影响"，被试对每个题项进行五级评分（没有影响、有点影响、有些影响、影响很大、影响非常大，分别计 1 ~ 5 分）；第五，问卷施测和回收；第六，对回收问卷数据进行计算机录入，并进行统计分析。

（3）调查工具。教师版和学生版访谈提纲；教师版和学生版调查问卷。

（二）研究结果与分析

1. 质性研究（访谈）结果

除通过课程教学设计、教学内容选择等对学生产生有意识影响之外，教师自身有哪些因素会对学生的价值观产生潜移默化的影响呢？我们通过对 16 名大学生被试和 12 名大学教师被试的访谈结果的分析，一定程度上回应了这一问题。以下呈现的是有关教师仪表对学生潜在影响的部分访谈资料（其他访谈资料略)。

访谈者：您认为教师的仪表是否会对您的价值观产生一些影响？表现在哪些方面？是什么样的影响？

学生 C：影响很大，老师端庄大方得体的穿着让我不由得产生一种对老师的尊重，并让我想到将来我走上工作岗位时应如何来对待自己的穿着打扮。老师在课堂上的精神状态好不好，也会影响我们上课的情绪。

学生 G：有些老师上课时穿得很时髦会令很多学生产生反感，在课堂上我们就会悄悄议论起老师的穿着来，老师一节课讲了什么内容都不太清楚。

访谈者：您认为教师的仪表是否会对学生的价值观产生一些影响？表现在哪些方面？是什么样的影响？

教师 D：会有一些影响，上课时教师穿着得体大方，我认为是对自己的尊重也是对学生的尊重，在什么样的场合应有什么样的着装，也可能是对学生无形之中产生的一种影响吧。

教师 K：教师的仪表应该对学生不会有啥影响吧，上课时学生主要关心的是教师的教学内容。

对访谈资料的整理分析表明，大学课程教学中教师自身素质潜在影响学生价值观的因素主要有能力、知识、言语和仪表四个大的方面，每一个方面又包含数量不等的一些具体因素，具体如表 6-10 所示。

表 6-10　　　　　　　　　　影响学生价值观的教师个人素质因素

一级因素	二级因素
能力	学术水平
	教学水平
	处理课堂突发事件的能力
知识	知识广度
	知识深度
言语	语气
	语调
	言语表达内容
仪表	穿着打扮
	精神状态

这一结果与以往一些相关研究结果有较好的一致性。无论是学生视角还是教师视角，都认为一名能够对学生价值观产生影响的教师应该具备知识渊博、能力强的特点，同时在言谈举止、仪表风度等方面也要能够获得多数学生的认可和喜欢，这样无意识或潜在的影响才会自然而然地发生。但这一只针对少数教师和学生的访谈结果是否具有普遍性，或者这几个方面的重要程度是否也存在不同，为此，我们依托这一结构进行了较大规模学生和教师样本的量性调查。

2. 量性研究（问卷调查）结果

（1）不同专业学生对"教师个人素质"影响学生价值观的认知差异。不同专业学生对"教师个人素质"影响学生价值观的认知差异如表 6 – 11 所示。

表 6 –11　　　　　　　不同专业学生对"教师个人素质"
影响学生价值观的认知差异

维度	文科		理科		F	df	P
	M	SD	M	SD			
能力	3.30	0.80	3.14	0.86	2.65	672	0.01 **
知识	3.83	0.82	3.52	0.91	6.35	674	0.00 **
言语	3.15	0.91	3.22	0.86	0.61	679	0.33
仪表	2.97	0.96	3.02	0.95	0.12	680	0.51

注：* 表示 $P < 0.05$，** 表示 $P < 0.01$，*** 表示 $P < 0.001$。

表 6 –11 的结果表明，不同专业（文、理）学生在"能力"和"知识"两项教师个人素质因素上存在显著差异，具体表现为文科生比理科生更重视"能力"和"知识"对学生价值观的影响作用。

（2）不同专业的教师对"教师个人素质"影响学生价值观的认知差异。不同专业的教师对"教师个人素质"影响学生价值观的认知差异如表 6 – 12 所示。

表 6–12　　　　　　　不同专业的教师对"教师个人素质"
影响学生价值观的认知差异

维度	文科		理科		F	df	P
	M	SD	M	SD			
能力	3.57	0.54	3.57	0.87	14.19	160	0.95
知识	3.65	0.75	3.70	0.84	0.61	161	0.70
言语	3.28	0.75	3.33	0.95	3.32	161	0.72
仪表	3.31	0.65	3.31	0.93	12.38	163	0.98

表 6–12 的结果表明，不同专业教师对四项教师个人素质因素影响学生价值观的程度在认知上不存在显著差异，或者说认为四项因素的作用基本相同。

（3）师生对"教师个人素质"影响学生价值观的认知差异比较。学生和教师对于"教师素质"对学生价值观影响的认识如表 6–13 所示。

表 6–13　　　　　学生和教师对于"教师个人素质"对学生价值观
影响的认知差异

维度	学生		教师		F	df	P
	M	SD	M	SD			
能力	3.27	0.70	3.45	0.65	5.00	888	0.00**
知识	3.69	0.89	3.68	0.79	3.23	895	0.90
言语	3.19	0.89	3.29	0.85	1.22	894	0.19
仪表	2.30	0.95	3.29	0.81	2.47	895	0.00**

注：* 表示 $P < 0.05$，** 表示 $P < 0.01$，*** 表示 $P < 0.001$。

表 6–13 的结果表明，学生和教师对于教师个人素质四项因素的作用认知在"能力"和"仪表"两项上存在显著差异，表现为相较于学生而言教师更加重视"能力"和"仪表"在影响学生价值观方面的作用。

（三）讨论

本项研究主要结果是通过访谈法和问卷调查法提出并检验了一个大学课

程教学中，教师个人素质影响学生价值观的四因素框架：能力、知识、言语、仪表。这些因素对学生价值观的影响作用不同于直接的、有意识的、显性的课程教学，而是属于一种潜移默化的、无意识的、隐性的课程教育，其意义在于在理论层面为以往有关隐性课程作用的教育思想和观点提供了实证支持，在实践层面则为大学教师通过专业课程教学进行价值观教育（课程思政）提供了一些指导和启示。

但问卷调查结果也表明，虽然在不同专业学生之间、学生和教师之间对这一结构的某些因素重要性的认知上存在差异，但从总体结果来看，四个因素总的平均得分都不是很高，多数因素得分离最高均分（5分）还有不小差距，甚至有因素得分（如学生对"仪表"因素的评分）低于3分。这说明，无论是学生还是教师，虽然总体上认可教师个人素质对学生价值观会产生一定的影响作用，但并不能过分夸大这一途径的重要程度，原则上来讲，它只是教师课程教学的辅助性路径。

三、大学课程教学中结合专业教学进行的价值观教育

（一）研究方法

1. 研究目的

探讨大学专业课程教学中通过教学设计、教学内容安排等进行有意的、显性的价值观教育的情况。具体包括：比较不同专业大学生对显性价值观教育内容的认识特点；比较不同年级大学生对显性价值观教育内容的认知特点；比较不同专业教师对显性价值观教育内容的认知特点；比较不同性别教师对显性价值观教育内容的认知特点；比较教师和学生对显性价值观教育内容的认知特点。

2. 研究方法

（1）研究对象。问卷施测对象同表6-9，在问卷调查同时也对少量学生被试和教师被试进行了随机访谈。

（2）研究程序。本项研究具体程序为：第一，选择确定公开发表的大学

生价值观结构及标准化量表工具；第二，调整指导语，形成"大学课程教学中的价值观教育评定问卷"（包括教师版和学生版，两个版本内容相同、指导语相同、人口学信息有差异）；第三，发放并收回问卷；第四，在进行问卷调查的同时对部分师生进行了随机访谈；第五，对回收问卷数据进行计算机录入和统计处理。

（3）测量工具。本项研究的调查工具"大学课程教学中的价值观教育评定问卷"是根据辛志勇等（2002）编制的"中国大学生价值观调查问卷"改编而成。该问卷包括14个具体价值因素，分别为：金钱物质、工作成就、荣誉地位、自身修为、婚姻家庭、友谊爱情、合格公民、回归自然、贡献国家、人类福祉、知识努力、人格品质、法律规范、道德良心。该问卷共有42个题项。教师版和学生版的指导语均为"您认为在课程教学中进行以下方面的价值观教育是否重要？"评分量尺为五等级评分：1 = 不重要，2 = 有些重要，3 = 比较重要，4 = 很重要，5 = 非常重要。

（二）研究结果与分析

1. 不同专业大学生对课程教学中应进行何种类型价值观教育的认知特点比较

不同专业学生对课程教学中应进行何种类型价值观教育的认知差异如表6 – 14所示。

表6 – 14 不同专业学生对课程教学中应进行何种类型价值观教育的认知差异

因素	文科		理科		F	df	P
	M	SD	M	SD			
金钱物质	3.64	1.16	3.59	1.12	0.02	644	0.57
工作成就	3.37	0.81	3.35	1.13	1.49	648	0.81
荣誉地位	3.14	0.73	3.17	0.89	9.61	652	0.63
自身修养	3.85	1.02	3.71	0.76	0.02	654	0.06
婚姻家庭	3.40	1.05	3.24	0.88	0.01	654	0.03 *

因素	文科		理科		F	df	P
	M	SD	M	SD			
友谊爱情	3.76	1.25	3.65	0.80	0.50	658	0.20
合格公民	3.70	0.79	3.55	0.74	0.44	659	0.01*
回归自然	3.65	0.82	3.57	0.82	0.08	664	0.21
贡献国家	3.66	0.82	3.63	0.84	0.09	662	0.55
人类福祉	3.56	0.80	3.50	0.84	2.03	654	0.35
知识努力	3.89	0.77	3.88	1.04	0.35	664	0.84
人格品质	3.84	0.81	3.76	0.76	0.79	665	0.13
法律规范	3.26	1.18	3.26	0.88	0.54	664	0.92
道德良心	4.01	1.07	3.94	1.28	0.61	665	0.43

注：* 表示 $P < 0.05$，** 表示 $P < 0.01$，*** 表示 $P < 0.001$。

表 6-14 的结果表明，总体上，无论是文科学生还是理科学生，都认为结合专业课程教学进行道德良心、知识努力、自身修为、人格品质、友谊爱情、贡献国家、合格公民等价值品质的教育是更加重要的。不同专业学生之间的认知差异主要表现在"婚姻家庭"和"合格公民"这两项价值品质上，表现为文科学生对这两项价值品质的重视程度要高于理科学生。

2. 不同年级学生对课程教学中应进行何种类型价值观教育的认知特点比较

不同年级学生对课程教学中应进行何种类型价值观教育的认知差异如表 6-15 所示。

表 6-15　　不同年级学生对课程教学中应进行何种类型价值观教育的认知差异

因素	大一		大三		F	df	P
	M	SD	M	SD			
贡献国家	3.79	0.80	3.62	0.83	0.21	360	0.04*
法律规范	3.44	1.45	3.15	0.89	1.32	361	0.02*

注：* 表示 $P < 0.05$，** 表示 $P < 0.01$，*** 表示 $P < 0.001$。

表 6 - 15 的结果表明，只有大一、大三两个年级的学生在"贡献国家"和"法律规范"两项价值品质的认知上存在显著差异，具体表现为大一学生对这两项价值品质的重视程度要高于大三学生。

3. 不同专业任课教师对课程教学中应进行何种类型价值观教育的认知特点比较

不同专业教师对课程教学中应进行何种类型价值观教育的认知差异如表 6 - 16 所示。

表 6 - 16 不同专业教师对课程教学中应进行何种类型价值观教育的认知差异

因素	文科		理科		F	df	P
	M	SD	M	SD			
金钱物质	3.69	0.64	3.20	0.77	1.63	163	0.00 **
工作成就	3.26	0.66	3.26	0.64	0.29	164	0.98
荣誉地位	2.82	0.73	2.89	0.75	0.04	160	0.53
自身修养	3.82	0.71	3.41	0.65	2.03	162	0.00 **
婚姻家庭	3.05	0.83	3.06	0.83	0.31	165	0.93
友谊爱情	3.33	0.79	3.08	0.80	0.01	161	0.05 *
合格公民	3.71	0.68	3.34	0.72	0.05	161	0.00 **
回归自然	3.48	0.87	3.17	0.94	0.20	164	0.03 *
贡献国家	3.79	0.62	3.54	0.76	3.07	161	0.03 *
人类福祉	3.57	0.74	3.31	0.81	0.01	158	0.04 *
知识努力	4.06	0.67	3.52	0.81	3.32	163	0.00 **
人格品质	4.06	0.67	3.48	0.83	5.65	162	0.00 **
法律规范	3.40	0.73	3.28	0.83	0.87	162	0.32
道德良心	4.02	0.64	3.53	0.85	5.66	164	0.00 **

注：$*$ 表示 $P < 0.05$，$**$ 表示 $P < 0.01$，$***$ 表示 $P < 0.001$。

表 6 - 16 的结果表明，总体上，无论是文科专业任课教师还是理科专业

任课教师，都认为结合专业课程教学进行知识努力、人格品质、道德良心、自身修养、贡献国家、合格公民等价值品质的教育是更加重要的。但也存在专业之间的差异，具体表现为文科专业教师在"金钱物质、自身修养、友谊爱情、合格公民、回归自然、贡献国家、人类福祉、知识努力、人格品质、道德良心"10项价值品质的得分上要高于理科专业教师。

4. 师生之间对课程教学中应进行何种类型价值观教育的认知特点比较

师生之间对课程教学中应进行何种类型价值教育的认知差异如表6－17所示。

表6－17　　师生之间对课程教学中应进行何种类型价值观教育的认知差异

因素	学生		教师		F	df	P
	M	SD	M	SD			
金钱物质	3.61	1.13	3.44	0.76	0.53	858	0.05
工作成就	3.37	0.98	3.27	0.65	9.22	863	0.20
荣誉地位	3.17	0.83	2.86	0.74	3.07	863	0.00 **
自身修养	3.78	0.90	3.61	0.70	1.76	867	0.02 *
婚姻家庭	3.33	0.97	3.05	0.81	0.94	868	0.00 **
友谊爱情	3.70	1.04	3.20	0.80	0.01	871	0.00 **
合格公民	3.62	0.78	3.51	0.72	1.42	870	0.10
回归自然	3.61	0.83	3.33	0.91	2.46	879	0.00 **
贡献国家	3.65	0.83	3.65	0.71	7.24	874	0.95
人类福祉	3.55	0.88	3.44	0.79	1.05	863	0.15
知识努力	3.88	0.91	3.79	0.79	0.11	879	0.20
人格品质	3.80	0.79	3.76	0.78	0.36	878	0.57
法律规范	3.26	1.04	3.34	0.78	4.16	878	0.35
道德良心	3.98	1.16	3.77	0.78	0.21	881	0.02 *

注：* 表示 $P < 0.05$，** 表示 $P < 0.01$，*** 表示 $P < 0.001$。

表6－17的结果表明，师生之间在"荣誉地位、自身修养、婚姻家庭、

友谊爱情、回归自然和道德良心"6项价值品质上存在显著的认知差异，主要表现为学生群体对这6项价值品质的重视程度要高于教师群体。其他各项价值品质师生之间在认知上具有较大共识性。

5. 访谈结果分析

如前所述，本项研究在进行问卷调查的同时也随机对部分填答问卷的被试进行了访谈，访谈结果与问卷分析结果总体上具有较好的一致性，但也会有一些不同看法。部分访谈资料呈现如下。

访谈者：请谈谈您对大学课程教学中结合专业教学进行价值观教育的看法。

学生L：我认为很重要，也很有必要。这不仅仅是我一个人的看法，很多同学都有这种想法。上了大学以后，我们遇到很多大学以前没有遇到过的、没有想到过的问题，这时父母不在我们身边，班主任也不像大学以前的班主任那样天天跟在我们屁股后面，任课老师也是一上完课就走了，我们必须独立地思考和处理我们所面临的问题，但往往不知该怎样去做，而且理想与现实经常发生冲突，我们内心也常常感到困惑与迷茫。有的老师在课堂上会就相关的专业知识讲一些做人、做事的道理，告诉我们应该怎样做人，应该怎样做事，我们觉得对我们非常有启发，但很多老师在课堂上就是"教书""讲课"，其他的一句没有。这其实并不是我们所完全期望的。

教师X：我是讲管理的，当我讲到"目标"时，我会告诉学生应该树立怎样的目标，当我讲到"激励"时，我会告诉学生应该以什么样的方式，通过怎样的途径去满足自己的需要，实现自己的人生价值等。我认为这非常有意义，作为一名教师，不应仅仅以传授知识为己任，教会学生如何做人、怎样做人、做什么样的人更加重要。因此，在课堂中结合专业知识的教学对学生进行价值观教育非常有必要，而我实际上也是这样做的。

教师T：我是教统计的，如果让我在课堂上进行价值观教育，我认为那是不务正业，对学生进行价值观教育那是思想政治课老师的事。

(三) 讨论

1. 关于问卷调查结果的讨论

研究结果表明，就学生群体而言，他们对在大学课程教学中结合专业课程进行何种类型价值观教育的认知上总体差异并不显著。在 14 项价值品质中，性别之间所有价值品质都不存在显著差异，文科和理科专业之间仅在"婚姻家庭"和"合格公民"两项价值品质上存在显著差异（表现为文科生得分高于理科生，导致差异的原因可能与文科专业学生更加关注和重视社会性因素有关），年级之间也仅在"贡献国家"和"法律规范"两项价值品质上存在显著差异（表现为大一学生得分高于大三学生，差异原因可能在于低年级学生刚步入大学环境，刚逐步适应大学生活，思想和目标还较多受到家庭和中学时代的影响，没有那么多元和复杂）。所以，总体上看，大学生群体认为课程教学中结合专业课程进行的价值观教育，在价值内容上可以是从多维视角着手的，既可以从目标类价值着手，也可以从手段或规则类价值着手；既可以是有关人与自身关系方面的价值观念，也可以是有关人与国家、人与社会、人与自然、人与世界关系方面的价值观念。这提示我们，大学课程教学中的价值观教育不必拘泥于某一方面或某几方面的特定价值观念，应该结合所教授专业课程的不同特点更自然、更流畅地传递最适合的方面，只要有利于大学生群体正确价值观体系的构建和健康成长就是有益的。

就教师群体而言，研究结果表明，虽然从各项价值品质的重要性排序（得分高低）上文科专业教师和理科专业教师具有相当高的共性（即文科专业教师认为重要的价值品质往往理科专业教师也会认为是重要的），但在具体的 14 项价值品质中，有 10 项（金钱物质、自身修养、友谊爱情、合格公民、回归自然、贡献国家、人类福祉、知识努力、人格品质、道德良心）存在不同专业教师之间的显著差异，表现为文科专业教师得分要高于理科专业教师。导致这种差异的主要原因可能与不同专业课程教师对自己教授课程的责任和使命的认识有关。一般而言，文科专业教师教授的课程属人文和社科性质，本质上会认为自己的课程肩负有传授正确价值观的责任；而理工科专业教师教授的课程则属于自然科学性质，本质上可能会认为课程教学与价值无涉，主要是在传授科学理论和技术，价值观传授不是自己所授课程的义务和责任。当然，正如前文所述，通过理工类课程进行价值观教育某种程度上讲可能更有其优势，学生的认可和接受程度可能会更高，况且科学价值观本身就是十分重要的需要传授的价值理念。所以，随着"大思政课"和"课程思政"观念的普及，相信这种文理科教师之间的认知差异会逐步缩小。

课程教学是由教师和学生共同合作完成或生成的活动，教学效果包括价值观教育的效果也取决于双方的共同努力程度。因此，从理论上讲，如果双方对在课程教学中应该教授何种类型的价值内容有高度共识，会有利于提高教育效果。当然也并非必然如此，作为更了解教育理念、国家方针政策、文化传统，从旁观者角度更理解青少年学生身心发展的阶段性特点，更富有人生阅历和社会经验的教育者，也可能会认为有些在学生看来不甚重要的价值品质实际上是非常重要和值得教育的。反过来，学生群体也可能会有自己不同的认知视角。但无论如何，协调或解决冲突、矛盾并最终形成正确的认识本质上也应该是教育的重要功能之一。具体到本节的研究结果来看，学生群体和教师群体在"荣誉地位、自身修养、婚姻家庭、友谊爱情、回归自然和道德良心"6项价值品质的认知上存在显著差异，表现为学生群体的得分要高于教师群体得分。导致差异的主要原因可能与学生群体关注的重点价值关系领域与教师群体不尽相同有关，比如，针对学生群体而言，正确的友谊观和爱情观的建立可能更具现实性和迫切性。因此，这也提示我们，在大学课程教学中，任课教师不仅要考虑如何在自己的专业课程教学中自然、顺畅地融入价值观教育的内容，还需要考虑学生的身心发展特点和现实需求，这样教学效果才会更好。

2. 关于访谈结果的讨论

通过对少量被试随机访谈结果的分析发现，学生群体对在专业课程教学中进行价值观教育是支持的，这是因为，一方面，在价值多元化的时代，大学生群体在对各种价值关系认知上确实存在不同程度的迷茫和困惑，对于自己现在和将来应该做什么、应该怎样去做不够明确，需要有人进行及时的、正确的引导；另一方面，大学阶段的学习特点又与家庭教育、中学教育等阶段的特点显著不同，学生和任课教师互动交流的机会相对偏少，要求学生更具有学习的独立性。因此，结合专业课程教学在课堂上进行价值观教育与引导就显得非常必要和重要。

就教师群体来讲，很多教师已经认识到了通过专业课程进行价值观教育的重要性，在课堂上能够自觉地有意识地进行这方面的教育，但也有部分教师对这种教育途径还存在认识上的误区，认为这样做有些不务正业。因此，为了提高广大高校教师在这方面的认识，提高相关的教学技能，进行一定的培训和教育有其必要性和重要性。总之，教育的目标不仅是要提高受教育者的专业知识和能力水平，还要帮助受教育者形成正确的人生观、价值观和世界观，促进和推动受教育者健康地成长和发展。为了实现这一目标，教育者和受教育者应该共同协作付出更大努力。

四、大学专业课程教学中价值观教育评价指标体系构建

（一）研究方法

1. 研究目的

在前述两项研究（教师个人素质因素结构、结合专业课程教学进行显性价值观教育的内容结构）的基础上，确定大学专业课程教学中价值观教育的评价指标及其权重，形成"大学专业课程教学中价值观教育评价指标体系"。

2. 研究方法

（1）研究对象。本项研究各评价指标权重的确定主要采用专家评定法中的德尔菲法。10 名专家的具体信息如表 6 – 18 所示。

表6 – 18　　　　　　　　　专家信息一览

编号	性别	学科	职称	学历
专家 1	女	管理	教授	硕士研究生
专家 2	女	思想政治	副教授	本科
专家 3	女	教育	讲师	硕士
专家 4	女	数学	副教授	本科
专家 5	女	中文	副教授	本科
专家 6	男	数学	教授	博士
专家 7	男	英语	讲师	硕士
专家 8	男	体育	讲师	硕士

编号	性别	学科	职称	学历
专家9	女	管理	副教授	硕士研究生
专家10	女	计算机	讲师	本科

（2）研究步骤与程序。首先，确定大学专业课程教学中进行价值观教育的评价指标。根据前述两项研究的研究结果，本项研究确定了大学专业课程教学中价值观教育的评价指标：一级指标有2项，分别为"教师结合专业课程教学有意进行的价值观教育"和"教师个人素质对学生价值观的隐含影响"，二级指标有7项，即显性教育包括"目标价值观教育""手段价值观教育"和"规则价值观教育"3项；隐性教育包括"能力影响""知识影响""言语影响"和"仪表影响"4项；三级指标共24项，具体构成如表6-19所示。

表6-19　　　　　大学专业课程教学中的价值观教育评价指标

一级指标	二级指标	三级指标
教师结合专业课程教学有意进行的价值观教育	目标价值观教育	金钱物质取向教育
		工作成就取向教育
		荣誉地位取向教育
		自身修养取向教育
		婚姻家庭取向教育
		友谊爱情取向教育
		合格公民取向教育
		回归自然取向教育
		贡献国家取向教育
		人类福祉取向教育
	手段价值观教育	知识努力取向教育
		人格品质取向教育
	规则价值观教育	法律规范取向教育
		道德良心取向教育

续表

一级指标	二级指标	三级指标
教师个人素质对 学生价值观的影响	能力影响	学术水平方面的影响
		教学水平方面的影响
		处理课堂突发事件能力的影响
	知识影响	知识广度方面的影响
		知识深度方面的影响
	言语影响	语气方面的影响
		语调方面的影响
		言语表达内容方面的影响
	仪表影响	穿着打扮方面的影响
		精神状态方面的影响

其次，确定大学专业课程教学中价值观教育三级评价指标的权重。权重的确定采用专家评定法中的德尔菲法。德尔菲法由美国兰德公司提出，是一种被用来听取有关专家对某一问题意见的方法。实施该方法的第一步是设法取得有关专家的合作，然后把要解决的关键问题分别告诉他们，请他们单独发表自己的意见。在此基础上，主持者收集并综合各位专家的意见，再把综合后的意见反馈给各位专家，让他们再次进行分析并发表意见。在此过程中，如遇到差别很大的意见，则把提供这些意见的专家集中起来进行讨论并综合。如此反复多次，最终形成专家组的代表性意见。具体到本项研究，共有10名专家参与进行了指标权重的确定。首先研究者通过电子邮件的方式把大学课程教学中的价值观教育评价指标（参见表6-19）发送给各位专家（参见表6-18），同时详细说明要求他们所解决的问题；等专家全部完成后，把他们的意见收集回来进行综合分析处理；再把经过综合分析处理形成的结果反馈给他们，让他们再次进行评定。如此反复多次，最终各位专家形成了一致性意见。

（二）研究结果与分析

通过专家评定法的规范程序，本项研究最终形成了包含三级评价指标及相应权重的"大学课程教学中价值观教育评价指标体系",具体结果如表 6 – 20 所示。

表 6 – 20　　　　大学课程教学中价值观教育评价指标体系

一级指标（权重）	二级指标（权重）	三级指标（权重）
教师结合专业课程教学有意进行的价值观教育（0.75）	目标价值观教育（0.2）	金钱物质取向教育（0.03）
		工作成就取向教育（0.03）
		荣誉地位取向教育（0.02）
		自身修养取向教育（0.02）
		婚姻家庭取向教育（0.01）
		友谊爱情取向教育（0.01）
		合格公民取向教育（0.03）
		回归自然取向教育（0.01）
		贡献国家取向教育（0.03）
		人类福祉取向教育（0.01）
	手段价值观教育（0.3）	知识努力取向教育（0.15）
		人格品质取向教育（0.15）
	规则价值观教育（0.25）	法律规范取向教育（0.12）
		道德良心取向教育（0.13）
教师个人素质对学生价值观的影响（0.25）	能力影响（0.07）	学术水平方面的影响（0.02）
		教学水平方面的影响（0.03）
		处理课堂突发事件能力的影响（0.02）
	知识影响（0.1）	知识广度方面的影响（0.05）
		知识深度方面的影响（0.05）
	言语影响（0.04）	语气方面的影响（0.01）
		语调方面的影响（0.01）
		言语表达内容方面的影响（0.02）
	仪表影响（0.04）	穿着打扮方面的影响（0.02）
		精神状态方面的影响（0.02）

（三）讨论

专家评定结果表明，关于一级指标的权重，认为显性教育内容也即"结合专业课程教学对学生进行直接的价值观教育"对学生价值观的影响会更大，相比之下，隐性教育内容即通过"教师个人素质"对学生价值观进行潜移默化的影响作用相对较小，因此前者所占权重较大，后者所占权重较小。关于二级指标的权重，针对"教师结合专业课程教学有意进行的价值观教育"的三个二级指标，专家们认为"手段价值观教育"最重要，"规则价值观教育"次之，最后是"目标价值观教育"。这表明对于大学生群体而言，专家视角认为相较于目标价值观的教育，手段价值观教育和规则价值观教育更具有现实性和迫切性。无论是追求贡献国家、人类福祉这样的价值目标，还是追求金钱物质、荣誉地位这样的价值目标，在当今价值比较多元化的时代可能都是现实的存在，都有可能是某个人或某些人的优先价值选择。因此，除了在一方面注重价值目标的正确引导之外，如何教育学生采用正确的手段、遵循社会的规则和规范来实现自己的价值目标可能更为现实和迫切，也更为重要。最后，针对"教师个人素质"这种隐性教育的四个二级指标，专家认为教师"知识"渊博对学生的潜在影响最大，"能力"次之，最后是教师的"言语"和"仪表"所产生的影响。

本项研究是在访谈和问卷调查获得第一手资料的基础之上构建出的一个评价指标体系，是研究大学专业课程教学中如何进行价值观教育等相关问题（或探索课程思政）的一次尝试。由于被试量有限，代表性可能不足，加之显性价值观的研究部分采用了早些年发表的大学生价值观结构框架，该框架是否能很好地反映目前大学生群体的价值观特点和价值需求，也是可以进一步研究和探讨的问题。希望本项研究结果对后续相关研究能有所启示，对学校价值观教育实践有一定的参照价值。

第三节 流行歌曲与青少年价值观教育

一、引言

价值观是人格的核心，是个体态度体系的核心组成部分，在个体成长和发展过程中发挥着非常重要的作用，对正处于人生社会化关键阶段的青少年群体来讲尤其如此。流行歌曲是青少年"亚文化"的重要组成部分，特定时期广为传播的流行歌曲不仅能够在一定程度上反映该时期青少年群体的情感态度和价值取向特点，而且有可能会深刻影响青少年的价值观念和生活方式选择。因此，探讨流行歌曲与青少年价值观教育之间的关系具有十分重要的理论意义和现实意义。

流行歌曲是流行音乐的重要组成部分，从描述角度看，它是指在人们音乐生活中覆盖面较广，内容通俗易懂、贴近生活，唱法自由、旋律流畅新颖，注重个人情感体验和宣泄，善于贴近和表达社会情绪，且带有较强商业化和大众化色彩的一种音乐体裁（形式）。袁茜（2006）就直接认为"题材广泛、贴近生活""格式简练、追求时尚""大众参与、自我演绎"是流行歌曲最为典型的特征。这些特征往往会引发喜欢新奇和时尚、追求自我表达的青少年的喜爱并与之产生共鸣和共振，进而自觉或不自觉地接受、认同，乃至内化其包含的一些思想和观念（石兰月，2004）。因此可以说，青少年群体对流行歌曲有着一种天然的亲近感和接受度。我们的一项初步调查结果也有力地证明了这一点：在对165人青少年样本（初中生55人，高中生46人，大学生64人）的调查中发现，针对"是否经常收听流行歌曲"这一问题，在"非常高、很高、较高、一般、较低、很低、几乎不听"七级应答方式中，回答听歌频率非常高、很高、较高、一般加起来的比率达到了样本总人数的92.1%，而回答较低、很低的比率只有6.7%，几乎不听的比率仅有1.2%。而且青少年群体听歌频率不存在显著的性别差异，也几乎不存在显著的年龄差异（初中生听歌频率稍高于高中生和大学生）。

流行歌曲或流行音乐对青少年群体的价值观会产生一定的影响，这在学术研究或教育实践领域已经有较广泛的共识，认为这种影响既可能来自演唱者（偶像）的个人特质及其榜样作用，也有可能来自歌词和旋律本身，甚或是一种综合性的影响。有研究者在评价美国流行音乐的影响时就指出，"它影响了人们的价值观念和生活方式，给美国乃至世界带来一场文化革命，它所引起的一系列变化，是任何社会及文化研究者都不容忽视的"（王磊，2001）。李玲（2002）则认为"中小学时代是人的世界观、价值观、人生观形成的一个关键时期，而流行歌曲在他们的日常生活中所处的重要位置，直接或间接地影响着他们的思想道德，价值取向与信仰"。

流行歌曲对青少年群体价值观的影响，所存在的争议主要来自对这种影响从整体上看是一种积极的影响还是一种消极影响的不同理解。石兰月（2004）就认为，流行歌曲对青少年价值观的塑造不是单一的，而是呈现出复杂的多元化倾向，有积极的影响也有消极的影响。具体到消极影响，美国学者布朗（Brown，1987）在论及西方摇滚乐的影响时就认为，摇滚乐不只是一种音乐现象，也是一种文化现象和社会现象。摇滚乐的出现是与第二次世界大战以后成长起来的青少年对传统的反叛联系在一起的。它一方面体现了这一代青少年对传统的观念、行为、道德准则的怀疑、冷漠甚至蔑视的态度，另一方面又反过来影响和塑造了这一代青少年的价值观念和行为方式，并由此形成了一股强大的力量，对社会传统带来了巨大的冲击。我国学者郭静舒（2003）也认为流行歌曲对大学生的价值观是一把"双刃剑"，通俗流行歌曲中的经典语言常常会成为大学生的人生格言、行为准则和价值观念。但通俗歌曲作为一种大众文化形式，其强烈的商业气息、明确的功利性目的以及思想的平面性，也可能导致大学生的世界观、价值观、道德观偏离轨道。马琴芬和马德峰（2005）通过对 1980~2000 年这 20 年间流行歌曲的文献分析，发现青少年主流价值观由集体主义转变为个体主义，情感方式由含蓄变为直白，人生态度则呈现出波动性，由积极转为消极再转为积极等特征。

关于积极影响方面，一是流行歌曲具体功能方面的积极意义。郭志斌（2007）就指出，目前我国青少年每天花在学习上的时间超过一般成年人的工作负担，他们早出晚归，中午不休息，晚上和双休日还要参加额外的辅导班。在这样的重压下，流行音乐具有很强的宣泄性，它的出现或多或少缓解了青少年内心的压力，满足了青少年的心理需求。二是流行歌曲对青少年有正向的价值引导作用。项国雄和黄璜（2004）在分析了网络流行歌曲对青年文化价值传递的影响后就认为，网络流行歌曲这种新的网络文化可以折射出现代年轻人的文化价值取向，他们追随新兴的科技产品，对社会保持着高度的敏感，同时倡导符合道德标准的文化，有一颗赤诚的爱国心，向往美好的真正爱情。

　　总之，从以上一些有关流行歌曲影响青少年价值观的研究来看，虽然学科（如音乐教育、心理学、哲学、传播学等）不同、视角不同，但都普遍认同这种影响的存在以及进一步深入研究的必要性，从学理上也已相对系统地分析了这种影响可能导致的不同结果（积极和消极）。但以往研究存在的一个显著不足是来自实证研究的支持性证据较少，这在一定程度上影响了相关研究成果的可靠性和说服力。

　　本项研究试图弥补这方面的不足，做一些实证数据的收集工作，主要研究目标有两个：一是构建一个青少年视角的流行歌曲价值表征框架。具体而言，从青少年认知层面探讨他们所喜欢的流行歌曲表征了哪些具体价值，这些具体价值是否可以进一步结构化。二是在获得流行歌曲价值表征框架的基础上，通过较大样本调查进一步探究流行歌曲对青少年群体价值表征的总体特点和人口学特点。

二、流行歌曲对青少年群体的价值表征的结构探讨

（一）研究方法

1. 研究目的

　　通过开放式问卷调查获取流行歌曲对青少年价值表征的词条；通过较大样本调查探索流行歌曲对青少年价值表征的因素结构，形成标准化的《流行歌曲对青少年群体的价值表征调查问卷》。

2. 研究方法

　　（1）研究对象。本项研究的样本抽取包括两部分。第一部分为开放式问卷调查被试，采用分层随机抽样方法，共抽取初中、高中和大学各教育阶段学生被试 170 名填写问卷，回收有效问卷 165 份，有效率为 97%。其中初中生 55 名，高中生 46 名，大学生 64 名。第二部分为价值表征因素结构研究被试，同样采用分层随机抽样方法，被试来自 4 所中学、6 所大学的初中、高中、大学在校学生，共发放问卷 1000 份，收回有效问卷 953 份，有效率为 95.3%。第二部分被试的具体信息如表 6-21 和表 6-22 所示。

表6-21　　　　　　　流行歌曲对青少年价值表征的结构探索被试信息

变量	学生				
	一年级	二年级	三年级	四年级	总计
初中	132	109	67	—	308
高中	111	79	77	—	267
大学	59	144	93	82	378
总计					953

表6-22　　　　　　　流行歌曲对青少年价值表征的结构探索被试信息

变量	组别	初中		高中		大学	
		n	%	n	%	n	%
学生性别	男	152	49.4	116	43.4	152	40.2
	女	156	50.6	151	56.6	226	59.8
是否独生子女	独生子女	171	55.5	71	26.6	97	25.7
	非独生子女	137	44.5	196	73.4	281	74.3
家庭所在地	农村	29	9.4	113	42.3	148	39.2
	城镇	16	5.2	67	25.1	107	28.3
	城市	263	85.4	87	32.6	123	32.5
专业	文	—	—	—	—	262	69.3
	理	—	—	—	—	83	22.0
	工	—	—	—	—	33	8.7

　　（2）研究步骤与程序。第一，在阅读相关文献以及整理课题前期研究结果的基础上，编制出开放式调查问卷；第二，开放式问卷施测和回收；第三，对开放式调查问卷的结果进行分析整理，最终形成《流行歌曲对青少年群体的价值表征初始问卷》；第四，利用《流行歌曲对青少年群体的价值表征初始问卷》进行大样本施测，获取问卷的因素结构。

　　（3）研究工具。工具一为自编的开放式问卷，核心问题为"你觉得这些歌曲的歌词、旋律或歌手是否唱出了你的心声（唱到了你心里），如果是，它们分别反映了你的哪些心声或思想观念?"工具二是在开放式问卷调查结果分析讨论基础上所形成的《流行歌曲对青少年群体的价值表征初始问卷》。该问卷共包含 54 个价值词条,要求被试就每一个词条在现实生活中的值得程度进行五级评分(从"1 = 非常不值得"到"5 = 非常值得")。

(二) 研究结果与分析

1. 《流行歌曲对青少年群体的价值表征问卷》原始题项获取

采用内容分析方法对工具一核心问题收集到的信息进行编码分析,共获取流行歌曲表征的青少年价值词条 78 个,删除旋律等与价值观关系相对较远的词条后,最终确定了 54 个价值词条,具体如表 6-23 所示。这些词条也构成了《流行歌曲对青少年群体的价值表征问卷》的原始题项。

表 6-23　　　流行歌曲表征青少年价值观的开放式问卷调查编码分析结果

编码	词条	编码	词条	编码	词条	编码	词条
1	理想	15	遵纪守法	29	坚强	43	快乐
2	平淡	16	婚姻	30	勤奋	44	明辨是非
3	善良	17	乐观	31	成熟	45	随性
4	激情	18	实力	32	健康	46	亲情
5	信念	19	本性	33	远见	47	榜样
6	人际交往	20	爽	34	真诚	48	纯真
7	团结	21	与自然和谐	35	自立	49	智慧
8	高效	22	脱离现实	36	接受现实	50	道德
9	爱情	23	勇敢	37	坚持不懈	51	奉献
10	爱国	24	友情	38	成功	52	金钱
11	独特	25	珍惜	39	自信	53	责任
12	进取	26	时尚	40	宽容	54	平凡
13	酷	27	创新	41	敬业		
14	享受	28	自由	42	相貌出众		

从表6-23的编码结果可以看出，流行歌曲作为青少年群体特别喜爱的一种音乐体裁，喜爱的原因可能多种多样，但其中重要原因之一是流行歌曲在一定程度上表征了青少年群体的价值取向，或者更准确地说，流行歌曲所包含的一些价值观念与青少年群体的价值追求存在某种程度的契合。因为流行歌曲表征的价值十分丰富（54个价值词条），青少年个体总会从某一首歌曲或某一些歌曲中获得特定的价值共鸣。

2.《流行歌曲对青少年群体的价值表征问卷》的结构探索和验证

（1）项目分析和探索性因素分析结果。在以上通过开放式问卷所获取原始题项的基础上形成了《流行歌曲对青少年群体的价值表征原始问卷》，采用该原始问卷调查了953名初中、高中和大学生样本（见表6-21和表6-22）。通过对样本数据的项目分析和探索性因素分析，54个原始题项缩减至37个，共抽取出7个因素，每个因素的意义清晰，共解释了59.24%的变异量。因素命名及所包含的相应题项如表6-24所示。

表6-24　　　　流行歌曲所反映的青少年价值观因素构成及其所属价值词条

价值观因素	价值词条
生存（F6）	自立　健康　成熟　金钱　自由
归属与爱（F4）	友情　亲情　人际交往　爱情
道德（F5）	奉献　道德　遵纪守法　与自然和谐
个性品质（F2）	勇敢　乐观　真诚　善良　宽容　坚强　自信
自我实现（F1）	成功　坚持不懈　敬业　智慧　勤奋　远见　创新　高效
理想（F7）	理想　激情　信念
独特（F3）	酷　时尚　爽　享受　独特　随性

第一个因素包含"成功、坚持不懈、敬业、智慧、勤奋、远见、创新、高效"8个词条，主要与个体自我实现需求及其实现手段有关，因此命名为"自我实现"价值。这也说明，有一些流行歌曲倡导了自我实现价值，这是

获得青少年喜欢的原因之一。第二个因素包含了"勇敢、乐观、真诚、善良、宽容、坚强、自信"7个词条，这些词条多属于社会所认可的个体个性品质范畴，因此命名为"个性品质"。第三个因素包含"酷、时尚、爽、享受、独特、随性"6个词条，这些词条显示了青少年在听流行歌曲时追求的一些自我独特感受和体验，因此命名为"独特"。第四个因素包含"友情、亲情、人际交往、爱情"4个词条，多属于个体与他人交往中的归属和情感的需要，因此命名为"归属与爱"。第五个因素包含"奉献、道德、遵纪守法、与自然和谐"4个词条，这些价值词条多与个体的超然需求或道德的需求和满足有关，因此命名为"道德"。第六个因素包含"自立、健康、成熟、金钱、自由"5个词条，这些词条显示了一个人想要在社会上生存所必须具备的一些基本条件，与生存需要的满足有关，因此命名为"生存"。第七个因素包含"理想、激情、信念"3个词条，这几个词条与个体的价值理想和精神信念有关，因此命名为"理想"。

需要是价值的基础，以上所抽取的七个价值观因素从总体上看反映了青少年群体需要的不同层次，即生存—归属与爱—道德—个性品质—自我实现—理想—独特，这在一定程度上可以采用马斯洛的需要层次理论来加以解释。另外，这也说明了流行歌曲之所以被广大青少年所普遍接受，在于其所表征的价值观念具有复杂多元的特点，不同个体可能从中感知到了不同的与自己相一致的价值表达。

（2）问卷的信度检验。本项采用同质性信度（内部一致性系数）来考察七因素问卷的信度，结果如表6-25所示。

表6-25　　　　　　　　　　　　问卷的内部一致性系数

价值因素	自我实现（F1）	个性品质（F2）	独特（F3）	归属与爱（F4）	道德（F5）	生存（F6）	理想（F7）
α系数	0.89	0.78	0.76	0.76	0.86	0.82	0.59

从表6-25可以看出，问卷七个因素的内部一致性系数在0.58~0.90，

整个问卷的内部一致性系数为 0.94，证明该问卷具有较好的信度指标。

（3）问卷的效度检验。在进行验证性因素分析时，考虑到"独特"因子的载荷过小，加之其与各个因子及总分的相关较低，决定予以删除。剩余六因素价值观模型的整体拟合情况如表 6 – 26 所示。

表 6 – 26　　　　　　　　　　六因素模型整体拟合情况

卡方	自由度	卡方/自由度	CFI	GFI	NFI	AGFI	RMSR	RMSEA
21.06	9	2.34	0.99	0.99	0.99	0.97	0.018	0.052

从表 6 – 26 可知，模型整体拟合指标 CFI、GFI、NFI、AGFI 均在 0.9 以上，RMSR 为 0.018，RMSEA 为 0.052，基本符合优度模型的准则，说明模型与数据具有较好的拟合，问卷有较好的构想效度。

（三）讨论

流行歌曲是否表征了青少年的价值观？表征了什么样的价值观？我们首先通过开放式问卷获取了 54 个价值题项（词条），继而通过对较大样本调查数据的项目分析和探索性因素分析，获得了六因素（共 31 个价值词条）的《流行歌曲对青少年群体的价值表征调查问卷》。问卷具有良好的信度和效度指标。

研究结果表明，流行歌曲可以表征自我实现、个性品质、归属与爱、道德、生存、理想等不同价值观类型。换言之，从青少年群体的认知来看，他们之所以喜欢某一首或某些流行歌曲，是因为歌曲本身传递了以上六种价值类型中某一种或某几种，而这些所传递的价值正好与自己所持有的价值相吻合。总之，价值观之间的匹配或融合可能是除旋律外导致青少年对流行歌曲产生共鸣共振的重要原因。这反过来也提示我们，无论是国家、社会（传播媒介）层面，还是家庭和学校层面，都应十分重视流行歌曲对青少年群体价值观的引导和影响，鼓励和推动更多符合青少年身心特点和价值需求的、有正面积极引导作用的流行歌曲产生。

三、流行歌曲对青少年群体的价值表征特点

(一) 研究方法

1. 研究目的

采用《流行歌曲对青少年群体的价值表征调查问卷》对初中、高中、大学生进行大样本施测数据结果,经统计分析获得流行歌曲所反映的当代青少年价值观的总体特点和人口学差异特点。

2. 研究方法

(1) 研究对象。本项研究样本具体信息见表 6－21 和表 6－22。

(2) 研究工具。本项研究的研究工具为前述课题组自己编写的《流行歌曲对青少年群体的价值表征调查问卷》。该问卷包括六个因素共 31 个题项(价值词条),有较好的信效度指标。对每个价值词条评定的步骤为:首先请被试回想或哼唱自己喜欢的流行歌曲,体会歌曲或歌手反映了自己怎样的想法或看法;然后根据问卷中价值词条在现实生活中的"值得"程度进行 5 级评分(从"1＝非常不值得"到"5＝非常值得")。得分越高表明流行歌曲所体现的该价值在现实生活中越重要。

(3) 研究步骤及程序。首先,采用《流行歌曲对青少年群体的价值表征调查问卷》进行大样本施测;其次,将所有回收的问卷数据录入计算机,进行统计处理;最后,获得流行歌曲表征青少年群体价值的总体特点和人口学特点。

(二) 研究结果与分析

1. 流行歌曲对青少年群体价值表征的总体特点

流行歌曲对青少年群体价值表征的总体特点如表 6－27 所示。

表 6－27　　　　流行歌曲对青少年群体价值表征的总体特点

变量	生存	归属与爱	道德	个性品质	自我实现	理想
M	4.10	3.85	4.07	4.25	4.18	4.06
SD	0.79	0.91	0.78	0.74	0.76	0.78

由表 6 – 27 的结果可以看出，流行歌曲对青少年价值表征的均值从高到低依次为：个性品质、自我实现、生存、道德、理想、归属与爱。这说明传播个性品质、自我实现、生存等价值取向的流行歌曲相对更受青少年群体的偏爱。但总体来看，所有价值因素的均值均超过了中值，表明不同价值因素虽然得分高低存在差异，但青少年群体总体上认为流行歌曲表征的这六类价值在现实生活中都是重要的。

2. 流行歌曲对青少年群体价值表征的人口学特点

（1）不同性别青少年对流行歌曲价值表征的差异分析。不同性别青少年对流行歌曲价值表征的差异检验如表 6 – 28 所示。

表 6 – 28　　　　　不同性别青少年对流行歌曲价值表征的差异检验

因素	男生		女生		t	df	p
	M	SD	M	SD			
生存	4.02	0.82	4.17	0.76	2.85	951	0.00 **
归属与爱	3.79	0.96	3.90	0.88	1.80	951	0.07
道德	3.94	0.83	4.17	0.72	4.61	834	0.00 **
个性品质	4.15	0.75	4.33	0.71	3.84	951	0.00 **
自我实现	4.10	0.81	4.24	0.71	2.89	840	0.00 **
理想	3.99	0.82	4.12	0.74	2.52	852	0.01 *

注：* 表示 $P < 0.05$，** 表示 $P < 0.01$，*** 表示 $P < 0.001$。

表 6 – 28 的结果显示，除"归属与爱"这一价值因素外，男生和女生在生存、道德、个性品质、自我实现、理想这五个因素上均存在显著性差异，具体表现为女生得分均高于男生。

（2）不同学龄阶段青少年对流行歌曲价值表征的差异分析。三个不同学龄阶段青少年对流行歌曲价值表征的差异检验如表 6 – 29 所示。

表 6 – 29　　　　三个不同学龄阶段青少年对流行歌曲价值表征的差异检验

因素	初中生		高中生		大学生		F	df	p	多重比较
	M	SD	M	SD	M	SD				
生存	4.10	0.84	4.17	0.68	4.06	0.83	1.54	952	0.22	
归属与爱	3.93	0.92	3.97	0.88	3.71	0.92	7.99	952	0.00**	1 – 3　2 – 3
道德	4.23	0.82	4.12	0.69	3.91	0.78	15.84	952	0.00**	1 – 3　2 – 3
个性品质	4.35	0.80	4.27	0.66	4.15	0.73	6.13	952	0.00**	1 – 3　2 – 3
自我实现	4.30	0.81	4.24	0.66	4.05	0.75	10.44	952	0.00**	1 – 3　2 – 3
理想	3.98	0.82	4.07	0.71	4.13	0.80	2.94	952	0.05*	1 – 3

注：* 表示 $P < 0.05$，** 表示 $P < 0.01$，*** 表示 $P < 0.001$。1 表示初中生，2 表示高中生，3 表示大学生。

从表 6 – 29 的结果可以看出，除"生存"1 项价值因素在初中、高中、大学生之间不存在显著差异外，其他 5 项均存在显著性差异。事后多重比较分析表明：在归属与爱、道德、个性品质、自我实现价值取向上，初中生和高中生都与大学生之间存在显著差异；在理想价值取向上，初中生和大学生之间存在显著差异。具体表现为：在归属与爱取向上，大学生得分最低，高中生得分最高；在道德、个性品质、自我实现取向上，存在着随受教育程度升高得分逐渐降低的趋势；在理想价值取向上，存在着随受教育程度升高得分逐渐升高的趋势。

（3）不同家庭所在地的青少年对流行歌曲价值表征的差异分析。不同家庭所在地青少年对流行歌曲价值表征的差异检验如表 6 – 30 所示。

表 6 – 30　　　　不同家庭所在地青少年对流行歌曲价值表征的差异检验

因素	城市		城镇		农村		F	df	p	多重比较
	M	SD	M	SD	M	SD				
生存	4.12	0.80	4.15	0.80	4.05	0.78	0.89	952	0.41	
归属与爱	3.88	0.91	3.89	0.92	3.79	0.91	0.90	952	0.41	
道德	4.14	0.76	4.03	0.80	3.97	0.79	4.65	952	0.01*	1 – 3
个性品质	4.33	0.73	4.22	0.73	4.13	0.73	7.24	952	0.00**	1 – 3

续表

因素	城市		城镇		农村		F	df	p	多重比较
	M	SD	M	SD	M	SD				
自我实现	4.26	0.76	4.13	0.78	4.09	0.74	4.81	952	0.01*	1-3
理想	4.05	0.77	4.07	0.78	4.07	0.80	0.06	952	0.94	

注：* 表示 $P < 0.05$，** 表示 $P < 0.01$，*** 表示 $P < 0.001$。1 表示城市，2 表示城镇，3 表示农村。

表 6-30 的结果显示，在生存、归属与爱、理想这三项价值取向上，家庭所在地为城市、城镇、农村的青少年之间不存在显著性差异，而在道德、个性品质、自我实现三项价值取向上存在显著性差异。事后多重比较分析表明：在道德、个性品质、自我实现取向上，城市与农村青少年之间均存在显著性差异，具体表现为家庭所在地为城市的学生在这三项价值取向的得分上要高于来自农村的学生。

3. 歌手来源及歌曲要素对青少年价值表征的差异分析

（1）歌手来源对青少年价值表征的差异比较。歌手来源对青少年价值表征的差异比较结果如表 6-31 所示。

表 6-31 歌手来源对青少年价值表征的差异比较

因素	欧美歌手		日韩歌手		中国港台歌手		中国大陆歌手		其他	
	M	SD	M	SD	M	SD	M	SD	M	SD
生存	4.04	0.93	4.02	0.77	4.14	0.78	4.09	0.77	4.14	0.80
归属与爱	3.66	1.08	3.76	0.84	3.85	0.92	3.93	0.88	3.93	0.89
道德	3.96	0.82	4.14	0.72	4.06	0.77	4.06	0.79	4.11	0.83
个性品质	4.26	0.69	4.23	0.70	4.27	0.68	4.20	0.82	4.27	0.87
自我实现	4.17	0.73	4.13	0.72	4.18	0.76	4.23	0.73	4.16	0.85
理想	4.15	0.79	4.07	0.78	4.02	0.77	4.09	0.76	4.09	0.88

由表 6-31 所呈现的描述统计结果可知，在青少年群体看来，来源地不同的流行歌曲演唱者其歌曲表征的价值观也存在差异，具体表现为：中国港

台歌手所唱流行歌曲中"生存""个性品质"价值取向上得分较高；中国大陆歌手所唱流行歌曲中"归属与爱""自我实现"价值取向上得分较高；日韩歌手所唱流行歌曲中"道德"价值取向上得分较高；欧美歌手所唱流行歌曲中"理想""自我实现"价值取向上得分最高。这一调查结果在一定程度上表明，流行歌曲传播何种价值观可能与文化和国别存在一定的关联，在探讨或引导流行歌曲对青少年价值观的影响时应引起注意。

（2）歌曲要素对青少年群体价值表征的差异比较。歌曲要素对青少年群体价值表征的差异比较结果如表6-32所示。

表6-32 　　　　　歌曲要素对青少年群体价值表征的差异比较

因素	歌词		旋律		歌手	
	M	SD	M	SD	M	SD
生存	4.14	0.77	4.11	0.80	3.89	0.79
归属与爱	3.86	0.91	3.86	0.91	3.77	0.93
道德	4.14	0.76	4.06	0.78	3.94	0.83
个性品质	4.28	0.76	4.25	0.72	4.07	0.77
自我实现	4.20	0.74	4.19	0.76	4.03	0.76
理想	4.10	0.80	4.06	0.78	3.99	0.78
总计	28.01		27.79		27.31	

由表6-32所呈现的描述统计结果可知，流行歌曲的不同要素在表征价值的重要性上也存在差异。具体表现为：在所有6项价值因素中，总体上歌词要素对表征价值的重要性最大，旋律和歌手要素对表征价值的作用相对较小。这一结果表明，在关注流行歌曲对青少年价值观的影响时应首先关注歌词要素，歌词内容是流行歌曲所倡导或传播的价值观的集中体现。

（三）讨论

流行歌曲所表征的自我实现、个性品质、归属与爱、道德、生存、理想六种价值因素，在青少年群体的认知中具有什么样的总体特点和差异性特点呢？这是本项研究关注的重要问题之一。因为，这在一定程度上可以体现出流行歌曲所承载的（主观认知到的）价值对现实情境中青少年群体的价值取向可能产生影响的程度。

从六项价值因素的总体特点来看，涉及个体基本生存和体现个性、自我等主体性或独特性的价值因素更受重视，而涉及人与人、人与群体、人与社会关系的价值因素（如道德、归属与爱）和体现精神需求的价值因素（如理想）受重视程度相对较低。这一结果可以尝试从两个方面加以理解：一方面，青少年群体的身心发展特点决定了追求主体性和独特性是这一年龄段人群的突出特点，能够充分体现这一特点的流行歌曲就会使青少年与之形成强烈的共鸣并随之产生偏爱。从这一点理解，创作适合青少年特点和需求的流行歌曲是有其合理性和正当性的。但另一方面，不加引导而一味迎合青少年的这种特定阶段的价值需求可能产生的消极后果也是显见的，人在本质上是社会性的，归属与爱、道德等社会性价值的教育不仅对青少年现阶段的健康成长是重要的，对他们的未来发展和服务社会也是极其重要的。因此，衡量一首流行歌曲的成就和意义应不仅是考察其在多大程度上适合了青少年群体的价值、情感需求，还应考虑其对青少年社会性发展的促进和推动作用。把流行歌曲仅看作一种娱乐形式忽视其价值引导功能，这种观点可能并不符合青少年群体的实际，也不利于青少年群体的健康成长。

从人口学差异特点来看，首先，在除"归属与爱"价值因素之外的五项价值上，女性青少年得分都高于男性且差异显著，这说明在认知层面，女性青少年对流行歌曲所表征价值的认同程度要普遍高于男性，一定程度上也可以说女性青少年对流行歌曲这种音乐形式的认可度甚至是忠诚度要高于男性，或者说流行歌曲所表征的价值对女性青少年的影响要高于男性。这是一个值得深入思考和扎实研究的问题，我们在现实生活中也经常会看到青少年女性迷恋、崇拜流行歌曲明星的相关报道。如何准确理解性别差异特点，做好流行歌曲及其相关要素的价值引导有其重要性和迫切性。其次，在多数价值因素上，表现出流行歌曲所表征价值的重要性随年龄增长、受教育程度提高而出现降低的趋势，这说明了生理成熟和人格、社会性成熟的重要性，流行歌曲对个体价值观念的影响具有较为显著的阶段性特征。最后，结果显示城市出生的学生更加重视流行歌曲所表征的个性品质和自我实现价值因素，这一结果强调了环境、文化因素对个体价值观形成的作用，已有许多研究成果予以了证明。

尽管广为流行、大规模传播是所有流行歌曲的基本特点，但具体到每一首歌曲的流行原因可能不尽相同。有些是因为旋律，有些是因为歌手本身，有些则是歌词的作用，当然更有可能是以上要素加之社会现实特点综合发挥作用的结果。研究结果表明，尽管歌曲旋律、歌手特质也是歌曲流行的重要影响因素，但歌词被青少年群体认知为是流行歌曲表征价值观的最重要的途径。因此，关注流行歌曲的歌词内容创作和导向是有必要的。另外，研究结果还表明，流行歌曲来源地不同，其所承载的价值观可能也不同，这是因为任何一名歌手或歌词创作者都是在特定文化背景下成长的，其歌曲创作所体现的价值观自然也有可能不同，对青少年价值观的影响也会有所不同。这一方面也值得特别关注。

第四节　大学生价值观与其压力应对和心理健康的关系[*]

一、前言

价值观（values）是人们关于事物重要性的观念，是依据客体对于主体的重要性对客体进行价值评判和选择的标准（金盛华、郑建君和辛志勇，2009）。价值观往往被看作个体人格体系和精神体系中的一个核心构念，对个体行为起着重要的描述、解释、预测和导向作用，同时价值观也是社会发展变迁和文化传播建设的重要测量指标。另外，价值观也是多种人文、社会

---

[*] 本节内容原文发表于《中国人民大学教育学刊》2012年第4期，在原文基础上进行了修订。

科学关注的一个问题。施瓦茨（2012）把基本价值观定义为超越情境的目标，具有不同的重要性，是一个人或团体生活的指导原则；他还认为基本价值观被组织成一个连贯的系统，构成和可以帮助解释个人的决策、态度和行为。布兰肯希普（Blankenship，2012）等人也发现，价值观很少被攻击和防御，所以可以通过改变价值观的方式来间接改变人们的态度。价值观作为人的信仰和追求与行为之间有着密切的联系。在心理学及其他学科的研究中，价值观对行为总体上的导向作用是有普遍共识的。但是，也有人对人格、价值观是否能预测人们的行为结果进行了研究，发现医生的工作价值观，无论是单独使用还是与人格特质共同使用，并不能明显预测专业选择（Taber & Hartung et al.，2011）。

人们在日常生活中会面临各种各样的压力，压力应对是当个体受到实际或想象中的威胁时为维护心理整合而采取的调整反应。压力应对方式既可能是积极的也有可能是消极的。人们在危机情境中会选择采用各种各样的压力应对方式，包括逃避、合理化、退缩、攻击、升华、表同、转移、投射、压抑等。虽然无论是积极应对还是消极应对，都会在客观上减轻个体的急性应激反应，对维护个体的心理平衡起到重要作用，但本质上来讲，消极的应对方式只是暂时从表面上缓和了个体的内心冲突，通常无法从根本上解决问题，反而会为心理危机埋下隐患。应对方式是一个完整体系，是个体在面对压力时可能采取所有应对行为的综合，而价值观对这种综合应对行为应具有解释、预测和导向作用，其基本逻辑是：价值观本质上是一种意义解释系统，个体在面对压力、挫折、困难等问题和情境时也存在一个意义解释过程，不同的意义解释将会导致不同的行为选择。有研究采用问卷调查结果表明，价值观，特别是注重人际关系和谐的价值观既能显著地预测大学生寻求精神支持的行为，也能显著地预测大学生独立面对问题与困难的行为，这说明在大学生的成长过程中，人际和谐的价值观对大学生行为有重要影响（游洁，2005）。另外有学者对国际学生的多元文化样本进行了研究，发现文化价值观可以通过宗教来预测应对方式，而个人的价值传统、文化规范和对适应困难的知觉只起到部分中介作用（Bardi & Guerra，2011）。

关于价值观和心理健康的关系，有研究者认为，就个体的心理健康问题来讲，拥有正确价值观是个体心理健康的重要保证，虽然事后的咨询和治疗可以在一定程度上解决个体心理问题，但形成正确积极的价值观对个体心理健康具有根本性的作用（辛志勇和姜琨，2005）。通过对家庭看护人员的研究发现，拥有不同价值观会产生不同情绪状态，拥有传统中国家庭价值观的看护者会体验到更多的沮丧、抑郁和负担（Chan & Lung-fai，2009）。在跨文化研究中也发现，对于移民来说，坚持原有文化价值观和情绪的自我控制，能够预测他们心理健康状况，而文化价值观会影响父母的教养方式，教养方式也会影响孩子的心理健康（Vindua，2011；Donovick，2011）。国内研究者张麒（2001）也发现心理健康正常人群和问题人群之间价值观确实存在显著差异。与正常人群相比，问题人群个人生活观念消极被动，社会生活观念不利于人际交往，宿命，相信超然自然力量，独立进取性差、求知欲望低、诚实守信差、社会同情缺乏、反传统、自私。还有一项针对大学生群体的调查研究（彭晓玲等，2005）表明，心理健康的学生面对生活态度更积极主动，对生活和未来充满希望和自信，清楚人生的意义和奋斗方向，学习目标明确，学习动机较强，对理想就业有把握；而心理有问题的学生对人生和社会生活的态度则有些消极，对社会和他人持有怀疑态度，自信心不足，依赖性较强。迈克·邦德（Bond，1996）采用《中国人价值观调查》问卷以大学生为被试进行了中国人价值观和健康之间关系的研究，认为"社会整合—文化的内在性"和"声誉—社会道德"这两项因素是寿命、死亡模式、危及健康的行为、社会满意度等多种健康指标的预警器。

在对应对方式与心理健康之间的关系研究中，发现应对方式与心理健康之间有显著相关，应对方式对心理健康水平产生影响（张文华，2011；张庆玲，2011）。而且，使用逃避应对策略的亚裔美国男性如果认同男性规范占主导地位，那么他们会报告有更高水平的抑郁症状（Iwamoto et al.，2010）。通过对东亚裔美国人的研究发现，他们亚洲价值观的水平越高，就会有更高的焦虑水平，而且间接应对方式和亚洲价值观在预测焦虑水平上存在显著的交互作用（Lee Jieun，2011）。

虽然已有人对价值观与应对方式，价值观与心理健康之间的关系进行了一些实证研究，但研究深度和广度都不足，尤其在国内，对三者之间关系的探讨总体上还处在思辨阶段（陈莹和贵永霞，2009），很少有人用实证方法对三者之间关系进行研究。

本项研究采用问卷调查法以价值观为核心，对价值观、应对方式和心理健康之间的关系进行探讨，希望能找到一条通过价值观改善应对方式，促进大学生心理健康的切实有效途径，进而从根本上提高当代大学生心理健康水平。本项研究的假设是：大学生价值观对其应对方式有一定的解释和预测作用，大学生价值观直接影响心理健康，并通过应对方式的中介作用对心理健康产生影响。

二、研究方法

（一）研究对象

采取随机取样的方式，从中部某省四类高校（包括师范类、理工类、医学类、综合类）中抽取被试 600 名进行问卷测量，有效问卷 546 份，有效率为 91%，其中男生 238 人，女生 308 人；大一学生 126 人，大二学生 184 人，大三学生 111 人，大四学生 125 人。

（二）测量工具

1. 价值观量表

采用辛志勇和金盛华（2000）编制的"大学生价值观量表"，共 84 道题，包括品格（认为人生的成功主要靠自我良好的品质和德行）、工作（把事业发展和工作上取得成绩作为自己生活的主要目标）、家庭（把幸福的婚姻、家庭作为自己人生的支柱和出发点）、金钱（把金钱物质的获取作为生活的主要目标）、从众（把舆论和大众标准作为自己确定目标和选择手段的标准）、法律（把是否违法和违反规则作为确定目标和选择手段的标准）、人伦（祈求整个人类社会的安宁和平等，反对战争和暴力）、公益（认为人生价值主要在于为国家、社会作出贡献）8 个因子。采用 1～6 分的计分方式，

分数越高，表示该价值取向越明显。该量表的内部一致性系数为 0.74。

2. 应对方式测量

采用肖计划等编制的《应对方式问卷》（汪向东，1999）。问卷有 62 道题，包含六个分量表：退避、幻想、自责、求助、合理化和解决问题。解决问题和求助为积极应对方式，退避、幻想、自责、合理化为消极应对方式。每个分量表由若干个条目组成，分量表单项条目分之和除以分量表条目数就是分量表的因子分。该问卷具有较好的信度、效度指标。

3. 症状自评量表（Symptom Checklist SCL – 90）

该量表由 90 道题目组成，分为十个因子，即躯体化、强迫症状、人际敏感、抑郁、焦虑、敌对、恐怖、偏执、精神病性和睡眠饮食。采用 0～4 的五级评定方法，主要统计指标为前 9 个因子的得分，分数越高表明该心理症状越明显。该量表已被广泛应用于心理健康的调查研究，具有较好的信度和效度。

（三）施测及数据处理

问卷调查严格按照心理测验的程序进行，随机选取的被试统一安排在教室内进行团体施测，使用统一的指导语控制情景，要求被试以无记名方式在不受任何影响的情况下独立完成。全部数据使用 SPSS 软件和 LISREL 软件进行统计分析处理。

三、研究结果与分析

（一）大学生价值观与应对方式之间的典型相关分析和多元回归分析

对大学生价值观与应对方式之间进行典型相关分析是以价值观问卷中 8 个维度的得分为 X 组变量，以应对方式中 6 个维度的得分为 Y 组变量，进行典型相关分析，结果表明一个典型相关系数达到显著水平（$p < 0.000$）。表 6 – 33 即为大学生价值观与应对方式的典型相关分析摘要表。

表 6 – 33　　　　　大学生价值观与压力应对方式的典型相关分析摘要

X 组变量	典型因素		Y 组变量	典型因素	
	X_1	X_2		Y_1	Y_2
品格	− 0.816	0.285	解决问题	0.777	0.093
工作	− 0.479	0.568	自责	0.237	− 0.170
家庭	− 0.118	0.521	求助	0.165	0.059
金钱	0.448	0.676	幻想	− 0.144	− 0.659
从众	0.439	0.350	退避	− 0.222	− 0.269
法律	− 0.273	− 0.230	合理化	− 0.361	0.011
人伦	− 0.218	0.439			
公益	− 0.715	0.195			
抽出变量百分比	0.242	0.195	抽出变量百分比	0.148	0.091
重叠	0.035	0.043	重叠	0.022	0.004
			ρ^2	0.146	0.042
			ρ	0.382	0.204
			ρ	$\rho = 0.000$	$\rho = 0.076$

　　由表 6 – 33 可知，第一对 X_1 与 Y_1 的典型相关系数为 （ρ） 0.382 （p = 0.000），其确定系数为 0.146 （ρ^2），表示 X 组变量的第一个典型因素 （X_1），可以解释 Y 组变量的第一个典型因素 （Y_1） 总变异量的 14.6%。X 组的 8 个变量中所抽出来的第一个典型因素占 X 组变量总变异的 24.2%。Y 组的 6 个变量所抽出来的第一个典型因素可以解释 Y 组变量总变异的 14.8%，而 X 组变量透过第一对典型因素可以解释 Y 组变量总变异的 2.2%。就第一个典型相关的结构系数 （亦称典型负载系数） 而言，X 组变量中的品格、公益、工作、金钱、从众等维度与第一个典型因素有高相关；而 Y 组变量中，则以解决问题、合理化与第一个典型因素有高相关。因此，X 组变量与 Y 组变量的第一个典型相关关系是由 X 组变量的品格、公益、工作、金钱、从众等维度透过第一个典型因素和 Y 组变量中的解决问题、合理化有较高相关。由于第二个典型相关不显著，故不再陈述。由两个重叠指标之和可知，在影响压力

应对方式的因素中，有 2.6% 可以由价值观所解释，具体如表 6-34 所示。

表 6-34　　　　价值观为自变量、压力应对方式为因变量的回归分析

因变量	进入方程的自变量	R^2	F	p	B	$Beta$	t
合理化	品格	0.013	7.265	0.007	-0.037	-0.115	-2.695**
退避	家庭	0.009	4.882	0.028	0.047	0.132	2.828**
	品格	0.016	4.410	0.013	-0.031	-0.092	-1.978*
幻想	金钱	0.014	7.634	0.006	0.036	0.118	2.763**
解决问题	品格	0.055	31.820	0.000	0.045	0.175	3.835**
	从众	0.069	20.236	0.000	-0.040	-0.153	-3.493**
	工作	0.079	15.499	0.000	0.031	0.112	2.382**

注：* 表示 $P < 0.05$，** 表示 $P < 0.01$，*** 表示 $P < 0.001$。

为考察价值观对应对方式的预测作用，以应对方式各维度为因变量，以价值观 8 个维度的均分为自变量做回归分析。结果发现，价值观各维度对应对方式各维度的预测力大小不同。如表 6-34 所示，品格、从众、工作三个维度可以显著预测应对方式中的解决问题，而家庭和品格则能够预测退避行为，品格还可以预测合理化，金钱则对幻想产生预测作用，而价值观各维度对求助、自责两个维度的预测作用则很小，没有一个维度能够进入求助、自责的回归方程。

（二）大学生价值观与其心理健康之间的典型相关分析

以大学生价值观问卷中 8 个维度的得分为 X 组变量，以 SCL-90 量表中 9 个因子得分为 Y 组变量，进行典型相关分析，结果表明 2 个典型相关系数达到统计显著水平（$p < 0.000$）。结果表明，在影响心理健康的因素中，价值观可以解释其中的 2.1%。大学生价值观中的公益、品格、法律、家庭与心理健康中的敌对、抑郁、躯体化、强迫症状、精神病性、偏执、焦虑都有显著负相关，而金钱和从众与心理健康中的敌对、抑郁、躯体化、强迫症状、精神病性、偏执、焦虑显著正相关。

（三） 应对方式与心理健康之间的典型相关

以应对方式问卷中 6 个维度的得分为 X 组变量，以 SCL – 90 中 9 个因子的得分为 Y 组变量，进行典型相关分析，结果表明 3 个典型相关系数达到统计显著水平（$p < 0.000$）。结果表明，在影响心理健康的因素中，有 9.1% 可以由应对方式所解释，而应对方式各维度与心理健康各因子之间都有较高的相关。为了进一步深入揭示大学生价值观与其应对方式、心理健康之间的关系，本项研究提出了价值观和应对方式分别对心理健康产生影响，同时价值观又通过应对方式间接影响心理健康的假设，使用结构方程模型对数据与假设的拟合程度进行验证。

价值观与压力应对方式、心理健康的结构方程模型简图如图 6 – 3 所示。从图 6 – 3 可以看出，消极应对方式在价值观对心理健康关系中起中介作用，而积极应对方式起的作用很小，价值观对心理健康具有直接影响作用，消极应对方式也极大影响着心理健康。该模型的各种拟合指数如表 6 – 35 所示。各种拟和指数大都在 0.90 以上，且 RMSEA = 0.092 < 0.10，说明该模型拟合较好（侯杰泰等，2004）。

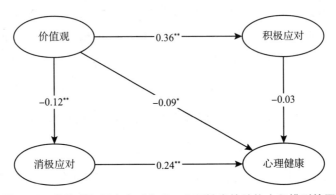

图 6 – 3　价值观与压力应对方式、心理健康的结构方程模型简图

表 6 – 35　　　　　　　　　　结构方程模型拟合指数

项目	χ^2	df	χ^2/df	CFI	IFI	RFI	NFI	GFI	RMSEA
数值	1308.78	225	5.81	0.93	0.93	0.91	0.92	0.83	0.092

四、讨 论

（一）大学生价值观与应对方式的关系

典型相关分析结果显示，价值观中的品格、公益、工作、金钱、从众与应对方式的解决问题、合理化有较高的相关关系，并且价值观可以解释应对方式影响因素的 2.6%。这就说明，大学生的价值取向可以有效预测他们在遇到问题时所采取的应对方式。同时这也进一步证明了价值观对行为的导向作用。所以，如果大学生追求品格高尚，那么他们在面对压力时就会更多采用积极应对方式（解决问题），较少采用退避、合理化等消极应对方式。而具有金钱取向的大学生往往在面对压力时更容易沉浸于幻想之中，不能面对现实，采取积极有效方法处理问题。大学时期是一个人生理和心理走向成熟的关键期，是人生的转折点，容易受到外界不良因素影响。因此在这个时期要培养大学生优良品格、正确的金钱观和独立意识，只有这样才能使大学生在面对压力时，采取积极主动方式应对。

（二）大学生价值观对心理健康的影响

价值观对心理健康产生影响，而且价值观中的公益、品格等维度与心理健康中的敌对、抑郁等因子有显著负相关，这个结果与以往的研究结果基本一致（彭晓玲等，2005）。这是因为，价值观和价值取向为我们提供了一个看问题的角度，不同价值取向的人在面对同一个问题时，会产生不同情绪，而这些都会影响到我们的心理健康。价值观还影响着人们的行为方式、认知方式，而人们的行为方式、认知方式又会影响心理健康，所以价值观还会通过中介变量对心理健康产生影响。

（三）应对方式与心理健康之间的关系

应对方式是心理健康的一个主要影响因素之一，它可以解释心理健康影响因素的 9.1%，并且应对方式各维度与心理健康各因子之间都有较高的相关。这与以往的研究结果非常一致（邢超和屠春雨，2011），已有大量研究都证明了应对方式与心理健康之间的关系，并且由模型可知，消极应对方式对大学生的心理健康影响较大，积极应对方式对大学生的心理健康影响较小，这与李青和黄树生等（2011）对高中生的研究结果一致。这是因为，消极应对方式对我们心理健康产生的危害更大，更容易被我们觉察到。每次面对挫折、压力时，都选择逃避、幻想等消极应对方式，而不是积极主动地去解决问题，实际上对人的心理是一种伤害，久而久之，我们将不敢面对困难、挫折和挑战。这也进一步告诉我们要培养大学生积极的应对方式。在大学生活中，会有很多压力，面临很多困难，如果不能够采用正确的应对方式，必将损害其心理健康。

（四）价值观和应对方式、心理健康的关系

结构方程模型很好地验证了我们的假设，价值观直接对心理健康产生影响，并通过消极应对方式对心理健康间接产生影响。而典型相关分析的结果也发现，价值观和应对方式共同解释了心理健康影响因素的11.2%，价值观也对应对方式具有解释和预测作用。可见，价值观是应对方式和心理健康的基础和重要保证，只有拥有正确积极的价值取向，才会在生活中、在困难面前选择正确积极的应对方式，才会拥有健康的人生。这也再一次提出了大学生价值观教育的重要作用。有研究者指出，知识技能、能力教育是一种手段教育，而价值观教育则是一种方向性教育（辛志勇和金盛华，2005）。大学阶段强化专业知识和技能固然重要，但形塑正确的价值观也具有同等甚至更加特殊的重要性。所以我们应该利用多种途径和机会，对大学生进行价值观教育，使大学生能够形成积极、正确的价值观（如注重品格、人伦、家庭、公益等）。正确、积极的价值观会让我们在面对压力、挫折时采取积极应对方式，而少采取消极应对方式，从而消除或减少影响大学生心理健康的因素，使大学生能够健康、快乐地成长。

五、结 论

大学生价值观与应对方式、价值观与心理健康之间都存在着显著相关，大学生价值观影响着心理健康，并且还通过消极应对方式对心理健康产生影响。

第七章

西方价值观教育研究

价值观是个体人格和态度体系的重要组成部分，是个体的意义解释系统，对个体行为具有重要的启动、导向、维持、解释、预测作用；价值观是社会的融合剂，是社会心态、社会认同的重要组成部分，不仅能够反映一个社会的精神状态、发展趋势，还具有引导社会发展变迁的重要作用；价值观还是文化构成的核心要素，是文化认同、文化凝聚的重要基础。事实上，价值观还是意识形态、政治合法性等的重要组成部分，事关政治制度的确立和稳定。基于价值观构念的以上属性及其重要作用和功能，无论是西方发达国家还是广大发展中国家，都十分重视价值观教育问题。从这一意义上讲，了解其他国家或文化的价值观教育研究和实践，对我国价值观教育具有一定的启示或参照意义。本章拟较为深入地探讨西方价值观教育的方法和技术以及价值观教育效果评价等内容，以期从中吸取经验和教训、启示和借鉴。

第一节 西方价值观教育的路径和方法研究*

在心理学、教育学领域，价值观问题引起的有关争论是：正确的价值观怎样才能为个体所拥有？是否存在某些有效的策略和手段？教育是不是一种最有效的手段？这里的教育应该如何去理解或界定？事实上，对于任何一个国家、民族、社区，甚至家庭，怎样把自身所崇尚的价值观念传递给下一代，

---

* 本节内容原文发表于《比较教育研究》2002 年第 4 期，在原文基础上进行了修订。

长期以来一直是政府、家庭、教育工作者非常关注的问题。据美国长达20年的盖洛普民意调查结果表明，有80%以上的家庭和成人组织都认为，在大学以前的学校教育中进行价值观教育是十分重要的。英国的价值观教育研究协会也有类似的调查结果（Zern，1997）。

对以上问题的争论产生了不同的理论流派，进而也产生了一些不同的教育方法和策略。本节的目的是简要介绍国外价值观教育方法的进展及发展思路，并重点就几种主要价值观教育方法的内涵及对我国价值观教育的启示做些探讨。

一、西方价值观教育理论及方法的历史进程

在我国学校教育领域，总体上看并没有专门的价值观教育课程，价值观教育更多地被涵盖在德育或道德品质教育中（檀传宝，2000）。事实上，价值观教育的内容比德育或道德品质教育的内容要宽泛得多，有许多问题可能是价值判断问题而并非道德品质问题。而在国外价值观研究领域，价值观教育却有着相对独立的研究范围，其方法的发展也有一个比较清晰的脉络。

比如，美国人本主义教育中心主任，原价值澄清学派重要代表人物柯申鲍姆（Kirschenbaum，2000）对美国价值观教育方法的发展就从时间上作了如下划分：19世纪末20世纪初属于人格品质教育阶段，教育方法以讲授法为主；20世纪20年代到30年代，价值观教育逐步过渡到公民教育，也即更强调公民的职责和权力；20世纪40年代到50年代，为了摆脱战争和使国家繁荣富强，这期间的价值观教育更强调为国奉献精神的灌输；20世纪60年代到70年代，占优势的价值观教育方法主要是价值澄清法、价值观分析方法以及科尔伯格的道德发展阶段论，这期间的价值观教育更加强调受教育者的主体性；20世纪80年代以来，人格品质教育又重新受到人们的高度重视，对讲授法的作用也进行了新的评估，另外，价值观教育方法的综合趋势也十分明显。

二、西方学校价值观教育的主要途径

哈斯塔德和泰勒等（Halstead & Taylor, 2000）在对西方价值观教育途径和方法进行研究时认为，西方学校的价值观教育主要是通过两种途径来进行：一种是贯穿在课程中的价值观教育；另一种则是通过学校生活进行的价值观教育。后一种价值观教育事实上包括了除课程以外的学校生活的所有侧面。

1. 贯穿在课程中的价值观教育

在西方，尤其是在英国，通过课程来进行的价值观教育主要由四个方面构成：公民教育、个体的社会适应和心理健康教育、国立的课程科目、宗教教育（Halstead & Taylor, 2000）。

（1）公民教育——公民教育被认为是价值观教育的主要渠道和途径。科瑞维尔（Crewe, 1997）在对英国和美国6个15～16岁匹配群体的调查中发现，学生在学校的社会化程度和效果与其参与公民教育活动的多少显著相关。关于公民教育的基本内容，卡兰（Callan, 1997）和金里卡（Kymlicka, 1999）的研究认为，应该主要包括希望、勇气、自尊、自重、诚实、信任、友谊和庄重等基本的品质。随着公民教育的发展，公民教育概念范畴也日益得到扩展，原来仅仅是为学生提供必要的信息、知识和技能以及一些社会化方面的内容，现在已经扩展到学生个体力量的增强、责任感、对自我进行合理的评价以及政治、全球意识等多个方面。

（2）个体的社会适应和心理健康教育——个体的社会适应和心理健康教育是英美等国基础教育阶段非强制的课程门类之一。贝斯特（Best, 1995）认为，个体的社会适应和心理健康教育是其他专业课程教育的融合剂。沃特金斯（Watkins, 1995）等人的研究认为，通过个体的社会适应和心理健康教育来解决吸烟和酗酒问题要好于通过科学知识进行的教育。霍尔等（Hall et al., 1992）的研究还证明，在这种课程中发展学生之间的友谊更为有效。

（3）国立课程科目——国立课程科目是把各门类课程作为价值观教育的一种工具和途径。这些科目包括自然科学、技术科学、人文社会科学的不同门类。研究者认为，通过专业课程来进行价值观教育并不仅仅局限于道德价值观的教育，而是要宽泛得多。例如，历史课可以帮助学生养成宽容、民主等价值观念；语文课可以帮助学生树立自觉性、对他人的尊重、对待不同民族和不同性别的合适态度；数学课要帮助学生发展对社会的责任感和对文化多样性的尊重；地理课要发展学生对环境的正确态度；体育课要发展学生竞争与合作等其他性格品质。

（4）宗教教育——基于西方的宗教和文化传统，宗教教育被认为是一种重要的价值观教育途径。如普林斯泰勒（Priestley，1987）就认为宗教教育是"道德教育的主要工具"，也被英国国家课程委员会认为是一种"再明显不过"的价值观教育途径。在哈斯塔德和泰勒等人看来，宗教教育对发展学生价值观和态度的贡献主要与以下内容有关：可以提供一个讨论和反省生活的意义和目的、价值观和信念的本质、承担义务和责任、个体的生活经历等问题的机会。宗教教育之所以成为促进价值观的重要手段，在于宗教教育是一种"对心灵的关注""宽容""对他人的尊重"和"爱"。

2. 通过学校生活进行价值观教育

课程以外的学校生活也影响着儿童价值观的发展，所以西方研究者在进行价值观教育的研究时也特别注意这些因素的作用，称其为"隐性课程"（hidden curriculum）。这些因素主要包括校风、学校的政策、教师榜样、有学生参加的学生委员会、规章和纪律等（Halstead & Taylor，2000）。

校风在国外学者看来是一个内容广泛却难以精确界定的词汇。哈斯塔德和泰勒等人认为，校风包含了学校中各种关系的本质、社会交往的主要形式、教育者的态度和期待、学习风气、解决冲突的方式方法、物理环境、与家庭和当地社区的关系、信息沟通的模式、学校中学生的特点、纪律制定程序、管理风格、学校重视的理念以及关怀体系等。人格品质教育的重要代表人物里科纳（Lickona，1991）也认为，一个学校中所传播的价值观念一定与这所学校的风气密切相关。

学校的政策中也包含着重要的价值观念。泰勒（Taylor，2000）的一项调查表明，所调查学校大约有四分之一的小学和中学都宣称他们有自己的价值观表述，这些表述中包含了学校计划发扬的价值观和学校计划通过学校生活的各个方面养成和示范的价值观。马福利特（Marfleet, 1996）的研究认为，家长在为子女选择学校时往往会考虑学校有无明确的价值取向。

教师榜样对学生价值观的形成也有重要的影响。杰克逊（1992）认为，儿童的价值观会被教师在人际关系、态度、教学风格等方面的榜样作用有意无意所影响。汉森（1993）认为，教师的角色在某种程度上内含着影响学生的力量，而且因为价值观是内含在教学活动中，学生要想完全避免教师的价值观影响似乎是不可能的，尽管有些教师并没有把扮演价值观和道德榜样作为自己角色的一部分。

三、西方学校价值观教育的具体方法

1. 人格品质教育理论指导下的教育方法

（1）直接的教育和专门的学习计划——这种方法相当于我国的讲授法。这种方法是基于这样一种假设：成年人有直接教育儿童价值观的责任，并能通过教育使儿童养成好的行为习惯。学校和教师的责任就是要提出核心的价值观念并提供学生直接学习这些价值观念的时间表和机会。这种方法的步骤主要有问题解决、合作学习、基于经验的设计、完成主题明确的任务、对如何使自己所学价值观与实践结合的讨论以及更多的价值观讲授等。米尔豪斯（Milhouse, 1993）和弗朗西斯（Francis, 1990）的研究证明，通过直接的教育和专门的学习计划，儿童在反对种族歧视、支持文化多样性、减少欺侮事件等方面都有了积极的变化（Halstead & Taylor, 2000）。

（2）课本及各种作品中故事的运用——文学作品、传记、诗歌等的学习被认为可以增加学生的道德判断以及在此基础上人格品质的养成。艾伦伍德等（Ellenwood et al., 1991）的研究认为，故事可以发展学生的想象力，并对个体精神的健康发展有重要的作用。科里帕瑞克（Kilpatrick, 1992）曾提供了一个有助于儿童人格品质发展的120本书的向导书系。古德海曼（Gooderham, 1997）则探讨了榜样人物、故事中人物性格、社会背景对儿童性格和行为方面的影响（Halstead, Taylor, 2000）。

（3）集体礼拜——集体礼拜在欧美社会是一种重要的价值观教育形式，

其作用也被许多研究者所认同。泰勒（1989，2000）在研究中认为，礼拜方案对学生的团体意识、尊敬他人、关心他人等行为有很大贡献。而且调查表明许多中小学也认为价值观教育常发生在集体礼拜活动中（Halstead & Taylor，2000）。

（4）哲学思维能力的提高——价值观教育的真正目的恐怕还是要提高学生的哲学思维能力，通过教给学生讨论的技巧、概念分析和概念表达技术、案例的应用等来增强学生的推理和道德判断能力。比如，教师可以通过建立合理的课程体系，进而通过分析、综合、推理和判断等过程，帮助学生形成高级的批判性思维。

2. 认知理论基础上的价值观教育方法

（1）价值澄清法——价值澄清法于 20 世纪 60 年代兴起，以拉斯思（Raths）、西蒙（Simon）和哈明（Harmin）等人为代表。这个学派的早期观点认为，教师、咨询者、父母、领导者决不能企图在青年人中直接劝导和慢慢灌输自己的价值观，因为这将会妨碍青年人正在发展的那些真正属于他们自己的价值观；价值观教育者的任务仅仅是为个体价值观的选择和确认提供一种情境或机会。

价值澄清法的运用要具备四个要素：第一，选择一个负载价值或道德的主题或问题，比如一个与友谊、家庭、健康、工作、爱情、性、毒品、闲暇时间、个体的趣味以及政治等有关的问题。问题既可以由教师来选择，也可以由学生来选择。第二，教师、咨询专家、父母或组织者要把所选择主题或活动向参加者介绍，帮助并促使参加者理解、思考和讨论这个主题。第三，在活动和讨论期间，教师、父母、咨询专家、组织者要保证关于主题讨论的所有观点都得到同样的尊重，活动和讨论场所要始终充斥一种心理上的安全气氛。第四，活动的组织者要鼓励学生、被咨询者和其他的参加者在考虑活动主题时，要运用七种专门的"价值步骤"或"价值技能"。这七种价值步骤是：理解人们奖赏和珍视的东西是什么、公开用合适的方法肯定一个人的价值观、检查那些可供选择的价值观点、用理智的方式来考虑多种选择的结果、在不受同伴和权威压力影响下自由做出选择、用一贯和重复的形式来履行一种价值观。

（2）道德发展阶段论——道德发展阶段论的代表人物是科尔伯格，其道德和价值观教育是通过两难故事的方法来进行的。他的教学过程可以描述为这样几个步骤：第一，要呈现一个价值或道德两难问题（如海因茨偷药）；第二，陈述对一个假设的见解；第三，检验推理；第四，反思个人的见解。这一教学过程的特色不在达到一个统一的结论，而在于用一种开放的格局求得学生思考各自的见解。

（3）讨论法——讨论法最初被科尔伯格和他的同事们用来提高学生的道德判断。讨论法的目的是通过暴露不同的道德观点，刺激单个学生在面对问题情境时的认知意识冲突，以促进达到一个更高的认知阶段。大量的研究结果证明了讨论法在价值观教育中的效果。比如，德汉（Dehaan，1997）在一项有关 15～18 岁美国儿童的准实验研究中发现，采用科尔伯格两难困境讨论的班级学生在社会道德反应的成熟性、道德判断的原则性等方面比控制班有明显的优势（Bradsher，1996）。但也有研究者指出了讨论法所存在的缺陷：首先，任何基于讨论基础上成功的活动都依靠学生们的态度和学生之间沟通的技巧；其次，讨论是在公开场合，当一个人面临着检查的挑战时，并不利于改变他们的态度和价值观；最后，讨论法是一种依靠经验的方法，也是一种常规的方法，有时并不会引起学生足够的重视。

（4）公正团体法——这种方法是科尔伯格及其同事们为影响学生的道德判断和道德行为经过一系列实验创立的方法。公正团体的目的是要在团体中形成一种真正的民主风气，教师要在团体中推行亲社会的标准，围绕成员间的团结，在关怀、责任、义务等集体标准方面提出要求。公正团体特别注意团体内道德风气的建立，通过角色扮演和角色强化达到目的。对教师来讲，运用公正团体技术，必须注意建立一个公开的班级风气，确定有效的团体活动时间，鼓励学生们的交往以及发展学生探究问题的技能等。鲍尔（Power，1989）的研究表明，公正团体法可以使学生增加对学校和班级的认同感，还会增加对班级和学校利益的责任意识（Bradsher，1996）。

（5）班级规则的形成和讨论——这种方法主要是让学生参与制定学校的规则和纪律。通过这种方法可以帮助学生正确理解规则的本质，发展他们的道德判断和对公民权力及责任的理解，使他们可以按照自己的权力和责任做出自己认为合理的决定，并能够在面对不公和误解时能做出积极的和正确的反应，还能够发展学生自律的需要，也可以增强学生对学校的凝聚力和认同感。加纳（Garner，1992）和诺贝斯（Nobes，1999）的研究认为，在制定纪律和规则时与学生商量后再确定，将更能激发学生对规则和纪律的遵守和执行（Bradsher，1996）。

3. 关怀主义立场基础之上的价值观教育方法

（1）圆桌时间——圆桌时间（circle time）是一种近年来在欧美日益流行的价值观教育方法，其主要目的是促进学生自信、自知、自尊等人格品质的形成和发展。圆桌时间在促进学生适应性与幸福感的增长、社会责任感增强以及对组织和团体的归属感方面，在发展学生信任、移情、合作、关怀、尊重等行为方面都十分有益。

圆桌时间的具体操作程序是：包括教师在内的每一个人都围坐在一张圆桌周围，大家都从一个平等的位置来分享思想和感情；有一个清晰的任务，这样的讨论将更加有效，任务既可以是班级内发生的事情，也可以是外界发生的事情；既可由教师组织也可由学生来组织；对讨论形式的要求：要尽量按顺序发言，在听他人讲话时要抱着尊重的态度和浓厚的兴趣，不要随意打断别人的谈话，不要对圆桌内成员的谈话做出消极的评价和解释，要避免种族主义和性别歧视；参加者还可以邀请家长和其他的成年人加入；圆桌小组通常由 10 名儿童组成，当然也可以鼓励结伴讨论；圆桌时间的内容并不局限于单纯的语言交流，也可以灵活地加入游戏、故事、音乐等丰富多彩的内容。

（2）课外活动——课外活动被作为一种重要的价值观教育方法是与其对人性关怀的宗旨分不开的。一般来讲，课外活动在形式和内容方面更能符合人们的兴趣和本性，还有可能满足儿童课堂上所不能满足的一些特殊需求，比如支配和冒险等。威廉姆斯（Williams，1990）和马赫（Maher，1992）认为，对多数学生来说，参与课外活动是兴趣和挑战的源泉，而且可以提供探索自己新的角色、发展领导技能等的机会。英国的一项调查也表明，学生参加课外活动有如下一些优点：改善了动机；增加了自信心、自尊心和自我控制能力；社会性方面有了很大发展，比如学会了和大家互助合作，改变了与教师及其他成年人的关系等（Jennings、Nelson & Lindemann，1996）。

（3）个人叙事——个人叙事（personal narratives）方法的产生受到很多学科和思潮的影响，比如心理学理论、女权运动、文学理论、后现代主义思潮等。尤其受到维果茨基建构主义观点的影响。维果茨基认为，儿童用内部言语来明确表述自己的问题解决，不是靠别人制定的规则而是自己自我建构规则来约束自己的行为。在个人叙事方法中，教师的角色是一个开放的和不进行判断的角色，他和学生一道都是为了构筑故事，从中认识道德选择、道德行为和道德情感的进行过程，理解道德过程的内在本质。具体的操作步骤为，学生把自己扮演成一个故事的叙述者（叙事者），通过故事的叙述来赋予自己生活经历以意义，通过在课堂上讲述有关自己生活经历的故事来表明自己在道德和价值方面的发展。

4. 一些其他方法和技术

在西方学校价值观教育领域，还有一些方法被经常采用，这些方法包括角色扮演、戏剧演出、假议会、教育性游戏、模拟练习、实践行动、合作学习、任务活动、小组活动、学生导向的研究、问题解决、批评性推理和主题日等。

四、西方价值观教育方法给我们的启示

纵观西方价值观教育的不同方法，可以给我们以下启示。

1. 不同理论和方法之间的综合趋势明显

所谓不同方法之间的综合是指在价值观教育中，无论理论基础如何、概念和操作手段上存在什么差异，都应尽可能吸收各种方法的优点，根据时间、场合、受教育者的年龄、所处社会文化的特点、价值观教育的内容等来选择或综合使用不同的教育方法。原价值澄清学派的重要人物柯申鲍姆（Kirschenbaum，2000）认为，"价值观教育一定是综合性的方法效果更好"。

2. 方法的使用要结合时代发展的特点

从国外价值观教育方法的发展历程来看，价值观教育方法的发展具有明显的时代特色，另外还具有一定的周期性特点。也就是说，价值观教育方法

的选择虽然要考虑教育过程本身的规律、价值观维度自身的规律，但也必须考虑受教育者所处时代的需要。很显然，在战争时期与和平时期价值观的教育方式和方法应该有所区别。西方国家在 20 世纪四五十年代特别重视爱国主义、奉献精神等价值观念的教育，在方法上更重视讲授和榜样宣传，这与当时所处的战争年代以及注重国家建设等现状和目标是分不开的。就我国社会发展的特点来看，改革开放前与改革开放后，网络一代和网络前世代，受教育者接收信息的渠道以及深度和广度都有了显著的不同，一味再按灌输式的教育方法进行价值观教育，势必达不到理想的教育效果。

3. 学生的主体性应得到充分的体现

价值观的本质是一种外显的和内隐的信念，对个体行为具有重要的导向作用。但是，要成为一种信念，进一步要成为一种能够指导和约束个体行为的信念，必须经过一个内化的过程。从这个角度来看，价值观的形成一定要有受教育者的主动参与，单靠进行灌输是不能解决问题的。在这方面，人本主义心理学和认知发展派别在一定程度上都非常重视受教育者的主体性。戚万学（1995）的研究认为，杜威的经验主义价值论也强调价值观形成中对受教育者主体性的重视。这是因为，价值是随着经验的发展而形成和成熟的，不同的经验产生不同的价值，经验的变化也会导致价值观的变化，因而说价值是个人的、相对的。事实上，重视价值观教育中的主体性还有一个重要的现实原因就是，长期以来我国价值观教育中对受教育者主体性的忽视，认为社会和成年人是正确价值观的拥有者，正如拉思斯（2003）所说："'正确的'价值是预先定好的，然后采用这样或那样的方法把这些价值兜售、推销、强加给他人。所有这些方法都有灌输的味道，只是某些方法比另一些方法更巧妙一点而已。"我们的家长和教育者认为向青少年灌输正确的价值观念是天经地义，却很少去关心他们的感受。这种比较极端的教育方式有时并不能得到理想的结果。

4. 价值观教育的方法应根据年龄而有所区别

国外的许多价值观教育研究者认为，在大学及以前的儿童和青少年阶段都应该接受价值观教育，但由于不同年龄阶段的受教育者具有不同的生理和心理特点，所以在价值观教育方法的选择上也应该有所区别。一般来讲，随着受教育者年龄的增加，思维能力的提高，人们会越来越反对那种机械的灌输式教育方式，而接纳自主性强及具有关怀主义性质的教育方式。比如前述英国的价值观教育协会的一项调查就认为，中学生比小学生更反对每天一次的集体礼拜活动，尽管小学和中学都几乎一致地宣称价值观教育发生在集体礼拜中。另外，在价值观教育的内容上也应有所区别，小学生喜欢谈论课本上涉及的价值问题，而中学生和大学生却更加关注现实生活中实际发生的价值问题；小学生比较容易接受与日常生活行为有关的具体价值教育，而中学生和大学生比较容易接受政治和思想方面的抽象的价值观教育。事实上，关于后一点，我国学者檀传宝（2001）和兰久富（2001）也都提出了自己的看法，认为从时间上看，思想政治教育应当奠基在基本的道德教育的基础之上，而在我国学校的价值观教育中存在着一定的好高骛远问题，如从小学就开始进行助人为乐、大公无私教育，这可能不太符合学生的生理和心理发展特点，也超越了学生的实践能力（兰久富，2001）。

5. 课程以外的价值观教育形式应受到足够的重视

尽管通过专门的价值观课程（如公民教育课）以及学校其他的专业课程对学生进行价值观教育也是西方价值观教育的主要途径之一，但近年来，通过课程以外的形式对学生进行价值观教育却受到研究者更多的重视，这种所谓的"隐性课程"在价值观教育中的作用更大。这些教育形式既有物质层面的也有精神层面的，既有动态层面的也有静态层面的，比如校园建设、校风班风、课外活动、感化工作及学校规章制度建设等。

第二节　澳大利亚价值观教育实效性评价的理论和实践*

20世纪90年代，澳大利亚是十分重视学校价值观教育的主要西方国家

---

* 本节内容原文发表于《比较教育研究》2016年第9期，在原文基础上进行了修订。

之一。这种重视，不仅体现在政府和教育研究者层面，也体现在学校、家庭、社会等价值观教育实践主体层面，可以说，澳大利亚整个社会都形成了重视价值观教育的浓厚氛围。

在澳大利亚著名价值观教育研究者洛瓦特等人（Lovat et al.，2010）看来，价值观教育意义重大。首先，在影响教育者和受教育者成长发展的各种因素中，价值观教育是最终能给予他们力量并发挥积极影响的重要因素。因为，明确的、制度化的价值观教育机制"为教师和学生提供了一个积极的、批判性的、反思式的有利于知识创造和知识增长的平台。而且，这一机制更可被看作是一个为满足学生全面发展需求（智力的、社会的、情感的、道德的和精神的）而提供的制度。"其次，对于社会问题应对而言，"包括道德教育、品格教育、公民教育等形式在内的价值观教育，是探索应对种族主义、药物滥用、家庭暴力、性侵犯、艾滋病，以及由信仰某种价值观所激发的新型恐怖主义等持续性严重社会问题的新途径。"（DEST，2005）

事实上，澳大利亚政府和社会高度重视价值观教育，既有适应时代发展和政治制度维护的原因，也与其探索应对所面临的政治、社会现实问题紧密相关。就时代发展与价值观教育的关系来看，如美国价值观教育研究者泰特斯（Titus，1994）所言，价值观教育被重视的时代往往是"当教育者和公众认为社会稳定被威胁以及道德标准被削弱的时候"。对价值观教育和跨文化教育的回顾性研究也表明，价值观教育被重视往往是对改变教育优先取向和对社会关切所作出的回应。就西方政治制度建设和维护而言，重视价值观教育与21世纪初西方社会普遍存在的不安全感有关。詹森等（Jansen et al.，2006）认为，西方社会对价值观教育及相关政策方面兴趣的复兴，反映了随着全球化移民浪潮的涌动以及多元文化社会的出现，西方政府对自由的西方式民主产生了不安全感，与价值观教育相关的制度和政策的制定，与西方社会凝聚力降低、价值失落、公民参与度降低等问题的日益突出相一致（Lovat，Clement，Dally & Toomey，2010）。澳大利亚政府高度重视价值观教育也符合其当时具体国情的需求。2005年通过的《澳大利亚学校价值观教育国家框架》，事实上是当时霍华德政府为平衡澳大利亚多元文化社会所固有的多样化价值观和思维模式，寻求团结统一，强化澳大利亚国家核心价值观等多种目标的集中体现（Halstead & Taylor, 2000）。当然，从价值观教育自身发展的内在逻辑这一微观层面来讲，澳大利亚价值观教育理论和实践研究的兴起，也与以美国为代表的品格教育学派重新受到重视的大背景有关。

本节将从澳大利亚学校价值观教育的发展历程及实效性评价背景、评价的必要性和目标、有效价值观教育的评价标准、价值观教育实效性评价的具体指标体系、评价的途径和方法等几个方面，系统分析和探讨澳大利亚价值观教育实效性评价的理论成果和实践经验，在此基础上分析对我国价值观教育实践的启示意义。

一、澳大利亚学校核心价值观教育的发展历程及实效性评价背景

（一）公民意识教育项目的开展

1994 年，澳大利亚联邦政府提出一项倡议，拟考察澳大利亚的公民意识状况以及公民意识与民主社会维系之间的关系。考察结果表明，澳大利亚人的公民意识状况并不令人满意，表现为显著缺乏公民知识。根据该考察报告的建议，澳大利亚联邦政府随后发起了一项国家公民意识教育项目。实施该项目的根本目的在于帮助青少年学生学习澳大利亚的民主遗产和植根于其中的价值观，这些价值观包括对他人的尊重、言论自由、公平和宽容等。项目研究的最终成果收录于著名的《发现民主（1997）》研究报告中。

（二）《二十一世纪学校教育国家目标》的颁布

在《发现民主（1997）》报告引发深刻反响及对当时社会现实问题高度关注这一背景下，澳大利亚教育领域中的所有相关各方（包括学校、家庭、社区以及教育研究和教育管理部门）都充分认识到了自己肩负的价值观教育责任和义务。1999 年，澳大利亚各地教育官员齐聚南澳大利亚州首府阿德莱德（Adelaide），讨论并通过了《二十一世纪学校教育国家目标》这一纲领性文件，该文件也被称作阿德莱德宣言。宣言认为："为了建设一个有良好教育、公正和开放的社会，使澳大利亚人过上一种富有创造性的和有意义的生活，澳大利亚的未来要依靠每一个具有必备知识、良好理解力、娴熟技能和

正确价值观的公民。而高质量的学校教育是实现这一愿景的核心。学校教育将为年轻澳大利亚人的智力、身体、社会、道德、精神以及审美发展提供重要基础。"宣言还对学生完成学业时要达到的具体目标进行了详细的阐释，认为即将走出校门的学生：首先，要具有自信、乐观、高度自尊等品质，具有力争卓越的个人承诺和责任，并以此作为他们成为未来家庭、社会、劳动大军成员等潜在生活角色的一个基础；其次，要具有对道德、伦理以及社会公正等问题进行决策判断和承担责任的能力。宣言的颁布，引发了澳大利亚社会关于儿童怎样获得他们的价值观、儿童应该如何正确理解和对待同伴以及媒体对他们价值观的影响等问题的广泛讨论。虽然大家承认家长、监护人以及家庭是儿童价值观教育的第一场所，但无疑价值观教育也应该是有效学校教育的一个必要组成部分。人们期待学校在这方面肩负起自己的责任并作出更多努力。

（三）《2003 价值观教育研究项目》的实施

为落实《二十一世纪学校教育国家目标》，澳大利亚教育、职业、训练和青年事务内阁委员会（MCEETYA）在 2002 年 7 月 19 日的会议上，一致支持由澳大利亚政府组织一项价值观教育研究项目，并通告了未来将制定一套学校价值观教育国家框架的设想。这次会议还形成了以下共识：第一，教育的功能不仅仅是用专门的技能武装学生，培养学生的品格同样重要；第二，基于价值观的教育能够增强学生的自尊、乐观主义以及对自我实现的承诺，还可以帮助学生锻炼伦理判断能力并提高他们的社会责任感；第三，家长也期望学校在帮助学生理解和发展他们的个体责任和社会责任方面发挥重要作用。

澳大利亚联邦政府教育和科学训练部（DEST）随即在 2003 年开展了一项新的价值观教育研究项目，即《2003 价值观教育研究项目》。作为一项联邦计划，该项目资助了包括公立和私立学校在内共计 69 所个案学校，记录了这些学校实施价值观教育的内容及其途径。项目研究结果表明，所有项目研究学校都用充足的信息和数据证明，价值观教育确实产生了许多积极效果。比如，价值观教育的开展改进了校园文化；促使学校在办学理念及教育实践中融入了一套核心价值观，增加了学生的责任意识、归属感以及与学校之间的积极联系，提高了学生的自主权并激发了年轻学生的公民参与意识，解决了暴力、反社会以及其他不良行为问题，强化了学生应对挫折的能力。价值观教育还成为解决青少年自杀和物质依赖等问题的一种有效矫正方法。项目研究结果同时还表明，价值观教育能够有效支持其他相关教育项目的实施，并从总体上提高在校学生的心埋健康水平。参与项目研究的学校还就学校应该教什么样的价值观提出了自己的建议。

（四）通过《澳大利亚学校价值观教育国家框架》

2005 年，澳大利亚政府教育和科学训练部对以上国家教育政策规划、项目研究成果进行了总结，并在此基础上结合社会各界的反馈意见，发起并通过了《澳大利亚学校价值观教育国家框架》（National Framework for Values Education in Australian Schools，NFVE）（以下简称《框架》）。《框架》以法定政策的形式将价值观教育提升至澳大利亚国家层面，要求政府在 2004 ~ 2008 年期间积极在全国范围内推行。该框架提出了 9 项核心价值观教育内容，并对各项核心价值观的内涵进行了简要的阐释（DEST，2005），具体如表 7 – 1 所示。

表 7 – 1　《澳大利亚学校价值观教育国家框架》中确定的 9 项价值观及内涵

编号	价值观	内涵解释
1	关怀和同情	关心自己和他人
2	追求卓越	寻求完成一些值得的和令人钦佩的事情，努力尝试，尽力做到最好
3	公平	重视并努力保护公众利益，为了社会公正要公平对待所有人
4	自由	公民享有所有的权利，免于不必要的干预和控制，支持他人的权利
5	诚实和信用	要诚实、真诚和忠于事实
6	正直	行动要符合伦理原则，确保前后一致，言行一致
7	尊重他人	关心和尊重他人，尊重其他人的观点
8	责任感	为自己的行为负责，用建设性、和平非暴力的方法解决分歧，为社会和公众生活作出贡献，关心环境
9	理解宽容和包容	了解其他人以及他们的文化，接受多样性（既包括自己也包括他人）

这项政策倡导非政治化的价值观教育和学习，倡议将价值观教育融入澳大利亚的质量教学框架中。因此，价值观教育的实施往往以委托项目的形式进行。这样的实施方式避免了社会不同观点之间矛盾的扩大，使有关争议和讨论被局限在与项目实施质量有关的范畴之中。

（五）评估《澳大利亚学校价值观教育国家框架》的实施效果

为积极支持《框架》的实施，深入了解《框架》实施的效果，澳大利亚政府提供了为期四年（2004～2008年）近3000万美元的资金支持用以考察《框架》的实施情况。《框架》实施过程中涉及价值观教育效果评价的项目主要有以下两项（Lovat，Clement，Dally & Toomey，2010）：第一，价值观教育良好实践学校项目（Values Education Good Practice Schools Project，VEGP-SP）；第二，价值观教育对学生和学校氛围影响效果的测量项目（Project to Test and Measure the Impact of Values Education on Student Effects and School Ambience，T&M）。这两项计划的根本目的，是收集经验证据和测量证据，验证高质量价值观教育对所有类型学生的包括其学业进步在内的整体性教育发展产生的影响。价值观教育良好实践学校项目计划（VEGPSP）在2005～2008年间分两阶段进行，第一阶段于2006年结束。第二阶段项目的研究工作在认真总结第一阶段研究项目成果的基础上，于2006年5月启动。两阶段共有51类316所学校（包括公立学校和宗教学校）被选择进入研究项目，每一类学校负责一项在国家价值观教育框架中倡导的具有广泛意义的价值观教育任务。价值观教育对学生和学校氛围影响效果的测量项目（T&M）也在VEGPSP的第二阶段同时进行并完成。VEGPSP两个阶段各形成了一份研究报告，它们与T&M研究报告共同形成了三份非常重要的澳大利亚价值观教育执行情况评估报告。

二、实效性评价的必要性和目标

澳大利亚政府所推动的学校价值观教育国家框架影响广泛，人力物力财力投入巨大。事实上，社会及学术领域也存在对价值观教育效果质疑的观点。

因为在以往的相关研究中，并没有足够多的研究项目聚焦价值观教育的实效性及评价问题。英国著名价值观教育研究者哈斯塔德等（Halstead & Taylor, 2000）在其著作中曾对这一现象进行过综合性的评价，认为在以往有关价值观教育研究项目中，仅仅有很小比例的研究曾经聚焦学校实践和项目实效性的考察。莱姆（Leming，1993）则进一步认为，那些涉及实效性评价的研究项目不仅比例很小而且存在大量局限。比如，大多数项目仅仅在小学阶段实施，而且很少有研究应用到多个课堂，有相当多的变量在不同课堂中被检测到存在明显的项目效应，等等。莱姆还对一些研究者所宣称的价值观学习与学生行为改变之间存在因果关系的武断结论感到不满，认为在两者之间建立任何关系都需要特别谨慎。为对《框架》实施效果进行评估和检验，回应外界存在的一些质疑，对价值观教育的实效性进行评价无疑具有很大的必要性。

当然，无论是良好实践学校项目还是专门的效果评价项目，其核心目标都是试图评估《框架》所设置的价值观教育目标是否实现以及实现的程度。具体到受教育者层面，评估的目标是要考察青少年学生在人格品质、公民意识、伦理判断、价值行为以及学业成就等各方面是否发生了实质性的变化，进而判断青少年学生是否有潜力成为适应全球化发展的合格公民。对作为价值观教育实施主体的教师和学校而言，评估目标则侧重于考察教师在认识及能力技能方面的变化，以及学校风气和氛围等环境因素的改变状况及对学生的影响程度。

三、价值观教育实效性评价标准

价值观教育的实效性评价要遵循哪些标准呢？这也是《框架》十分关注的问题。在评估《2003 价值观教育研究项目》研究成果以及组织相关专家进行多次研讨的基础上，DEST 首先提出了一份有效价值观教育评价标准草案，并委托其合作方澳大利亚联邦社会和环境研究协会（AFSSSE）对草案拟定标准及相关问题在教师群体中进行了抽样问卷调查，以评价这些标准的适切性，并根据教师的反馈意见对草案标准进行了进一步的修订（NFVE，2004）。

最终，澳大利亚写入《框架》中的有效价值观教育评价标准共 8 条

（DEST，2005），具体如表 7 - 2 所示。

表 7 - 2　　　《国家框架》中确立的 8 项有效价值观教育评价标准

编号	标准内容
1	是否有助于受教育者理解并能够践行所倡导的核心价值观
2	是否有助于促进澳大利亚人的民主生活方式并接纳多元化的价值观
3	是否在学校情境中清晰明确地表达出了这些核心价值观，并将这些价值观应用于学校实践
4	是否促使师生员工、家庭、学校和社区形成合作伙伴关系，并使这种合作成为对学生进行全面教育方法中的一部分。从而使学生的责任感获得锻炼和加强，拓展了学生的发展空间
5	是否建立了一个安全可持续的学校环境，在这一环境中，学生被鼓励探索他们自己的、学校的以及他们所处社区的价值观
6	是否有助于被资助接受培训的教师采用了不同的价值观教育模型和方法策略
7	所提供的课程是否能够满足学生的个性化需求
8	是否通过定期例行的教育途径和方法，检查价值观教育是否实现了预期的目标

由表 7 - 2 可知，8 项有效价值观教育评价标准既包含对受教育者价值认知、价值实践方面的要求，也包含对教师、学校、家庭、社区等相关教育实施主体的责任要求。

四、价值观教育实效性评价的具体指标体系

（一）价值观教育实效性评价指标体系的理论探讨

尽管《框架》制定了明确的价值观教育实效性评价标准，但要落实到具体的评价实践上，仍然需要将标准细化，确定更具操作性的评价指标体系。事实上，关于制定什么样的评价指标体系，在澳大利亚相关研究和实践领域曾经进行过一些较为深入的理论探讨，核心认识主要有以下三个方面。

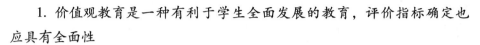

1. 价值观教育是一种有利于学生全面发展的教育，评价指标确定也应具有全面性

在价值观教育研究和实践领域，存在一种普遍性的认识，即认为价值观教育是一种特定专门领域的教育——学生道德伦理发展教育，教育效果的好与坏也仅仅与这一专门领域有关。但在洛瓦特等（Lovat et al.，2010）和布朗（Brown，2007）看来，这种观点是错误的。价值观教育是一种超越具体情境和具体领域的整体教学法（holistic pedagogy），它会对学生的全面发展产生积极影响，而不仅仅是道德伦理方面的进步。具体而言，高质量的价值观教育会对所有类型学生的所有方面，包括学业进步在内的整体性发展（智力的、社会的、情感的、道德的和精神的全面发展）都产生积极的影响。同时，价值观教育对教师、学校风气和学校氛围也会产生深刻的影响。

因此，价值观教育的实效性评价指标应具有全面性。既应关注对学生成长发展的影响，也应关注对教师成长发展的影响；既应关注对学生伦理道德素养的影响，也应关注对学生学业成就的影响；既应关注对学生目前的发展状况的影响，也应关注对学生未来成长和发展潜力的影响；既应关注对整个学校氛围和环境的影响，也应关注学校对整个所处社区的辐射作用；既应关注单个因素的发展变化，还应关注因素之间的相互影响，尤其是学校氛围和环境因素的调节性作用。

2. 价值观教育实效性评价应关注三方面知识——头脑中的知识、心里的知识和手中的知识

就受教育者来讲，克里斯蒂安（Christian，2014）认为，价值观教育的有效性不仅仅体现为学生是否掌握了相关的价值观知识，还体现为学生是否提高了对所学价值观的认识，是否形成了相应的价值情感和态度，是否具备了实施相应价值观的坚定意志，以及是否掌握了践行相应价值观的技能和能力。如保罗（Paul，1988）认为价值观的形成要经过知识（knowledge）、领悟（insights）、技能（skills）三个部分组成的过程。希尔（Hill，1991）则用术语认知的（cognitive）、情感的（affective）和意志的（volitional）来表述相近的价值学习过程。格里森（Gleeson，1991）则最早提出了价值观学习中

的头脑、心和手的问题。在吸收以往研究者观点的基础上，洛瓦特等人（2009）确定了价值观教育内化过程的三个要素：第一个要素是成为"价值观的了解者（values literate）"或具有有关价值观的"头脑中的知识（head knowledge）"；第二个要素是具有有关价值观的"心里的知识（heart knowledge）"，即要能够运用自己所习得的价值观进行思考判断；最后一个要素与价值行动有关，或可称之为"手中的知识（hand knowledge）"。这种头、心、手视角的教育概念在其他有关价值观教育的研究中也获得了证明。根据这一观点，价值观教育的实效性评价就要看受教育者对所教育的价值观是否入脑、是否走心、是否成为自觉的价值行动。

3. 自觉价值行为（行动）应是价值观教育实效性评价的核心指标

尽管近年来包含价值认知、价值情感、价值态度和价值行为的综合性评价的思想和实践越来越占据主导地位，绝大多数研究者和实践者也都坚持知行统一的观点。但也有学者持有不同看法，在他们看来，表现出符合核心价值观的价值行为（行动）才是价值观教育的根本性目标。因此，在评价中应高度重视自觉价值行为（行动）。澳大利亚学者克里斯蒂安（Christian，2014）就举例认为，当一个学生在某些地方（或场所）完全有机会做出不同行为时，这个学生却做出了符合核心价值观的行为，这就证明了价值观教育是有效的。在澳大利亚也曾经有研究就价值观教育评价问题对教师进行过访谈，有教师就认为，当学生按他们认为老师想要看到的或想要听到的表现时，或希望老师给他们一个高分数（好的等级）时，价值观教育结果就不可能被明确地、真实地、可靠地进行评价（NFVE，2004）。因为学生也会像成年人一样，能说一件事情而做另一件事情，或相信一件事情而做另一件事情。因此，单纯价值认知层面的评价可能效果并不理想。有其他西方学者也持有类似观点，认为"对道德和价值观的发展进步的判断应该基于学习者的行为表现，而不仅仅是他们说了些什么""当学习者在行为上都遵守了人本价值观、道德/伦理价值观，而且与社会的文化价值观保持一致，那么我们就可以说价值观教育已经获得了它期望达到的影响"（NIER，1991）。总之，澳大利亚有学者认为价值观教育的实效性评价应该将学生表现出的自觉价值行为（行动）作为重要指标来进行考量。

（二）价值观教育实效性评价的具体指标

澳大利亚价值观教育实效性评价的具体指标主要体现在"价值观教育良好实践学校（VEGPSP）"和"价值观教育对学生和学校氛围影响效果的测量（T&M）"两个项目研究结果中。VEGPSP项目主要收集的是质性数据，而T&M项目则提供了许多价值观教育实效性评价的量性数据（Lovat，Clement，Dally & Toomey，2010）。

"价值观教育良好实践学校"项目在实施过程中，先后涌现出许多优秀价值观教育案例学校。通过对这些学校的经验进行总结和质性分析，提出了良好价值观教育实践学校的六项评价指标（DEST，2006）：第一，是否导致课堂中教师职业实践模式发生了变化，尤其是教师与学生沟通方法方面的变化；第二，是否形成了平静的和更为聚焦的课堂活动；第三，是否能够使学生成为更好的自我管理者；第四，是否能够帮助学生形成更强的自我反思的能力；第五，是否提高了教师的自我效能感和职业满意度；第六，是否在学生之间以及师生之间形成了非常积极的关系。

"价值观教育对学生和学校氛围影响效果的测量（T&M）"项目则主要从学校氛围与学校环境、学生、教师三个层面提出了一些具体的可量化的评价指标，具体如表7-3所示。

表7-3　　　　　　　　　澳大利亚学校价值观教育实效性评价
具体指标体系（T&M）

编号	指标类别	主要具体指标
1	学校氛围与学校环境层面	（1）学校师生员工文明礼貌水平普遍提高；（2）良好师生关系的建立；（3）友好互助、平等尊重的同学关系的形成；（4）同伴讨论与合作学习氛围的形成；（5）平静而较少冲突的校园环境等
2	学生层面	（1）自我认识和自我反思的能力是否提高；（2）学生的自我控制、自我管理、独立能力是否提高；（3）是否勤奋专注地投入学习和工作（对学业承诺增强）；（4）学生的社会技能（如合作、责任、共情及对他人称赞与肯定等）是否表现出显著的改善；（5）学生之间的互动沟通合作关系是否显著改善；（6）自身学业以及服务于班级和学校事务中的责任感和自豪感是否增强

续表

编号	指标类别	主要具体指标
3	教师层面	（1）提供了激发教师进行深入自我反思的机会，加深了教师对自己角色的理解，激发了教师的工作潜力，促使教师不断丰富和完善自己的教学技能，提高了教师的自我效能感；（2）下放日常事务由学生控制和管理，提高了学生的自我效能感，增强了学生学习的内在动机，激发学生表现出更多独立自主的学习行为，培养其追求卓越的品质，从而实现高质量的学习成果；（3）教师是否为班级气氛带来积极的变化，对学生的亲社会态度和行为、学习任务的承诺带来积极影响

1. 学校氛围和学校环境层面的评价指标

由于将价值观教育看作是一种整体性教学法，因此澳大利亚特别重视对那些能够对学生学习动机和学业进步产生积极影响的调节性因素的评价，比如是否形成了更安全和更富关怀性的校园环境和氛围，这些因素的存在被认为会大大优化学生的学习环境。戴维斯（Davis，2010）认为这些调节性因素可概括为：良好师生关系的建立、同伴讨论与合作学习的形成、课堂及学校中的积极人际互动等几个方面。具体指标则参见表7-3。总之，项目研究表明，价值观教育改善了学习环境，而学习环境的改善又直接有助于"高质量学习的发生"及良好行为习惯的养成。

2. 学生层面的评价指标

具体到学生变化的层面，布洛克（Brock，2008）认为如学生的自我控制能力是否提高，学生的社会技能（如合作、责任、共情及对他人称赞与肯定等）是否表现出显著的改善等，都是重要的评价指标。洛瓦特等人则强调了通过学业承诺、所有一般行为和责任行为等方面的积极变化来评价价值观教育的实效性。综合学生层面的具体评价指标参见表7-3。

3. 教师层面的评价指标

价值观教育对教师起到的显著作用被诸多事实和数据所证明，所罗门等人（Solomon et al.，2000）和霍克斯（Hawkes，2005）分析认为，这突出体现为教师肩负着有效执行和积极推进价值观教育的重要责任，这一责任会促使他们进一步反思自己的角色、提高自己的职业素养、增强自己的职业效能

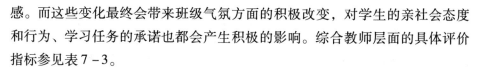

感。而这些变化最终会带来班级气氛方面的积极改变，对学生的亲社会态度和行为、学习任务的承诺也都会产生积极的影响。综合教师层面的具体评价指标参见表7－3。

五、价值观教育实效性评价的途径和方法

正如前文所述，澳大利亚价值观教育研究者将价值观教育看作是一种有利于整体发展、全面发展的有效教学法，关注的是价值观教育对学校氛围、学校环境及学生和教师的全方位影响，因此，价值观教育实效性评价的途径和方法是为了获取多层面的教育效果信息。基于这样的目标，实效性评价途径和方法的选择与采用也具有很大的包容性和多元性。在洛瓦特等学者（2010）看来，他们评价价值观教育有效性采用的是一种混合式的方法途径：量性数据和质性数据同时收集，量性研究结果和质性研究结果交互验证。量性数据通过成绩记录、问卷测查和实验设计（前测、干预、后测）等方法获得，质性数据则通过访谈和观察记录等方法获得。在他们的研究（VEGPSP项目和T&M项目）中，量性数据主要在第二个阶段集中收集，质性数据的收集跨越了两个阶段，并被独立分析，用来帮助解释和说明量性研究结果。采用两种数据信息描述一个现象的不同方面，大大提高了对研究发现的解释效度。

六、启示

澳大利亚学校价值观教育实效性评价的理论和实践，对我国学校价值观教育的有效开展具有以下几方面重要启示。

1. 评价是有效开展价值观教育实践的重要组成部分，应受到高度重视

从澳大利亚价值观教育实践的历程看，尽管经历了不同的阶段，每个阶段的宗旨和内容也不尽相同，但每个阶段都十分重视教育效果的评价问题，在项目或政策中都将价值观教育效果的评价作为一项重要内容。如《2003价值观教育研究项目》的评估部分不仅提供了学校实施价值观教育产生积极效

果的大量数据信息，还在此基础上就价值观教育的内容、实施途径和方法提出了许多宝贵的建议。而在《澳大利亚学校价值观教育国家框架》中更是数次提到价值观教育效果评价的重要性，比如在有效价值观教育标准中就明确提出"有效的价值观教育要看是否通过定期例行的教育途径和方法，检查价值观教育是否实现了预期的目标"。《框架》更是从政策和资金等方面积极支持了良好价值观教育实践学校项目（VEGPSP）和对学校学生影响效果的测评项目（T&M）。

总之，包括澳大利亚学者在内的西方价值观教育研究者普遍认为，评价是价值观教育活动必不可少的重要环节，它肩负导向、反馈、激励、监督、咨询和建议等多种功能，只有通过评价才能知晓教育活动是否按计划进行，教育努力是否达到了预定的教育目标以及达到的程度（NIER）。澳大利亚的经验启示我们，在政策制定、项目设立、理论和实践研究、价值观教育的具体实践中，都应充分认识到价值观教育实效性评价的重要性，使评价的思想贯穿于价值观教育的研究和实践全过程之中。

2. 有效价值观教育评价标准主要强调学校和教师的责任，但也重视受教育者的主动性

在澳大利亚政府所制定的《框架》中，有效价值观教育共有8条评价标准，其中有4条标准与教师有关，具体内容分别为强调教师所承担的帮助学生理解和践行核心价值观的责任、强调教师要掌握多种价值观教育的模型及方式方法、教师要能够开设满足学生个体需要的价值观课程等。重视教师在价值观教育中的责任，一方面是因为教师作为一种职业行为政府有权力提出要求，但另一方面也是更为主要的原因是政府和研究者认为教师在价值观教育中具有举足轻重的地位。

另外，《框架》的8条标准中绝大多数标准都涉及学校在价值观教育中的职责，无论是将核心价值观教育作为学校的明确目标，还是与价值观教育相关各主体建立伙伴关系、为价值观教育营造良好和安全的支持性环境、提供满足学生个体需要的课程、了解价值观教育实施效果等。显然，在澳大利亚，每所项目学校都是价值观教育实施的最大责任人，也是主要的推动者和具体实施者，教育效果与学校关系紧密，自然成为评价标准关注的重点对象。

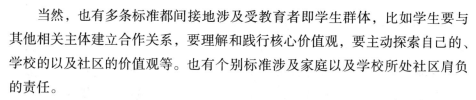

当然，也有多条标准都间接地涉及受教育者即学生群体，比如学生要与其他相关主体建立合作关系，要理解和践行核心价值观，要主动探索自己的、学校的以及社区的价值观等。也有个别标准涉及家庭以及学校所处社区肩负的责任。

总之，从澳大利亚所制定的有效价值观教育评价标准来看，重点是要强化学校的责任、教师的责任以及教师的能力建设，对目前我国积极开展的社会主义核心价值观教育活动也具有启示意义。

3. 有效的价值观教育不仅要使受教育者了解价值观知识，更要内化于心外化于行

考察价值观教育实效性的终极指标无疑应该是受教育者本身，也即发生在受教育者身上的变化才是终极性的评价对象。受教育者的变化会发生在哪些方面呢？澳大利亚学者将价值观习得分为头脑中的知识、心里的知识、手上的知识三个阶段或三种水平，这对我们的价值观教育实践及实效性评价实践都具有重要的启示意义。通俗来讲，头脑中的知识是指受教育者要知晓了解核心价值观的内容，但未必认同这些知识或真正掌握这些知识；心里的知识则是指要将核心价值观内容真正内化且需有高度的认同，但内化和高度认同并不一定会付诸行动；手上的知识是指要将核心价值观应用于实际或在实践中表现出符合核心价值观的行为，这才是价值观教育的根本目标，也是价值观教育实效性的终极体现。

4. 价值观教育是一种有效的全面性教学法，价值观教育实效性评价也应具有全面性

在澳大利亚价值观教育研究者和政策制定者看来，核心价值观要明确清晰地表达出来，要融入整个学校的办学使命和发展理念之中，要将价值观教育当作一种整体性或全面性的教学法来看待。显然，这样的制度安排已使得价值观教育远远超越了单纯的道德伦理课程教育范畴，而具有了影响学校全局的特点。因此，要评价价值观教育实施的有效性，不应仅仅考察学生道德伦理品质、道德行为方面发生了什么变化，还应对学校氛围、学校人际环境的变化，以及学生和教师的全方位变化进行全面系统的考察。

5. 价值观教育的实效性评价要充分利用量性和质性两种研究方法，实现评价结果的交互验证

在澳大利亚价值观教育研究者看来，要收集价值观教育有效性的全方位的数据信息，不是某一种特定研究范式所能完全解决的。这不仅因为价值观教育的有效性既体现为受教育者认知、态度情感、自觉价值行为等不同层面的变化，还体现为教师、学校等相关主体发生的各种改变，还因为数据来源的复杂性决定了仅采用某种特定的范式必然会有其局限性。另外，更为重要的是，价值观教育的有效性需要多途径的数据资料之间交互验证，这对我们的价值观教育实效性评价工作也具有启示意义。

参 考 文 献

［1］邦德. 中国人的心理［M］. 张世富，等译，昆明：云南人民出版社，1990.

［2］本尼迪克特. 菊与刀［M］. 吕万和，译，北京：商务印书馆，2012.

［3］布劳. 社会生活中的交换与权力［M］. 孙非，张黎勤，译，北京：华夏出版社，1988.

［4］蔡华俭，周颖，史青海. 内隐联想测验（IAT）及其在性别刻板印象研究中的应用［J］. 社会心理研究，2001（4）：6-11.

［5］岑国桢. 品德心理研究新进展［M］. 上海：学林出版社，1999.

［6］陈宴清. 重建新世纪的价值观［J］. 新华文摘，2001（1）：4-6.

［7］陈维政，J. Paltiel，黄登仕. 中国、北美企业家商务谈判行为及其价值观念的比较［J］. 中国社会科学，2000（2）：74-86.

［8］陈莹，郑涌. 价值观与行为的一致性争议［J］. 心理科学进展，2010（10）：1612-1619.

［9］陈莹，贵永霞. 论个人价值观与心理健康［J］. 法制与社会，2009（7）：330-331.

［10］杜禾. 试论当代美国品格教育理论的局限［J］. 比较教育研究，2011（11）.

［11］董小苹. 不同世界的中学生——中日美三国中学生价值观比较研究［M］. 上海：上海社会科学院出版社，1996.

［12］董婉月. 青少年的个体—集体取向及其与合作行为关系的实验研究［J］. 社会心理研究，1989（2）：18-25.

［13］傅统先. 柯尔伯格的道德教育学说［J］. 全球教育展望，1981

（4）：1－11.

[14] 高尚仁，杨中芳. 中国人中国心——传统篇 ［M］. 远流出版事业股份有限公司，1991.

[15] 甘标. 大学生性价值观结构的初步研究 ［D］. 昆明：云南师范大学，2013.

[16] 戈德比. 你生命中的休闲 ［M］. 康筝，田松，译，昆明：云南人民出版社，2000.

[17] 郭星华. 社会转型与价值观念的变迁 ［J］. 学术界，2000（5）：186－195.

[18] 郭静舒. 试论通俗歌曲对大学生综合素质的影响 ［J］. 湖北社会科学，2003（7）：63－65.

[19] 郭志斌. 浅谈流行音乐对青少年的价值取向的影响 ［J］. 内蒙古师范大学学报（教育科学版），2007（6）：128－129.

[20] 顾雪英. 职业价值结构与职业价值评价 ［D］. 北京：中国国家图书馆，2007.

[21] 郭永玉，等. 人格心理学导论 ［M］. 武汉：武汉大学出版社，2009.

[22] 古人伏，朱炜. 当代青少年的价值观冲突与教育 ［J］. 中国教育学刊，1998（2）：4.

[23] 韩秀兰. 深圳青年的价值观念透视 ［J］. 深圳大学学报，2000（6）：47－53.

[24] 何贵兵，奚岩. 保护性价值观及其对决策行为的影响 ［J］. 应用心理学，2005（1）：60－66.

[25] 何贵兵，官文颖. 保护性价值观的结构和特征研究 ［J］. 应用心理学，2005（4）：307－312.

[26] 何怀宏. 底线伦理 ［M］. 沈阳：辽宁人民出版社，1998.

[27] 黄希庭，张进辅，张蜀林. 我国五城市青少年学生价值观的调查 ［J］. 心理学报，1989（3）：274－283.

[28] 黄希庭，等. 当代中国青年价值观与教育 ［M］. 成都：四川教育

出版社，1994.

[29] 黄胜雄. 从休闲价值观谈休闲不动产的发展趋性：1999 年中国台湾地区住宅学会第八届年会论文集 [C]. 台北，1999.

[30] 胡驰. 中西方文化差异对休闲价值观及运动的影响 [J]. 长春师范大学学报（人文社会科学版），2014（4）：191－192.

[31] 胡莉莉. 大学生性心理卫生教育浅谈 [J]. 交通高教研究，2001（2）：98－99.

[32] 霍夫斯泰德. 文化与组织：心理软件的力量 [M]. 李原，孙健敏，译. 北京：中国人民大学出版社，2010.

[33] 侯彩霞. 山西省初中生价值观教育内容、方法、途径的现状研究 [D]. 太原：山西大学，2005.

[34] 侯杰泰，温忠麟，成子娟. 结构方程模型及其应用 [M]. 北京：教育科学出版社，2004.

[35] 金盛华，张杰. 当代社会心理学导论 [M]. 北京：北京师范大学出版社，1995.

[36] 金盛华，黄光成. 现代社会挑战与教育变革导向 [J]. 北京师范大学学报，1996（6）：39－46.

[37] 金盛华，辛志勇. 中国人价值观研究的现状及发展趋势 [J]. 北京师范大学学报，2003（3）：56－64.

[38] 金盛华，王怀堂，田丽丽，史清敏，刘蓓，李慧，孙娜. 当代农民价值取向现状的调查研究 [J]. 应用心理学，2003（3）：20－25.

[39] 金盛华，孙娜，史清敏，等. 当代中学生价值取向现状的调查研究 [J]. 心理学探新，2003（2）：30－34.

[40] 金盛华，李雪. 当代工人、农民价值取向现状比较 [J]. 应用心理学，2004（3）：28－32.

[41] 金盛华. 社会心理学 [M]. 北京：高等教育出版社，2005.

[42] 金盛华，李雪. 大学生职业价值观：手段与目的 [J]. 心理学报，2005（5）：650－657.

[43] 金盛华，刘蓓. 当代中国工人价值取向：状况与特点 [J]. 心理科

学，2005（1）：244 - 247.

[44] 金盛华，孙雪飞，郑建君. 中学生目标价值与手段价值选择的特点 [J]. 教育理论与实践，2008（34）：57 - 61.

[45] 金盛华，郑建君，辛志勇. 当代中国人价值观的结构与特点 [J]. 心理学报，2009（10）：1000 - 1014.

[46] 康芒斯. 制度经济学（下）[M]. 于树生，译，北京：商务印书馆，1962.

[47] 寇彧. 论个体价值取向发展与其道德权威影响源的关系 [J]. 北京师范大学学报，2001（1）：28 - 33.

[48] 寇彧. 大学生价值取向特点及其与家庭因素的相关研究 [J]. 社会心理研究，1999（2）：21 - 26.

[49] 寇宇. 发展视域下的休闲价值研究 [D]. 杭州：浙江大学，2019.

[50] 兰久富. 社会转型时期的价值观念 [M]. 北京：北京师范大学出版社，1999.

[51] 兰久富. 价值多样化背景下的价值观教育：21世纪价值观教育与文化战略学术研讨会论文 [C]. 2001.

[52] 兰久富. 价值体系的两个核心价值观念 [J]. 东岳论丛，2000（1）：89 - 92.

[53] 路易斯·拉斯思. 价值与教学 [M]. 谭松贤，译. 杭州：浙江教育出版社，2003.

[54] 欧文·拉兹洛. 意识革命 [M]. 文昭，黄丽华，译. 社会科学文献出版社，2001.

[55] 林崇德. 青少年价值取向发展趋势研究 [J]. 心理发展与教育，1998（4）：1 - 6.

[56] 李林，黄希庭. 价值观的神经机制：另一种研究视角 [J]. 心理科学进展，2013（8）：1400 - 1407.

[57] 李静，郭永玉. 物质主义价值观量表在大学生群体中的修订 [J]. 心理与行为研究，2009（4）：280 - 283.

[58] 李锡海. 价值观的社会心理 [J]. 社会心理研究，1991（4）：

15 – 20.

［59］李德顺. 情与理 ［M］. 石家庄：河北人民出版社，1996.

［60］李德顺. 价值论 ［M］. 北京：中国人民大学出版社，1987.

［61］李亦园，杨国枢. 中国人的性格 ［M］. 台北：中央研究院民族学研究所，1974.

［62］李阳，李宏翰. 广西大学生性观念现状调查 ［J］. 中国学校卫生，2007（4）：323 – 324.

［63］李炳全. 文化心理学 ［M］. 上海：上海教育出版社，2007.

［64］李庆峰. 大学生闲暇生活的现状 ［J］. 青年探索，2003（1）：24 – 27.

［65］李田，黄安民. 中西方传统休闲文化及其价值观的对比分析 ［J］. 经济研究导刊，2011（5）：75 – 76.

［66］李斌雄. 价值教育初探：21 世纪价值观教育与文化战略学术研讨会论文 ［C］. 2001.

［67］李斌雄. 论知识教育·价值教育·思想政治教育 ［J］. 思想教育研究，2001（6）：20 – 25.

［68］李玲. 浅谈流行歌曲对中小学生的影响 ［J］. 乌鲁木齐成人教育学院学报（综合版），2002（3）：85 – 87.

［69］李青，黄树生. 高中生应激源及应对方式与心理健康相关性研究 ［J］. 上海教育研究，2011（11）：63 – 65.

［70］林春，虞积生. 中国人价值观差异的初步研究 ［J］. 社会心理研究，1991（1）：18 – 23.

［71］林春，等. 中国大学生价值观研究 ［J］. 社会心理研究，1992（1）：28 – 32.

［72］刘贤伟，吴建平. 大学生环境价值观与亲环境行为：环境关心的中介作用 ［J］. 心理与行为研究，2013（6）：780 – 785.

［73］刘慧梅. 休闲价值观与世界一流大学 ［J］. 浙江大学学报（人文社会科学版），2011（4）：144 – 152.

［74］刘电芝，莫秀锋，阳泽，胥兴春. 当代大学生性道德价值取向调

查研究［J］. 心理发展与教育，2004（3）：68 - 74.

　　［75］刘济良. 论我国青少年的价值观教育［D］. 上海：华东师范大学，2001.

　　［76］刘克善. 人的需要系统结构及其发展水平初探［J］. 贵州师范大学学报（社会科学版），1989（3）：63 - 67.

　　［77］刘智. 美国价值观之清教主义根源［J］. 深圳大学学报（人文社会科学版），2004（1）.

　　［78］廖小平，孙欢. 休闲价值论［J］. 湘潭大学学报（哲学社会科学版），2011（1）：146 - 150.

　　［79］廖小平. 思想教育、政治教育、道德教育［J］. 现代哲学，1998（3）：58 - 60.

　　［80］凌文辁，方俐洛，白利刚. 我国大学生的职业价值观研究［J］. 心理学报，1999（3）：342 - 348.

　　［81］凌小萍，张荣军. 中国社会语境中劳动与休闲价值观的历史演变［J］. 贵州社会科学，2018（7）：4 - 10.

　　［82］罗宾逊，等. 性格与社会心理测量总览［M］. 台北：远流出版公司，1998.

　　［83］吕君，刘丽梅. 环境意识的内涵及其作用［J］. 生态经济，2006（8）：138 - 141.

　　［84］马惠娣. 文化精神之域的休闲理论初探［J］. 齐鲁学刊，1998（3）：1 - 9.

　　［85］马惠娣. 休闲：人类美丽的精神家园［M］. 北京：中国经济出版社，2004.

　　［86］马琴芬，马德峰. 中国青少年思想价值观变迁研究——基于239首流行歌曲的分析［J］. 山西青年管理干部学院学报，2005（3）：1 - 4.

　　［87］罗伯特·梅逊. 西方当代教育理论［M］. 陆有铨，译. 北京：文化教育出版社，1984.

　　［88］宁维卫. 中国城市青年职业价值观研究［J］. 成都大学学报（社科版），1996（4）：10 - 12.

[89] 彭凯平，陈仲庚. 北京大学学生价值观倾向的初步定量研究 [J]. 心理学报，1989（2）：149-155.

[90] 彭晓玲，周仲瑜，柏伟，熊磊. 大学生价值观与心理健康相关性调查分析 [J]. 重庆科技学院学报（社会科学版），2005（2）：62-66.

[91] 潘绥铭，曾静. 中国当代大学生性观念与性行为 [M]. 北京：商务印书馆，2000.

[92] 钱敏，张进辅，等. 大学生价值观调查 [J]. 四川心理科学，2001（1）：1-5.

[93] 乔键，等. 中国人的观念和行为 [M]. 天津：天津人民出版社，1995.

[94] 千石保. 认真的崩溃：新日本人论 [M]. 北京：商务印书馆，1999.

[95] 让·斯托策尔. 当代欧洲人的价值观念 [M]. 陆象淦，译. 北京：社会科学文献出版社，1988.

[96] 石绍华，郑钢，高晶，等. 北京中学生的消费价值观与消费行为 [J]. 心理学报，2002（6）：616-625.

[97] 石兰月. 涌浪中的理性审视 [D]. 开封：河南大学，2004.

[98] 石海兵. 对价值观教育中"灌输"的理性分析 [J]. 理论与改革，2005（6）：147-149.

[99] 沈湘平. 合法性、意识形态和价值观教育：21世纪价值观教育与文化战略学术研讨会论文 [C]. 2001.

[100] 施瓦茨. 人类价值观念的结构和内容的普遍性 [J]. 林钟敏，译. 外国高等教育资料，1998（3）：31-35.

[101] 苏颂兴，胡振平. 分化与整合——当代中国青年价值观 [M]. 上海：上海社会科学出版社，2000.

[102] 苏小桅. 成都市民休闲价值观及休闲行为研究 [D]. 重庆：西南大学，2010.

[103] 邵龙宝. 当代大学生道德价值观现状调查分析 [J]. 高等教育研究，1997（5）：1-6.

［104］孙健敏．青少年价值观类型与亲社会行为关系的研究［J］．社会心理研究，1992（3）：14-19.

［105］汤志群．中学生价值取向、自我监控性与亲社会行为关系的研究［J］．社会心理研究，1993（3）：20-25.

［106］唐璐嘉，陈国典．当代大学生的性观念：一项个案研究［J］．理论界，2007（7）：102-105.

［107］菲奥娜·谭．精子捐献成为大学生"生财之道"［N］．参考消息，2011-03-28.

［108］檀传宝．学校道德教育原理［M］．北京：教育科学出版社，2000.

［109］檀传宝．道德教育是学校德育的根本：21世纪价值观教育与文化战略学术研讨会论文［C］.2001.

［110］莫尼卡·泰勒，万明．价值观教育与教育中的价值观（上）［J］．教育研究，2003（4）：35-40.

［111］莫尼卡·泰勒，万明．价值观教育与教育中的价值观（中）［J］．教育研究，2003（5）：46-54.

［112］莫尼卡·泰勒，万明．价值观教育与教育中的价值观（下）［J］．教育研究，2003（6）：58-66.

［113］谭再文．价值观与未来——美国几种主要价值观教育方法简析［J］．外国教育资料，1993（4）：24-27.

［114］王新玲．关于北京市一所中学学生的价值系统与道德判断的调查报告［J］．心理学报，1987（4）：365-374.

［115］王正绪，赵茜．后物质主义文化变迁理论与美国比较政治研究范式［J］．国外社会科学，2022（1）：21-32.

［116］王垒，马洪波，姚翔．当代北京大学生工作价值观结构研究［J］．心理与行为研究，2003（1）：23-28.

［117］王磊．和谐与断裂：一种文化现象的审视（上）［J］．社会科学论坛，2001（5）：47-52.

［118］王卉．浙江省高校大学生体育休闲价值观及体育休闲行为的研究

[J]. 当代体育科技，2018（18）：200－202.

　　[119] 王俊秀，杨宜音. 社会心态蓝皮书·2011年中国社会心态研究报告 [M]. 北京：社会科学文献出版社，2011.

　　[120] 王涛. 以"大思政课"建设推动思政课程与课程思政协同育人——基于中华女子学院的教育教学实践 [J]. 中华女子学院学报，2023（3）：116－121.

　　[121] 王春芳. 大学生价值观与其应对方式及心理健康的关系研究 [D]. 太原：山西大学，2007.

　　[122] 王彬. 大众文化对青少年一代的影响 [J]. 青年研究，2001（1）：11－17.

　　[123] 汪向东. 心理卫生评定量表手册 [M]. 北京：中国心理卫生杂志社，1999.

　　[124] 文崇一. 中国人的价值观 [M]. 台湾：东大图书公司印行，1993.

　　[125] 文喆. 态度和价值观怎么教 [J]. 教育科学研究，2003（3）：1－2.

　　[126] 魏秋玲. 国外青少年价值观 [M]. 北京：社会科学文献出版社，1992.

　　[127] 吴江霖，戴建林. 社会心理学 [M]. 广州：广东高等教育出版社，2000.

　　[128] 吴念阳，董剑桥. 中学教师人生价值观和职业价值观的性别差异比较 [J]. 心理科学，1998（3）：279－280.

　　[129] 吴文新. 中国特色社会主义休闲价值观刍议——兼议闲暇道德和休闲伦理 [J]. 中共宁波市委党校学报，2007（6）：72－77.

　　[130] 武勤. 日本心理学界青年价值观研究的新进展 [J]. 山东大学学报（哲学社会科学版），1995（4）：69－72.

　　[131] 伍麟，郭金山. 国外环境心理学研究的新进展 [J]. 心理科学进展，2002（4）：466－471.

　　[132] 伍麟. 当代环境心理学研究的任务与走向 [J]. 西北师大学报

（社会科学版），2006（3）：37-42.

[133] 奚岩. 管理领域中保护性价值观的研究 [D]. 杭州：浙江大学，2005.

[134] 刑利芳. 大学生性行为价值观初步研究 [D]. 苏州：苏州大学，2005.

[135] 邢超，屠春雨，谈荣梅，等. 青少年应对方式与抑郁焦虑情绪的关联 [J]. 中国学校卫生，2010（12）：1449-1451.

[136] 项国雄，黄璜. 从网络流行歌曲看网络对青年文化价值的传递 [J]. 新闻与传播业研究，2004（2）：72-77.

[137] 辛志勇，于泳红，辛自强. 财经价值观研究进展及其概念结构分析 [J]. 心理技术与应用，2018（8）：472-483.

[138] 辛志勇，于泳红，辛自强. 中国公民财经价值观测验编制 [J]. 心理技术与应用，2020（12）：736-746.

[139] 辛志勇. 当代中国大学生价值观及其与行为关系研究 [D]. 北京：北京师范大学，2002.

[140] 辛志勇，金盛华. 新时期大学生价值取向与价值观教育 [J]. 教育研究，2005（10）：22-27.

[141] 辛志勇，姜琨. 论青少年的价值观教育 [J]. 人民教育，2005（18）：5-9.

[142] 辛志勇，金盛华. 论心理学视野中的价值观教育 [J]. 教育理论与实践，2002（4）：53-57.

[143] 辛志勇，金盛华. 西方学校价值观教育方法的发展及其启示 [J]. 比较教育研究，2002（4）：27-32.

[144] 辛志勇，金盛华. 论心理学视野中价值观研究方法论体系的建立：21世纪价值观教育与文化战略研讨会论文 [C].2001.

[145] 辛志勇，金盛华. 大学生的价值观概念与价值观结构 [J]. 高等教育研究，2006（2）：85-92.

[146] 许燕，王砾瑟. 北京和香港大学生价值观的比较研究 [J]. 心理学探新，2001（4）：40-45.

［147］许燕．北京大学生价值观研究及教育建议［J］．教育研究，1999（5）：33－38.

［148］许黔宜．价值取向及能源消费态度间环境永续认知关系研究［D］．台南：台湾成功大学，2008.

［149］许烺光．宗族、种性、俱乐部［M］．薛刚，译．北京：华夏出版社，1990.

［150］许烺光．中国人与美国人：两种生活方式比较［M］．彭凯平，译．北京：华夏出版社，1989.

［151］徐玲．价值取向本质之探究［J］．探索，2000（2）：69，71.

［152］杨国枢．本土心理学方法论［M］．台湾：桂冠图书公司，1997.

［153］杨国枢．中国人的价值观——社会科学观点［M］．台湾：桂冠图书公司，1993.

［154］杨国枢．中国人的心理与行为［M］．台湾：桂冠图书公司，1992.

［155］杨国枢．社会及行为科学研究法［M］．台湾：东华书局印行，1990.

［156］杨国枢．中国人的蜕变［M］．台湾：台湾桂冠图书公司，1988.

［157］杨中芳，高尚仁．中国人中国心——人格与社会篇［M］．台湾：远流出版事业股份有限公司，1991.

［158］杨宜音．社会心理领域的价值观研究述要［J］．中国社会科学，1998（2）：82－93.

［159］杨宜音．"自己人"：一项有关中国人关系分类的个案研究［M］．北京：社会科学文献出版社，2005.

［160］杨德广，晏开利．中国当代大学生价值观研究［M］．上海：上海教育出版社，1997.

［161］杨文琪，李红霞，王雪，金盛华．价值观与行为的关系—向中度的调节作用：中国心理学会第十五届全国心理学学术会议论文摘要集［C］．2012.

［162］杨朝飞．人类环境价值观的思考［J］．环境导报，1993（3）：

4 – 6.

[163] 杨秀丽，李淼焱，毛惠媛. 中国传统休闲文化与西方休闲价值观
[J]. 沈阳大学学报（自然科学版），2004（3）：67 – 69.

[164] 杨继宏. 在性价值观多元化的现代怎样对大学生进行主导性价值
观的引导 [J]. 职业时空，2007（19）：54 – 55.

[165] 严进，王重鸣. 两难对策中价值取向对群体合作行为的影响 [J].
心理学报，2000（3）：332 – 336.

[166] 叶澜. 重建课堂教学价值观 [J]. 校长阅刊，2006（8）：32 – 36.

[167] 叶智魁. 消费与休闲：另一种"台湾经验" [J]. 户外游憩研究，
1996（1）：79 – 106.

[168] 易遵尧，张进辅，曾维希. 大学生性道德价值观的结构及问卷编
制 [J]. 心理发展与教育，2007（4）：101 – 107.

[169] 罗纳德·英格尔哈特. 静悄悄的革命：西方民众变动中的价值与
政治方式 [M]. 叶娟丽，译. 上海：上海人民出版社，2017.

[170] 罗纳德·英格尔哈特. 西欧民众价值观的转变（1970—2006）
[J]. 严挺，译. 国外理论动态，2015（7）：67 – 77.

[171] 英格尔斯. 人的现代化 [M]. 殷陆君，译. 成都：四川人民出版
社，1985.

[172] 英格尔斯. 从传统人到现代人 [M]. 顾昕，译. 中国人民大学出
版社，1992.

[173] 尹菲. 中国传统休闲价值观 [J]. 安徽文学，2009（1）：323 – 324.

[174] 余华，黄希庭. 大学生与内地企业员工职业价值观的比较研究
[J]. 心理科学，2000（6）：739 – 740.

[175] 余祖光.《Leaning to do》的启示：把价值观教育与 TVET 结合起
来 [J]. 中国职业技术教育，2005（30）：37 – 41.

[176] 余文森. 新课程教学改革存在的问题及其反思 [J]. 福建论坛
（社科教育版），2004（2）：4 – 8.

[177] 袁贵仁. 价值学引论 [M]. 北京：北京师范大学出版社，1991.

[178] 袁贵仁. 坚持先进文化方向，树立正确的价值观. 价值与文化

[M]//价值与文化：第1辑．北京：北京师范大学出版社，2002.

[179] 袁茜．中学生偏爱流行音乐的心理分析及策略研究 [D]．武汉：湖南师范大学，2006.

[180] 游洁．价值观与大学生寻求社会支持的关系研究 [J]．心理科学，2005（3）：713-717.

[181] 翟学伟．中国人行动的逻辑 [M]．北京：三联生活书店，2017.

[182] 翟学伟．中国人的价值取向：类型、转型及其问题 [J]．南京大学学报，1999（4）：118-126.

[183] 翟学伟．中国人在社会行为上是什么取向 [J]．社会心理研究，1994（4）：14-19.

[184] 张进辅，童琦，毕重增．生育价值观的理论构建及问卷的初步编制 [J]．心理学报，2005（5）：665-673.

[185] 张进辅，张昭苑．中国大学生传统人生价值观的调查研究 [J]．西南师大学报，2001（1）：44-49.

[186] 张进辅．我国大学生人生价值观特点的调查研究 [J]．心理发展与教育，1998（2）：26-31.

[187] 张麒．上海大学生价值观与心理健康的相关研究 [D]．上海：华东师范大学，2001.

[188] 张庆玲．护理实习面试学员心理健康与个性应对方式相关研究 [J]．第三军医大学学报，2011（11）：1195-1197.

[189] 张文华．"90后"大学生应对方式与心理健康状况的相关研究 [J]．中国成人教育，2011（17）：118-120.

[190] 章志光．学生品德形成新探 [M]．北京：北京师范大学出版社，1993.

[191] 章志光．学生的价值观、价值取向及其与亲社会行为的关系初探 [J]．社会心理科学，2005（4）：24-32.

[192] 赵喜顺．论青年职业观的引导 [J]．青年研究，1984（3）：52-57.

[193] 赵婷．"大思政课"背景下从思政课程到课程思政创新路径探析

[J]. 北京联合大学学报, 2023 (4)：32 – 36.

[194] 郑钢. 当前青少年价值观的研究及其发展趋势 [J]. 心理学动态, 1996 (1)：1 – 7.

[195] 郑伦仁, 窦继平. 当代大学生职业价值观的定量比较研究 [J]. 西南师范大学学报 (哲学社会科学版), 1999 (2)：70 – 75.

[196] 中国社会科学院社会学所. 中国青年大透视——关于一代人的价值观演变研究 [M]. 北京：北京出版社, 1993.

[197] 中国社会科学杂志社. 社会转型—多文化多民族社会 [M]. 北京：中国社会科学文献出版社, 2000.

[198] 朱小蔓. 道德教育论丛 [M]. 南京：南京师范大学出版社, 2000.

[199] 朱秋飞. 论大学生保护性价值观及其结构 [J]. 当代青年研究, 2007 (12)：10 – 14.

[200] 周玲强, 范平. 我国小康社会大众休闲价值观及其发展趋势研究 [J]. 浙江大学学报 (人文社会科学版), 2005 (6)：12 – 18.

[201] 周运清. 性与社会 [M]. 武汉：武汉大学出版社, 2005.

[202] 曾涛, 高春霓. 性心理研究的发展与现状 [J]. 山东医科大学学报 (社会科学版), 1997 (3)：57 – 58.

[203] Alderfer C P. Existence, relatedness and growth：human needs in organizational settomgs [M]. New York：Free Press, 1972.

[204] Allport G. W. , Vernon P. E. , Lindzey G. Study of values. Manual and test booklet (3rd ed.) [M]. Boston：Houghton Mifflin, 1960.

[205] Australian Federation of Societies for Studies of Society and Environment. Evaluation of the Draft National Framework for Values Education in Australian Schools—Western Australia Survey [EB/OL]. http：//www. curriculum. edu. au/verve/_resources/VES_Final_Report14Nov. pdf, 2004.

[206] Bales R. F. , Couch A. S. The value profile：A factor analytic study of value statements [J]. Sociological Inquiry, 1969, 39 (1)：3 – 17.

[207] Bardi A. , Guerra V. M. Cultural values predict coping using culture as

an individual difference variable in multicultural samples [J]. Journal of Cross – Cultural Psychology, 2011, 42 (6): 908 – 927.

[208] Baron J. , Spranca M. Protected values [J]. Organizational Behavior and Human Decision Processes, 1997, 70 (1): 1 – 16.

[209] Baron J. , Leshner S. How serious are expressions of protected values [J]. Journal of Experimental Psychology: Applied, 2000, 6 (3): 183 – 194.

[210] Baron J. Utility, exchange, and commensurability [J]. Journal of Thought, 1988, 23 (1/2): 111 – 131.

[211] Baron J. , Ritov I. Omission bias, individual differences, and normality [J]. Organizational Behavior and Human Decision Processes, 2004, 94 (2): 74 – 85.

[212] Bass H. J. , George A. B. , & Emma J. L. Our American heritage [M]. Morristown: Silver Burdett Company, 1978.

[213] Bem D. J. Beliefs, attitudes and human affairs [M]. Belmont, CA: Brooks/Cole, 1970.

[214] Benish – Weisman M. , Levy S. , & Knafo A. Parents differentiate between their personal values and their socialization values: The role of adolescents' values [J]. Journal of Research on Adolescence, 2013, 23 (4): 614 – 620.

[215] Blankenship K. L. , Wegener D. T. Circumventing Resistance: Using Values to Indirectly Change Attitudes [J]. Journal of Personality and Social Psychology, 2012, 103 (4): 606 – 621.

[216] Bond M. h. The handbook of Chinese psychology [M]. Hong Kong: Oxford University Press, 1996.

[217] Braithwaite V. A. , Law H. G. Structure of human values: Testing the adequacy of the Rokeach Value Survey [J]. Journal of Personality and Social Psychology, 1985, 49 (1): 250 – 263.

[218] Bradsher K. Putting Values in Classroom, Carefully [N]. New York Times, 1996.

[219] Britewaite V. A. , Scott W. A. Values, In Robinson J. P. , Shaver

P. R. & Wrightsman L. S. (Eds.) Measures of Personality and Social Psychological Attitudes [M]. San Diego, CA: Academic Press, 1990.

[220] Brown C. T. The Art of Rock and Roll [M]. Prentice Hall, 1987.

[221] Brown D. H. The National Initiative in Values Education for Australian Schooling. In: Aspin D. N. & Chapman J. D. (Eds.). Values Education and Lifelong Learning: Principles, Policies, Programmes [M]. Dordrecht: Springer Verlag, 2007.

[222] Brock L. L., Nishida T. K., Chiong C., et al. Children's Perceptions of the Classroom Environment and Social and Academic Performance: a Longitudinal Analysis of the Contribution of the Responsive Classroom Approach [J]. Journal of School Psychology, 2008, 46 (2): 129 – 149.

[223] Bruns K., Scholderer J., & Grunert K. G. Closing the gap between values and behavior: A means-end theory of lifestyle [J]. Journal of Business Research, 2004, 57 (6): 665 – 670.

[224] Chan L. Mental health of Chinese spousal caregivers of frail elderly: The role of the traditional Chinese family values [J]. Dissertation Abstracts International Section A: Humanities and Social Sciences, 2007, 69 (11 – A): 18 – 23.

[225] Christian B. J. Using Assessment Tasks to Develop a Greater Sense of Values Literacy in Preservice Teachers [J]. Australian Journal of Teacher Education, 2014, 39 (2): 33 – 44.

[226] Cohen P., Cohen J. Life Values and Adolescent Mental Health [M]. Lawrence Eribaum Associates, 2013.

[227] Craig M. E., Kalichman S. C., Follingstad D. R. Verbal coercive sexual behavior among college students [J]. Archives of Sexual Behavior, 1989, 18 (5): 421 – 434.

[228] Cubberley E. P. Public education in the United States [M]. Cambridge, MA: Riverside Press, 1919.

[229] Davis H. A. Exploring the Contexts of Relationship Quality between Middle School Students and Teachers [J]. The Elementary School Journal, 2006,

106 (3): 193 –223.

［230］ DEST. National Framework for Values Education in Australian Schools ［EB/OL］. http: //www. curriculum. edu. au/ values/val_national_framework_for_ values_education, 8757. Html, 2005.

［231］ DEST. Implementing the National Framework for Values Education in Australian Schools: Report of the Values Education Good Practice Schools Project Stage 1 ［EB/OL］. http: //www. curriculum. edu. au/verve/_resources/VEGPS1_ FINAL_REPORT_081106. pdf, 2006.

［232］ Donovick R. M. Parenting practices and child mental health among Spanish speaking Latino families: Examining the role of parental cultural values ［J］. Dissertation Abstracts International: Section B: The Sciences and Engineering, 2011, 71 (11 – B): 36 –42.

［233］ Dose J. Wok values: an integrative framewok and illustrative application to organization socialization ［J］. Journal of occupational and organizational Psychology, 1997, 70 (3): 219 –240.

［234］ Dukes. , William F. Psychological studies of values ［J］. Psychological Bulletin, 1955, 52 (1): 24 –50.

［235］ Dumazedier J. Sociology of leisure ［M］. NY: Elsevier Scientific Publishing Company, 1974.

［236］ Dunlap R. E. , Van Liere K. D. A proposed measuring instrument and preliminary results: The 'New Environmental Paradigm' ［J］. Journal of Environmental Education, 1978, 9 (1): 10 –19.

［237］ Dunlap R. E. , Van Liere K. D. , Mertig A. G. , & Jones R. E. New trends in measuring environmental attitudes: measuring endorsement of the new ecological paradigm: a revised nep scale ［J］. Journal of Social Issues, 2000, 56 (3): 425 –442.

［238］ Ervin S. M. , Kluckhohn F. R. , & Strodtbeck F. L. Variations in value orientations ［J］. American Journal of Psychology, 1963, 76 (2): 342.

［239］ Fallding H. A proposal for the empirical study of values ［J］. American

Sociological Review, 1965, 30 (2): 223 – 233.

[240] Fiske A. P. , Tetlock P. E. Taboo trade-offs: Reactions to transactions that transgress the spheres of justice [J]. Political Psychology, 1997, 18 (2): 255 – 297.

[241] Fitzsimmons G. W. , Macnab D. , & Casserly C. Technical Manual for the Life Roles Inventory Values Scale and the Salience Inventory [M]. Edmonton, Alberta, Canada: PsiCan Consulting Limited, 1985.

[242] Gilgen A. R. , Cho J. H. Performance of Eastern-and Western-oriented college students on the Values Survey and Ways of Life Scale [J]. Psychological Reports, 1979, 45 (1): 263 – 268.

[243] Gleeson N. Roots and Wings: Values and Freedom for Our Young People Today [C]. In Education and The Care of Youth into The 21st Century Conference. Brisbane, 1991.

[244] Greene M. Values education in the contemporary moment [J]. Clearing House, 1991, 64 (5): 301 – 304.

[245] Gorlow L. , Noll G. A. A study of empirically derived values [J]. Journal of Social Psychology, 1967, 73 (2): 261 – 269.

[246] Halstead J. M. , Taylor M. J. Learning and Teaching about Values: a review of recent research [J]. Cambridge Journal of Education, 2000, 30 (2): 169 – 202.

[247] Harding S. , Phillips D. Contrasting values in Western Europe: Unity, diversity and change [M]. London: Macmillan, 1986.

[248] Harold E. S. , Edward S. Sexuality in America: Understanding Our Sexual Values and Behavior [J]. Archives of Sexual Behavior, 2002, 31 (4): 271 – 279.

[249] Hawkes N. Does Teaching Values Improve the Quality of Education in Primary Schools? A Study about the Impact of Introducing Values Education in Primary School [M]. DPhil: University of Oxford Press, 2005.

[250] Hill B. V. Values Education in Australian Schools [C]. In The Aus-

tralian Council for Educational Research. Hawthorn, 1991.

[251] Hofstede G. Culture's consequences [M]. Beverly Hills, CA: Sage, 1980.

[252] Huitt W. Moral and Character Education [EB/OL]. http: //www. valdosta. peachnel. edu/whutt/psy702/orchr/morchr. htnil, 1999.

[253] Iliev R. Are Protected Values Quantity Sensitive [EB/OL]? http: // groups. csail. mit. edu/belief-dynamics/MURI07/MURI_RumenIliev. ppt, 2013.

[254] Inglehart R. The silent revolution in Europe: Intergenerational change in post-industrial societies [J]. American Political Science Review, 1971, 65 (4): 991 – 1017.

[255] Inglehart R. The silent revolution [M]. Princeton, NJ: Princeton University Press, 1977.

[256] Iwamoto D. K. , Liao L. , & Liu W. M. Masculine norms, avoidant coping, Asian values, and depression among Asian American men [J]. Psychology of Men & Masculinity, 2010, 11 (1): 15 – 24.

[257] James L. Reflections on Thirty Years of Moral Education Research [J]. Moral Education Forum, 1995, 20 (3): 32 – 37.

[258] Jennings B. , Nelson J. L. Values on campus [J]. Liberal Education, 1996, 82 (1): 43 – 46.

[259] Kahle L. R. Social values and consumer behavior: research from the List of Values. The Psychology of Values [M]. Lawrence Eribaum Associates, 1996.

[260] Karremans J. C. Considering reasons for a value influences behaviour that expresses related values: An extension of the value-as-truisms hypothesis [J]. European Journal of Social Psychology, 2007, 37 (3): 508 – 523.

[261] Katz D. , Stotland E. A preliminary statement to a theory of attitude structure and change. In Koch S (Ed.), Psychology: A study of a science [M]. New York: McGraw – Hill, 1959.

[262] Kirschenbaum H. From Values Clarification to Character Education: A Personal Journey [J]. Journal of Humanistic Counseling, Education & Develop-

ment, 2000, 39 (1): 4 – 20.

[263] Kluckhohn C. Values and value orientations in the theory of action. In Parsons T. , Shils E. (Eds.), Toward a general theory of action [M]. Cambrige, MA: Harvard University Press, 1951.

[264] Krischenbaum H. A comprehensive model for values education and moral education [J]. Phi Delta Kappan, 1992, 73 (10): 771 – 776.

[265] Kristiansen C. M. Morality and the self: implications for the when and how of Value-attitude-behavior relations. The Psychology of Values [M]. Lawrence Eribaum Associates, 1996.

[266] Lee J. A. Test of the relations among acculturation, Asian values, coping style, and psychological distress for east Asian American college students [J]. Dissertation Abstracts International: Section B: The Sciences and Engineering, 2011, 71 (11 – B): 34 – 39.

[267] Leming J. S. In Search of Effective Character Education [J]. Educational Leadership, 1993, 51 (3): 41 – 46.

[268] Lickona T. The Return of Character Education [J]. Educational Leadership, 1993, 51 (3): 6 – 11.

[269] Lim C. S. , Baron J. Protected values in Malaysia, Singapore, and the United States [EB/OL]. http: // www. sas. upenn. edu/ ~ baron/lim. htm, 2000.

[270] Lockwood A. L. What is character education? In Molner A. (Ed). The construction of children's character [M]. Chicago, LL: The National Society for the Study of Education, 1997.

[271] Lorr M. , Suziedelis A. , & Tonesk X. The structure of values: Conceptions of the desirable [J]. Journal of Research in Personality, 1973, 7 (2): 139 – 147.

[272] Lovat T. , Clement, N. , Dally, K. , & Toomey, R. Values Education as Holistic Development for All Sectors: Researching for Effective Pedagogy [J]. Oxford Review of Education, 2010, 36 (6): 713 – 729.

[273] Lovat T. , Toomey R. , Clement N. , et al. Values Education, Quality

Teaching and Service Learning: A Troika for Effective Teaching and Teacher Education [EB/OL]. http: //dx. doi. org/10. 1007/978 – 1 – 4020 – 9962 – 5, 2009.

[274] McClellan B. E. Moral Education in America: Schools and the Springs of Character from Colonial Times to the Present [M]. Columbia University: Teacher Colleage, 1999.

[275] McMillan E. E. , Wright T. , & Beazley K. Impact of a university-level environmental studies class on students' values [J]. The Journal of Environmental Education, 2004, 35 (3): 19 – 27.

[276] Morris C. W. Varieties of human value [M]. Chicago: University of Chicago Press, 1956.

[277] Mouzakiotis P. E. valuating protected values: A closer look at intrinsic forest values [EB/OL]. http: / /www. forestry. utoronto. ca/pdfs/mouz. Pdf, 2004.

[278] Newcomb T. M. , Turner R. H. , & Converse P. E. Social Psychology [M]. New York: Holt, Rinehart & Winston, 1965.

[279] NIER. Education for Humanistic, Ethical/Moral and Cultural Values: Final Report of a Regional Meeting [EB/OL]. http: //eric. ed. gov/? id = ED351221, 1991.

[280] Paul, R. W. Ethics without Indoctrination [J]. Educational leadership, 1988, 45 (8): 10 – 19.

[281] Pieper J. Leisure, the Basis of Culture [M]. Indiana: St. Augustine's Press, 1998.

[282] Poortinga W. , Steg L. , & Vlek C. Values, environmental concern, and environmental behavior: A study into household energy use [J]. Environment and Behavior, 2004, 36 (1): 70 – 93.

[283] Reichley A. J. Religion in American public life [M]. Washington DC: Brookings Institution Press, 1985.

[284] Ritov I. , Baron J. Protected values and omission bias [J]. Organizational behavior and decision processes, 1999, 79 (2): 79 – 94.

[285] Robinson J. P. , Shaver P. R. Measures of Personality and Social Psy-

chological Attitudes [M]. Academic Press, 1990.

[286] Rohan M. J., Zanna M. P. Value transmission in families [M]. Lawrence Erlbaum Associates, 1996.

[287] Rokeaeh M. The Nature of Human Values [M]. New York: The Free Press, 1973.

[288] Ros M., Schwartz S. H., & Surkiss S. Basic individual values, work values, and the meaning of work [J]. Applied Psychology, 1999, 48 (1): 49 – 71.

[289] Schwartz S. H., Bilsky W. Toward a psychological structure of human values [J]. Journal of Personality an Social Psychology, 1987, 53 (3): 550 – 562.

[290] Schwartz S. H. Universals in the content and structure of values: Theoretical advances and empirical tests in 20 countries. Advances in experimental social psychology [M]. Orlando, FL: Academic Press, 1992.

[291] Schwartz S. H. Value priorities and behavior: applying a theory of intergrated value Systems. In Seligman C., & Olson J. m (Eds). The Psychology of Values [M]. Lawrence Eribaum Associates, 1996.

[292] Schwartz S. H. A Theory of Cultural Values and Some Implications for work [J]. Applied Psychology, 1999, 48 (1): 23 – 47.

[293] Schwartz S. H., Cieciuch J., Vecchione M., et al. Refining the theory of basic individual values [J]. Journal of Personality and Social Psychology, 2012, 103 (4): 663 – 688.

[294] Scott W. A. Values and organizations: A study of fraternities and sororities [M]. Chicago: Rand McNally, 1965.

[295] Seligman C. The role of values and ethical principles in judgments of environmental dilemmas [J]. Journal of Soocial Issues, 1994, 50 (3): 105 – 119.

[296] Seligman C., Katz. The dynamics of value systems. In Seligman C., & Olson J. m (Eds). The Psychology of Values [M]. Lawrence Eribaum Associates, 1996.

[297] Simon S. B., Howe L. W., Kirschenbaum H. Values clarification

[M]. New York: Hart, 1978: 16.

[298] Smith M. B. Personal values in the study of lives. In White R. W. (Ed.). The study of lives [M]. New York: Atherton Press, 1963.

[299] Smith M. B. Social psychology and human values [M]. Chicago: Aldine, 1969.

[300] Solomon D. , Battistich V. , Watson M. , et al. A Six-district Study of Educational Change: Direct and Mediated Effects of the Child Development Project [J]. Social Psychology of Education, 2000, 4 (1): 3 –51.

[301] Stern P C. , Dietz T. The value basis of environmental concern [J]. Journal of Social Issues, 1994, 50 (3): 65 –84.

[302] Stern P C. , Dietz T. , Abel T. A value-belief-norm theory of support for social movements: the case of environmentalism [J]. Research in Human Ecology, 1999, 6 (2): 81 –97.

[303] Super D E. The structure of work values in relation to status, achievement, interests, and adjustment [J]. Journal of Applied Psychology, 1962, 46 (4): 231 –239.

[304] Super D. E. Manual of the Wok Values Inventory [M]. Chicago: Riverside Publishing Company, 1970.

[305] Taber B. J. Personality and values as predictors of medical specialty choice [J]. Journal of Vocational Behavior, 2011, 78 (2): 202 –209.

[306] Tam K. P. , & Chan H. W. Parents as cultural middlemen the role of perceived social norms in value socialization by ethnic minority parents [J]. Journal of Cross – Cultural Psychology, 2015, 46 (4): 489 –507.

[307] Taylor M. J. Values education council of the UK [J]. Journal of Moral Education, 1995, 24 (4): 24 –28.

[308] Tetlock P. E. , Kristel O. V. , Elson S. B. , et al. The psychology of the unthinkable: Taboo trade-offs, forbidden base rates, and heretical counterfactuals [J]. Journal of Personality and Social Psychology, 2000, 78 (5): 853 –870.

[309] Tetlock P. E. Thinking the unthinkable: sacred values and taboo cogni-

tions [J]. Trends in Cognitive Sciences, 2003, 7 (7): 320 – 324.

[310] Titus D. N. Values Education in American Secondary Schools [M]. ERIC: NO – ED381423, 1994.

[311] Triandis H C. Individualism and collectivism [M]. Oxford: Westview Press, 1995.

[312] Vindua K. I. The relationship between acculturation and adherence to cultural values and its effect on the mental health of Philippine-born and U. S. – born Filipino Americans [J]. Dissertation Abstracts International: Section B: The Sciences and Engineering, 2011, 71 (10 – B): 13 – 18.

[313] Williams R. M. Values. In Sills E. (Ed.). International encyclopedia of the social sciences [M]. New York: Macmillan, 1968.

[314] Wojciszke B. The system of personal values and behavior. In Eisenberg N., Reykowski J., & Staub E. (Eds.). Social and moral values: Individual and societal perspectives [M]. Mahwah, NJ: Lawrence Erlbaum, 1989.

[315] Wright., Ian. Civic education is values education [J]. Social Studies, 1993, 84 (4): 68 – 71.

[316] Wynne E. Transmitting Traditional Values in Contemporary Schools. In Nucci L. P. (Ed.). Moral Development and Character Education [M]. Berkeley, CA: Mc Cutchan, 1989.

[317] Zern D. The Attitudes of Present and Future Teachers to the Teaching of Values (in General) and of Certain Values (in Particular) [J]. Journal of Genetic Psychology, 1997, 158 (4): 505 – 507.

[318] Zhang – Liwei. Life satisfaction in Chinese people: the contribution of collective self-esteem [D]. A dissertation submitted in partial fulfillment of the requirement for the degree of doctor of philosophy in psychology, 2000.